"十四五"职业教育国家规划教材

工业和信息化"十三五"
人才培养规划教材

单片机应用技术

项目教程 微课版

Microcontroller Application Technology

郭志勇 ◎ 主编

王韦伟 曹路舟 ◎ 副主编

人民邮电出版社
北京

图书在版编目（CIP）数据

单片机应用技术项目教程：微课版 / 郭志勇主编
. -- 北京：人民邮电出版社，2019.2（2024.6重印）
工业和信息化"十三五"人才培养规划教材
ISBN 978-7-115-50421-0

Ⅰ．①单… Ⅱ．①郭… Ⅲ．①单片微型计算机－高等
学校－教材 Ⅳ．①TP368.1

中国版本图书馆CIP数据核字（2018）第289349号

内 容 提 要

本书基于应用最广泛、高速、低功耗、超强抗干扰的新一代8051单片机——STC系列单片机展开介绍，共设置有11个项目30个任务以及2个课程设计范例。采用"项目引导、任务驱动"的模式，突出"做中学"的基本理念。前7个项目注重职业岗位的基本技能训练，主要介绍单片机硬件系统、单片机开发系统、单片机并行端口应用、定时与中断系统、显示与键盘接口技术、A/D与D/A转换接口、串行接口通信技术以及单片机应用系统设计方法等内容。后4个项目和2个课程设计范例注重职业岗位的开发技能训练，主要介绍键盘控制电机方向和转速、多路温度采集监控系统、按键设置液晶电子钟、16×32 LED点阵显示、双向四车道交通灯和温湿度监控系统等单片机产品的开发方法、关键知识以及设计与实现。

本书依据"任务驱动、做中学"的编写思路，每个任务均将相关知识和职业岗位基本技能结合在一起，把知识、技能的学习融入任务完成过程中。

本书提供微课教学资源、单片机开发套件以及单片机典型应用项目，既可作为高职高专院校嵌入式技术与应用、物联网应用技术、智能控制技术、计算机应用技术、电子信息等相关专业单片机应用技术课程的教材，也可作为广大电子产品制作爱好者的自学用书。

- ◆ 主　　编　郭志勇
 　　副 主 编　王韦伟　曹路舟
 　　责任编辑　祝智敏
 　　责任印制　马振武
- ◆ 人民邮电出版社出版发行　北京市丰台区成寿寺路 11 号
 　　邮编　100164　电子邮件　315@ptpress.com.cn
 　　网址　http://www.ptpress.com.cn
 　　三河市君旺印务有限公司印刷
- ◆ 开本：787×1092　1/16
 　　印张：21.25　　　　　　　　　　2019 年 2 月第 1 版
 　　字数：529 千字　　　　　　　2024 年 6 月河北第 18 次印刷

定价：59.80 元

读者服务热线：(010)81055256　印装质量热线：(010)81055316
反盗版热线：(010)81055315
广告经营许可证：京东市监广登字 20170147 号

前言 FOREWORD

党的二十大报告中指出"我们要办好人民满意的教育，全面贯彻党的教育方针，落实立德树人根本任务，培养德智体美劳全面发展的社会主义建设者和接班人，加快建设高质量教育体系，发展素质教育，促进教育公平"。本书全面贯彻党的二十大精神，以社会主义核心价值观为引领，传承中华优秀传统文化，弘扬精益求精的专业精神、职业精神和工匠精神，使内容更好体现时代性、把握规律性、富于创造性，为建设社会主义文化强国添砖加瓦。

本书依据"任务驱动、做中学"的编写思路，以解决实际项目的思路和操作为编写主线，下一个项目均以上一个项目的知识点为支撑，多个知识点间相互连贯，每个项目均由若干个具体的典型任务组成，每个任务又将相关知识和职业岗位基本技能结合在一起，把知识、技能的学习融入任务完成过程中。本书重点突出技能培养在课程中的主体地位，采用全新的仿真教学模式，使用 C 语言编程，配有丰富的微课视频和教学资源。读者可以扫描封面的二维码直接登录"微课云课堂"（www.ryweike.com）→用手机号注册→在用户中心输入本书激活码（44ca12d5），将本书包含的微课资源添加到个人账户，获取永久在线观看本课程微课视频的权限。

本书采用"教、学、做一体化"教学模式，可作为高职高专院校计算机应用技术、电子信息、机电等相关专业单片机技术课程的教材，也可作为广大电子产品制作爱好者的自学用书。设计学时为 64~96 学时。参考学时分配为：项目一 6~8 学时、项目二 8~10 学时、项目三 6~10 学时、项目四 8~10 学时、项目五 6~8 学时、项目六 6~8 学时、项目七 6~10 学时、项目八 4~6 学时、项目九 4~8 学时、项目十 4~8 学时、项目十一 6~10 学时。

本书作者团队既有学校的骨干教师，又有项目研发人员和高新企业的工程师。安徽电子信息职业技术学院省级教学名师郭志勇担任主编，并对本书的编写思路与大纲进行了总体规划，指导全书的编写，承担全书各个项目的连贯及统稿工作；王韦伟、曹路舟担任副主编。合肥求精电子有限公司提供本书配套的单片机开发板散件、典型应用项目，以及电子产品设计与制作竞赛的相关课程资源。项目一、项目十一和课程设计范例二由郭志勇编写，项目二和项目十由王韦伟编写，项目三和项目八由巩雪洁编写，项目五和项目九由李健编写，项目四和项目七由陈小永编写，项目六和课程设计范例一由王宾编写。参加本书电路调试、程序调试、素材收集、校对等工作的还有曹路舟、赵黎明、林艺春、郭雨、张长井、杨振宇、郭丽等，在此一并表示衷心感谢。

由于时间紧迫和编者水平有限，书中难免会有不妥之处，敬请广大读者和专家批评指正。

编　者
2018 年 10 月

目录　CONTENTS

1 Chapter

项目一
发光二极管 LED 控制

项目导读

　　本项目从设计第一个任务"点亮一个 LED"入手，首先让读者对 Proteus 和 Keil C51 软件有一个初步了解；然后介绍单片机和单片机最小系统以及 C 语言语句的基本概念。通过 LED 控制电路焊接制作和声光报警器的设计与实现，读者将进一步了解单片机应用系统的开发流程。

知识目标	1. 了解 STC89C52 单片机结构和引脚功能； 2. 掌握 STC89C52 单片机最小系统电路设计； 3. 会利用单片机 I/O 口实现点亮一个 LED 和声光报警
技能目标	能完成单片机最小系统和输出电路设计与焊接制作，能应用 C 语言程序完成单片输入输出控制，实现对 LED 控制的设计、运行及调试
素养目标	培养读者技能报国的爱国主义情怀、精益求精的工匠精神，激发读者对单片机应用技术课程学习的兴趣
教学重点	1. 单片机及其引脚功能； 2. 单片机最小系统的组成
教学难点	时钟电路、复位电路，LED 控制的方法
建议学时	8 学时
推荐教学方法	通过使用 Proteus 和 Keil C51 完成"点亮一个 LED"任务，让读者了解"点亮一个 LED"任务的构成及开发环境，进而通过 LED 控制电路焊接制作和声光报警器的设计与实现，熟悉单片机应用系统的开发流程
推荐学习方法	勤学勤练、动手操作是学好单片机的关键。完成"点亮一个 LED"任务的设计，焊接制作一块实验板是学习单片机的第一步

1.1　任务 1　点亮一个 LED

工作任务

使用 STC89C52 单片机，将 P1.0 引脚接 LED（发光二极管）的阴极，用 C 语言程序控制，从 P1.0 引脚输出低电平，使 LED 点亮。

1.1.1　用 Proteus 设计第一个 LED 控制电路

1. Proteus 仿真软件简介

本书使用 Proteus 7.5 SP3 Professional 中文版。Proteus 是英国 Labcenter Electronics 公司开发的多功能电子设计自动化（EDA）软件。Proteus 不仅是模拟电路、数字电路、模/数混合电路的设计与仿真平台，也是目前较先进的单片机和嵌入式系统的设计与仿真平台。它可以在计算机上实现从原理图与电路设计、电路分析与仿真、单片机代码级调试与仿真、系统测试与功能验证到形成印刷电路板（PCB）的完整的电子设计研发过程。

2. "点亮一个 LED"电路设计分析

按照任务要求，"点亮一个 LED"电路由 STC89C52 单片机、时钟电路、复位电路和 LED 电路等构成。STC89C52 单片机是宏晶公司推出的新一代高速、低功耗、超强抗干扰、超低价的单片机。

LED 加正向电压发光，反之不发光。一般接法是阳极接高电平，阴极接单片机的某一输出口线。当输出口线为低电平时，LED 亮；当输出口线为高电平时，LED 不亮。这样我们只要编程控制单片机的输出口的电平，就可控制 LED 亮或灭。

在本任务中，LED 阳极通过 220Ω 限流电阻连接到 5V 电源上。电阻在这里起到了限流的作用，使通过 LED 的电流被限制在十几毫安左右。P1.0 引脚接 LED 的阴极，P1.0 引脚输出低电平时对应的 LED 点亮，输出高电平时对应的 LED 熄灭。"点亮一个 LED"电路设计如图 1-1 所示。

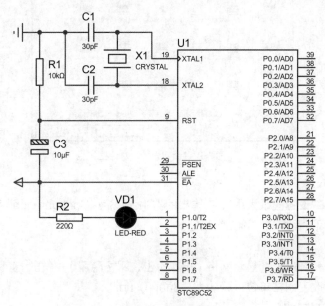

图1-1　电路设计

3. 用 Proteus 制作"点亮一个 LED"电路

这里介绍两种运行 Proteus 仿真软件的方法。第一种是双击桌面上的 ISIS 7 Professional 图标；第二种是依次单击屏幕左下方的"开始"→"程序"→"Proteus 7 Professional"→"ISIS 7 Professional"，进入 Proteus ISIS 集成环境，如图 1-2 所示。

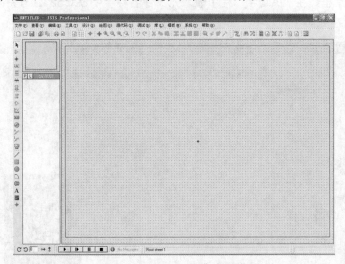

图1-2　Proteus ISIS集成环境

（1）新建设计文件

单击"文件"→"新建设计"，在弹出的"新建设计"对话框中选择"DEFAULT"模板后单击"确定"按钮，如图 1-3 所示。

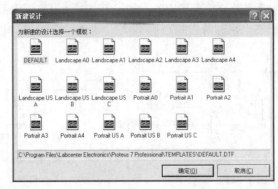

图1-3 "新建设计"对话框

（2）设置图纸尺寸

单击"系统"→"设置图纸大小"，在弹出的"Sheet Size Configuration"对话框中选择"A4"图纸尺寸或自定义尺寸后单击"确定"按钮。

（3）设置网格

单击"查看"→"网格"，显示网格（再次单击，网格隐藏）。单击"查看"→"Snap xxth"（或 Snap x.xin）可改变网格单位，默认为"Snap 0.1in"。

（4）保存设计文件

单击"文件"→"保存设计"，在弹出的"保存 ISIS 设计文件"对话框中指定文件夹，输入文件名"点亮一个 LED"，并选择保存类型为"设计文件（*.DSN）"后单击"保存"按钮。

（5）添加元器件

单击模式选择工具栏的"元件"按钮 ⇨，单击"器件选择"按钮 P，弹出"Pick Devices"（选取元器件）对话框，在"关键字"栏中输入元器件名称"AT89C52"，与关键字匹配的元器件"AT89C52"显示在元器件列表中，如图 1-4 所示。

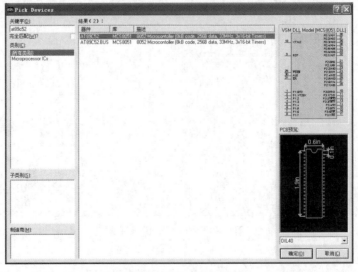

图1-4 "Pick Devices"对话框

双击选中的元器件"AT89C52"，便可将所选元器件"AT89C52"加入到对象选择器窗口，单击"确定"按钮完成元器件选取。

用同样的方法可以添加其他元器件。在"点亮一个 LED"电路中，需要添加 AT89C52 单片机、CRYSTAL（晶振）、CAP（电容）、CAP-ELEC（电解电容）、RES（电阻）、LED-RED（红色发光二极管）等元器件。

 注　意

> Proteus 仿真软件中没有 STC89C52、AT89S52 等单片机，可以用 AT89C52 代替（然后修改为 STC89C52 即可），也可以选择其他 51 类型，不影响本书中相关电路的学习。

（6）放置元器件

单击对象选择器窗口的元器件"AT89C52"，元器件名"AT89C52"变为蓝底白字，预览窗口显示"AT89C52"元器件；单击方向工具栏的按钮可实现元器件的左旋、右旋、水平和垂直翻转，以调整元器件的摆放方向；将鼠标指针移到编辑区某一位置，单击一次就可放置元器件"AT89C52"。

参考上述放置 AT89C52 单片机的步骤，依照图 1-1 放置其他元器件。

（7）编辑元器件

单击模式选择工具栏的"编辑"按钮，进入编辑状态。右击（或单击）元器件，元器件若变为红色，表明被选中，将鼠标指针放到被选中的元器件上，按住左键拖动到编辑区某一位置松开，即完成元器件的移动。将鼠标指针放到被选中的元器件上右击，利用弹出的快捷菜单中的方向工具栏按钮可实现元器件的旋转和翻转。右击被选中的元器件，可删除该元器件。在被选中的元器件外单击，可撤销选中。

按照上述编辑方法，依照图 1-1 所示的元器件位置，对已放置的元器件进行位置调整。

（8）放置终端

单击模式选择工具栏的"终端"按钮，单击对象选择器窗口的电源终端"POWER"，该终端名的背景变为蓝色，预览窗口中也将显示该终端；单击方向工具栏的"左旋转"按钮，电源终端逆时针旋转 90°；将鼠标指针移到编辑区某一位置，单击一次可放置一个终端。用同样的方法放置接地终端"GROUND"。

（9）连线

单击命令工具栏的"实时 Snap（捕捉）"按钮，使实时捕捉有效（再次单击，实时捕捉无效）。当鼠标指针接近引脚末端时，该处会自动出现一个小方框"□"，表明可以自动连接到该点。依照图 1-1 所示，单击要连线的元器件起点和终点，完成连线。

（10）属性设置

右击元器件电容 C1，弹出快捷菜单，单击"编辑属性"选项，弹出"编辑元件"对话框，如图 1-5 所示。将电容量改为 30pF，单击"确定"按钮完成元器件电容 C1 属性的编辑设置。用同样方法设置其他元器件的属性。

（11）电气规则检测

单击 Proteus ISIS 集成环境中的"工具"→"电气规则检查"，弹出检查结果窗口，完成电气检测。若检测出错，根据提示修改电路图并保存，直至检测成功。电气规则检查窗口如图 1-6

所示。

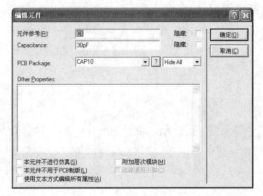

图1-5　"编辑元件"对话框

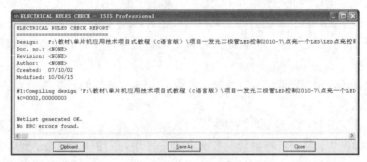

图1-6　电气规则检查窗口

1.1.2　用 Keil C51 设计第一个 C 语言 LED 控制程序

1. Keil C51 简介

Keil C51 是众多单片机应用开发软件中最优秀的软件之一，它支持众多不同公司的 MCS51 架构的芯片，集编辑、编译、仿真等功能于一体，和常用的微软 VC++的界面相似，界面友好，易学易用，在调试程序、软件仿真方面都有很强大的功能。

Keil C51 提供丰富的库函数和功能强大的集成开发调试工具。本书中使用 Keil μVision4。Keil μVision4 集成开发环境可以完成工程建立和管理、编译、连接、目标代码生成、软件仿真和硬件仿真等一系列完整的开发流程，是一款公认的功能强大的单片机开发平台。

2. 编写"点亮一个 LED"的程序

由于 P1.0 引脚接 LED 的阴极，LED 的阳极通过 220Ω 限流电阻后连接到 5V 电源上，所以从 P1.0 引脚输出低电平就可以点亮 LED。"点亮一个 LED"的 C 语言程序如下：

```c
#include <reg52.h>        //包含 reg52.h 头文件
sbit LED=P1^0;            //定义 LED 为 P1.0 引脚
void main (void)
{
    LED=0;                //P1.0 引脚输出低电平点亮 LED
    while(1);
}
```

程序编程说明：

（1）"#include <reg52.h>"语句是一个"文件包含"处理语句，是将 reg52.h 头文件的内容全部包含进来。该程序中包含 reg52.h 头文件的目的是使用"P1^0"这个符号，即通知 C 编译器，程序中所写的 P1^0 是指 STC89C52 单片机的 P1.0 引脚。

（2）P1.0 不能直接使用，"sbit LED=P1^0;"就是定义用符号 LED 来表示 P1.0 引脚，当然也可以用 P1_0 或 P10 之类的名字。

（3）"LED=0;"语句是使 P1.0 引脚输出低电平，点亮发光二极管 LED。

（4）"while(1);"语句的表达式是 1，也就是说，while 语句的表达式始终为真，进入死循环，LED 始终点亮。

（5）Keil C 支持 C++风格的注释，可以用"//"进行注释，也可以用/*......*/进行注释。

3. 建立第一个 Keil C51 工程项目

首先我们要养成一个习惯，先建立一个空文件夹，把工程文件放到里面，避免和其他文件混合。在这里我们创建了一个名为"Mytest"的文件夹。

接下来运行 Keil μVision4，第一种方法是双击桌面上的 Keil μVision4 图标；第二种方法是依次单击桌面左下方的"开始"→"程序"→"Keil μVision4"，进入 Keil μVision4 集成开发环境，如图 1-7 所示。

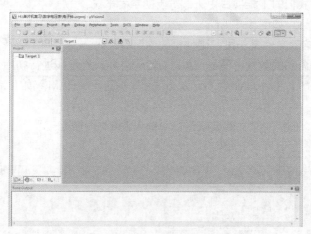

图1-7　Keil μVision4集成开发环境

（1）建立工程文件，选择单片机

单击 "工程"→"新建工程"，在弹出的"新建工程"对话框中选择刚才建立的"Mytest"文件夹，并输入文件名"点亮一个 LED"，不需要加扩展名，单击"保存"按钮，弹出"Select Device for Target 'Target 1'"对话框，如图 1-8 所示。

在 CPU 选项卡中，单击左侧列表框中"STC-STC89"项前面的"+"号，展开该层，单击选中列表中的"STC89C52RC"。

注意

由于 Keil μVision4 中没有 STC 单片机，可以在安装 Keil μVision4 时添加 STC 单片机。在这里可以选择 STC89C52RC 单片机，也可以选择 52 和 51 等其他类型的单片机，不影响本书中用到的程序运行。

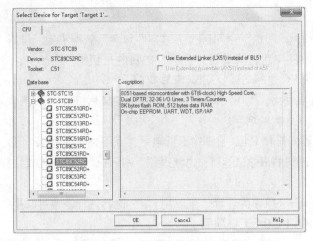

图1-8　选择单片机窗口

（2）添加启动文件

单击"OK"按钮，弹出"Copy 'STARTUP.A51' to Project Folder and Add File to Project?"对话框，询问是否复制、添加单片机启动文件到我们的工程项目中去。对于初学者来说，这里先单击"否"按钮，如图1-9所示。

图1-9　是否添加启动文件界面

STARTUP.A51 启动文件是一段和硬件相关的汇编代码，其作用是对单片机内外部的数据存储器 RAM 初始化清零、对堆栈进行初始化设置等。执行完启动文件后，就跳转到.c 文件的 main 函数。单击"否"按钮，对 RAM 初始化清零将采用默认方式。

（3）建立源文件

单击"文件"→"新建"，在文件编辑窗口中输入"点亮一个 LED" C 语言源程序，如图 1-10 所示。

图1-10　文件编辑窗口

单击"文件"→"保存"，在弹出的"另存"对话框中指定文件夹（一般与工程文件放在同一文件夹中），输入文件名"点亮一个 LED.c"（C 语言源程序的后缀名是".c"），单击"保存"

按钮，完成源文件的建立。

此时就可以看到，程序文本字体颜色已经发生了变化。

（4）添加源文件到工程项目文件中

在工程窗口中右击"Target 1"文件夹下的"Source Group 1"文件夹后，单击快捷菜单的"添加（加载）文件到组'Source Group 1'"，在弹出的"添加（加载）文件到组'Source Group 1'"对话框中将文件类型设为"C 源文件"，单击刚才保存的源文件名"点亮一个 LED.c"→单击"加载"→单击"关闭"，完成源文件加载。源文件加载窗口如图 1-11 所示。

当我们单击"Add"按钮时会感到奇怪，怎么对话框不消失呢？不要管它，直接单击"Close"按钮关闭就可以了。

（5）设置工程的配置参数

在工程窗口中右击"Target 1"文件夹，单击快捷菜单中的目标'Target 1'属性"，参数设置窗口如图 1-12 所示。

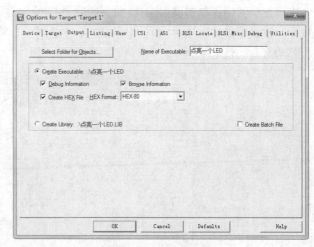

图1-11　源文件加载窗口　　　　　　　　　　图1-12　参数设置窗口

在弹出的"目标'Target 1'属性"对话框中进行以下设置。

① 在"目标"选项卡的晶振频率栏中，建议初学者修改成 12MHz，因为 12MHz 方便计算指令时间。

② 在"输出"选项卡中，选中"生成 HEX 文件"复选框，使编译器输出单片机需要的 HEX文件。

③ 其余采用默认设置，单击"确定"按钮，完成配置参数设置。

4. 编译连接与调试

建立好第一个 Keil C51 工程项目"点亮一个 LED"后，需要对"点亮一个 LED"工程项目进行编译连接和调试。

（1）进行编译和连接

单击"工程"→"构造目标"，完成编译，生成"点亮一个 LED.hex"文件。通过输出窗口查看编译信息，若提示出错，双击输出窗口中出错信息行，文件编辑窗口出错指令所在行左侧会有箭头提示，逐个排除错误后重新编译。输出窗口如图 1-13 所示。

（2）打开 P1 口对话框

单击快捷工具栏中的 ⑳ 调试按钮，进入调试模式。单击菜单栏"Peripherals"→"I/O-Ports"→"Port 1"，打开 P1 口对话框，如图 1-14 所示。

在 Peripherals 菜单下面有中断、I/O 口、串口、定时器等几类，用到哪个功能就选择哪个选项。

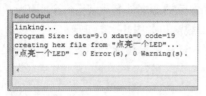

图1-13　输出窗口

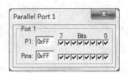

图1-14　P1口对话框

（3）程序调试

在调试模式中，单击调试工具栏的 ⑳ 运行按钮，通过 P1 口对话框观察 P1.0 引脚是否输出低电平。调试窗口显示了 P1 口的电平状态，如图 1-15 所示。Pins 为引脚的状态，勾选为高电平，不勾选则为低电平。

图1-15　程序调试窗口

1.1.3　用 Proteus 仿真运行调试

1. 加载"点亮一个 LED.hex"目标代码文件

首先打开 Proteus "点亮一个 LED"电路。然后双击单片机"STC89C52"，在弹出的"编辑元件"对话框中单击"Program File"后的打开按钮 🔄，在弹出的"选择文件名"对话框中选中前面编译生成的"点亮一个 LED.hex"文件，然后单击"打开"按钮，完成"点亮一个 LED.hex"加载 HEX 文件的选择，如图 1-16 所示。

最后将"Clock Frequency"框中的频率设为 12MHz，单击"确定"按钮，即可完成加载目标代码文件。

2. 仿真运行调试

单击仿真工具栏的"运行"按钮 ▶ ，单片机全速运行程序，观察 LED 是否点亮。LED

若点亮，则说明完成了"点亮一个 LED"的设计。

那么如何观察单片机内部状态呢？

在单片机全速运行程序时，先单击"暂停"按钮 ❚❚ （或直接点击 ❚▶ 按钮），然后单击"调试"→选择"8051 CPU Registers"，再单击"调试"→选择"8051 CPU SFR Memory"，如图 1-17 所示。

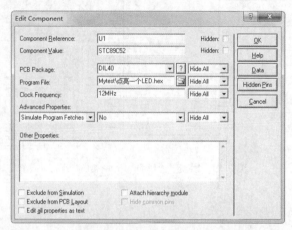

图1-16　加载目标代码文件

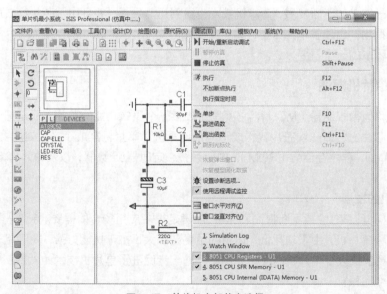

图1-17　单片机内部状态选择

这样就可以分别打开工作寄存器窗口和特殊功能寄存器窗口，随后每单击"单步执行"按钮 ❚ 一次（或按 F10 键），就执行一条指令。我们就可以通过各调试窗口观察每条指令执行后数据处理的结果，以加深对硬件结构和指令的理解，如图 1-18 所示。

在编辑区"点亮一个 LED"电路中，可以看到接在 P1.0 引脚上的 LED 被点亮，同时在打开的工作寄存器窗口和特殊功能寄存器窗口中也能看到 P1 口为 FEH，即 P1.0 引脚为低电平，其他引脚为高电平。

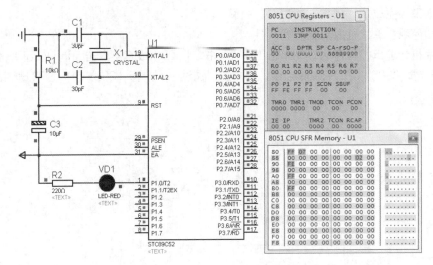

图1-18 "点亮一个LED" Proteus仿真运行

1.2 认识单片机

随着微电子技术的不断发展，计算机技术也得到迅速发展，并且由于芯片集成度的提高而使计算机日益微型化，出现了单片微型计算机（Single Chip Computer），简称单片机，它是微型计算机发展历程中的一个重要分支。

1.2.1 单片机概述

单片机又称为微控制器（MCU），它不是完成某一个逻辑功能的芯片，而是把一个计算机系统集成到一个芯片上，即一块芯片就构成了一台计算机。单片机集成了中央处理器（CPU）、数据存储器（RAM）、程序存储器（ROM）、中断系统、定时器/计数器，以及输入/输出接口电路等主要部件。

1. 单片机的发展

单片机自问世以来，性能不断提高和完善，能满足很多应用场合的需要。特别是当前用CMOS工艺制成的各种单片机，由于功耗低，适用的温度范围大、抗干扰能力强，能满足一些特殊要求的应用场合，更加扩大了单片机的应用范围，也进一步促进了单片机技术的发展。单片机的发展主要经历了4个阶段。

第一阶段（1974—1976年）为单片机初级阶段。由于受工艺及集成度的限制，单片机采用双片形式，且功能比较简单。如美国Fairchild公司1974年推出的单片机F8，它包含8位CPU，64B。F8还需要外接一片3851（内含1KB ROM、1个定时/计数器和2个I/O口）电路才能构成一个完整的微型计算机。

第二阶段（1976—1978年）为低性能单片机阶段。单片机采用单芯片形式，是"小而全"的微型机系统。如美国Intel公司1976年推出的MCS-48系列单片机，8位CPU，并行I/O口，8位定时器/计数器，无串行口，中断处理比较简单，RAM、ROM容量较小，寻址范围不超过4KB。这个阶段把单片机推向市场，促进了单片机的变革，各种8位单片机纷纷应运而生。

第三阶段（1978—1982 年）为高性能单片机阶段，也是单片机普及阶段。此时的单片机与前两个阶段相比，不仅存储容量大、寻址范围广，而且中断源、并行 I/O 口、定时器/计数器的个数都有了不同程度的增加，同时还增加了串行口。如美国 Intel 公司在 MCS-48 基础上推出的高性能 MCS-51 系列单片机。

第四阶段（1982 年以后）为 16 位单片机阶段。此时的单片机包含 16 位 CPU，片内 RAM、ROM 容量进一步增大，增加了 AD/DA 转换器和 8 级中断处理功能，实时处理能力更强，允许用户采用面向工业控制的专用语言，如 C 语言等。如美国 Intel 公司的 MCS-96 系列单片机和 NC 公司的 HPC16040 系列机等。

总之，单片机发展趋势可归结为以下几个方面。

（1）增加字长，提高数据精度和处理速度。

（2）改进制作工艺，提高单片机的整体性能。

（3）由复杂指令集计算机（CISC）转向简单指令集计算机（RISC）技术。

（4）多功能模块集成技术，使一块"嵌入式"芯片具有多种功能。

（5）微处理器与 DSP 技术相结合。

（6）融入高级语言的编译程序。

（7）低电压、宽电压、低功耗。

目前，国际市场上 8 位、16 位单片机系列已有很多，32 位单片机也已经进入了实用阶段。随着单片机技术的不断发展，新型单片机还将不断涌现，单片机技术也将以惊人的速度向前发展。

2．单片机的特点

单片机作为微型计算机的一个分支，与一般的微型计算机并没有本质上的区别，同样具有快速、精确、记忆功能和逻辑判断能力等特点。但单片机是集成在一块芯片上的微型计算机，与一般的微型计算机相比，在硬件结构和指令设置上均有独到之处，主要特点如下所述。

（1）体积小、重量轻，价格低、功能强，电源单一、功耗低，可靠性高、抗干扰能力强。这是单片机得以迅速普及和发展的主要原因。同时由于单片机功耗低，后期投入成本也大大降低。

（2）使用方便灵活、通用性强。由于单片机本身就构成一个最小系统，只要根据不同的控制对象做相应的改变即可，因而它具有很强的通用性。

（3）目前大多数单片机采用哈佛（Harvard）结构体系，即单片机的数据存储器空间和程序存储器空间相互独立。单片机主要面向测控对象，通常有大量的控制程序和较少的随机数据，将程序和数据分开，使用较大容量的程序存储器来固化程序代码，使用较小容量的数据存储器来存取随机数据。程序在只读存储器（ROM）中运行，不易受外界侵害，可靠性高。

（4）突出控制功能的指令系统。单片机的指令系统中有大量的单字节指令，可以提高指令运行速度和操作效率；有丰富的位操作指令，满足对开关量控制的要求；有丰富的转移指令，包括有无条件转移指令和条件转移指令。

（5）较低的处理速度和较小的存储容量。因为单片机是一种小而全的微型机系统，它是以牺牲运算速度和存储容量来换取体积小、功耗低等特色的。

3．单片机的应用

由于单片机在一块芯片上集成了一台微型计算机所需的 CPU、存储器、输入/输出部件和时钟电路等，因此具有体积小，使用灵活、成本低、易于产品化、抗干扰能力强，可在各种恶劣环境下可靠工作等特点。特别是单片机应用面广，控制能力强，使其在工业控制、智能仪表、外设控制、家用电器、机器人、军事装置等方面得到了广泛的应用。单片机主要应用在以下几个方面。

（1）家用电器。单片机广泛应用在家用电器的自动控制中，如洗衣机、空调、电冰箱、电视机、音响设备等。单片机的使用提高了家用电器的性能和质量，降低了家用电器的生产成本和销售价格。

（2）智能卡。尽管目前使用的主要是磁卡和 IC 卡，但是，带有 CPU 和存储器的智能卡，也将日益广泛用于金融、通信、信息、医疗保健、社会保险、教育、旅游、娱乐和交通等各个领域。

（3）智能仪器仪表。单片机体积小、耗电少，被广泛应用于各类仪器仪表中，如智能电度表、智能流量计、气体分析仪、智能电压电流测试仪和智能医疗仪器等。单片机使仪器仪表走向了智能化和微型化，使仪器仪表的功能和可靠性大大提高。

（4）网络与通信。许多型号的单片机都有通信接口，可方便地进行机间通信，也可方便地组成网络系统，如单片机控制的无线遥控系统、列车无线通信系统和串行自动呼叫应答系统等。

（5）工业控制。单片机可以构成各种工业测控系统和数据采集系统，如数控机床、汽车安全技术检测系统、报警系统和生产过程自动控制等。

4. 51 系列单片机的分类

单片机可分为通用型单片机和专用型单片机两大类。通用型单片机是把可开发资源全部提供给使用者的微控制器。专用型单片机则是为过程控制、参数检测、信号处理等方面的特殊需要而设计的单片机。我们通常所说的单片机即指通用型单片机。

51 系列单片机源于 Intel 公司的 MCS-51 系列。在 Intel 公司将 MCS-51 系列单片机实行技术开放政策之后，许多公司都以 MCS-51 中的基础结构 8051 为基核推出了许多各具特色、具有优异性能的单片机，如 STC、Philips、Dallas、Siemens、Atmel 等。这些以 8051 为基核的各种型号的兼容型单片机统称为 51 系列单片机。Intel 公司 MCS-51 系列单片机中的 8051 是其中最基础的单片机型号。

尽管各类单片机很多，但目前在我国使用最为广泛的单片机系列仍是 Intel 公司生产的MCS-51 系列单片机，同时该系列还在不断完善和发展。随着各种新型号系列产品的推出，单片机越来越被广大用户所接受。

（1）按片内不同程序存储器的配置来分

① 片内有 MaskROM（掩膜 ROM）型：8051、80C51、8052、AT89C52。此类芯片是由半导体厂家在芯片生产过程中，将用户的应用程序代码通过掩膜工艺制作到 ROM 中。其应用程序只能委托半导体厂家"写入"，一旦写入后不能修改。此类单片机适合大批量使用。

② 片内有 EPROM 型：8751、87C51、8752。此类芯片带有透明窗口，可通过紫外线擦除存储器中的程序代码，应用程序可通过专门的编程器写入到单片机中，需要更改时可擦除后重新写入。此类单片机价格较贵，不适宜大批量使用。

③ 片内无 ROM（ROMLess）型：8031、80C31、8032。此类芯片的片内没有程序存储器，使用时必须在外部并行扩展程序存储器存储芯片，造成系统电路复杂，目前较少使用。

（2）按片内不同容量的存储器配置来分

① 51 子系列型：芯片型号的最末位数字以 1 作为标志，51 子系列是基本型产品。片内带有 4KB ROM/EPROM/FPEROM（8031、80C31 除外）、128B RAM、2 个 16 位定时器/计数器、5 个中断源等。

② 52 子系列型：芯片型号的最末位数字以 2 作为标志，52 子系列是增强型产品。片内带

有 8KB ROM/EPROM/FPEROM（8032、80C32 除外）、256B RAM、3 个 16 位定时器/计数器、6 个中断源等。

（3）按芯片的半导体制造工艺来分

① HMOS 工艺型：8051、8751、8052、8032。HMOS 工艺，即高密度短沟道 MOS 工艺。

② CHMOS 工艺型：80C51、83C51、87C51、80C31、89C51、80C32、AT89C52、89C52。此类芯片型号中都以字母"C"来标识。

采用这两类工艺的器件在功能上是完全兼容的，但 CHMOS 器件具有低功耗的特点，它消耗的电流要比 HMOS 器件小得多。CHMOS 器件比 HMOS 器件多了两种节电的工作方式（掉电方式和待机方式），常用于构成低功耗的应用系统。

此外，与其他芯片一样，按单片机所能适应的环境温度范围，可划分为 3 个等级：民用级（0℃~70℃）、工业级（-40℃~+85℃）和军用级（-65℃~+125℃）。因此，在使用时应注意根据现场温度选择不同的芯片。

5. STC89 系列单片机

在 MCS-51 系列单片机 8051 的基础上，STC 公司开发了 STC89 系列单片机，自问世以来，以其低廉的价格和独特的程序存储器——快闪存储器（Flash Memory）为用户所青睐。表 1-1 列出了 STC89 系列单片机的几种主要型号。

表 1-1　STC89 系列单片机一览表

型号	工作电压(V)	FlashROM	SRAM	最多 I/O 数量	串行口	定时器	EEPROM	外部中断
STC89C51	3.8-5.5	4KB	512B	39	1	3	9KB	4
STC89LE51	2.4-3.6	4KB	512B	39	1	3	9KB	4
STC89C52	3.8-5.5	8KB	512B	39	1	3	5KB	4
STC89LE52	2.4-3.6	8KB	512B	39	1	3	5KB	4
STC89C53	3.8-5.5	12KB	512B	39	1	3	2KB	4
STC89LE53	2.4-3.6	12KB	512B	39	1	3	2KB	4
STC89C54	3.8-5.5	16KB	1280B	39	1	3	45KB	4
STC89LE54	2.4-3.6	16KB	1280B	39	1	3	45KB	4

采用快闪存储器的 STC89 系列单片机，不但具有 MCS-51 系列单片机的基本特性（如指令系统兼容、芯片引脚分布相同等），而且还具有以下独特的优点。

（1）片内程序存储器为电擦写型 ROM（可重复编程的快闪存储器）。整体擦除时间仅为 10ms 左右，可写入/擦除 1000 次以上，数据可保存 10 年以上。

（2）两种可选编程模式，既可以用 12V 电压编程，也可以用 V_{cc} 电压编程。

（3）宽工作电压范围，V_{CC}=2.7V~6V。

（4）全静态工作，工作频率范围：0Hz~24MHz，频率范围宽，便于系统功耗控制。

（5）3 层可编程的程序存储器上锁加密，使程序和系统更加难以仿制。

总之，STC89 系列单片机与 MCS-51 系列单片机相比，前者和后者之间有兼容性，但前者的性价比等指标更为优越。本书主要围绕 STC89C52 单片机进行介绍。

1.2.2　STC89C52 系列单片机的基本结构

STC89C52 系列单片机是宏晶公司推出的新一代高速、低功耗、超强抗干扰、超低价的单片机。其指令代码完全兼容传统的 8051 单片机，12 个时钟/机器周期和 6 个时钟/机器周期可以任意选择。STC89C52 是一款功能强大的微控制器，具有较高的性价比，可为许多嵌入式控制应用系统提供高性价比的解决方案。

此外，STC89C52 可降至 0Hz 静态逻辑操作，支持软件选择空闲模式和掉电模式两种节电模式。在空闲模式下，CPU 停止工作，允许 RAM、定时器/计数器、串口、中断继续工作；在掉电模式下，RAM 内容被保存，振荡器被冻结，单片机一切工作停止，直到下一个中断或硬件复位为止。STC89C52 单片机主要包含以下部件。

（1）一个 8 位 CPU。

（2）一个片内振荡器及时钟电路。

（3）8KB 可重复擦写的 Flash（闪速）存储器。

（4）程序加密后传输。

（5）512B 内部 RAM。

（6）3 个 16 位定时器/计数器。

（7）最多 39 条可编程的 I/O 线。

（8）一个可编程全双工串行口。

（9）最多具有 8 个中断源、4 个优先级嵌套中断结构（兼容传统 51 单片机的 5 个中断源、2 个优先级嵌套中断结构）。

STC89C52 系列单片机的基本结构框图，如图 1-19 所示。

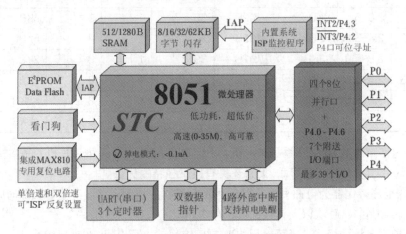

图1-19　STC系列单片机基本结构框图

1.2.3　STC89C52 单片机引脚功能

1. STC89C52 单片机封装

STC89C52 单片机有 90C 版本封装和 HD 版本封装，如图 1-20 所示。

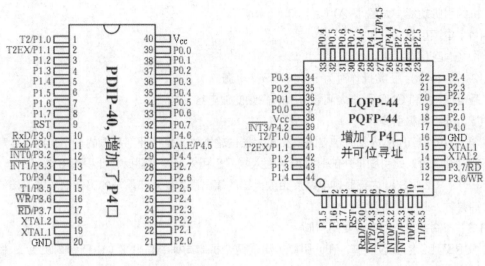

（a）90C 版本的 40 引脚塑料双列直插式封装　　　　（b）90C 版本的 44 引脚薄型四方扁平封装

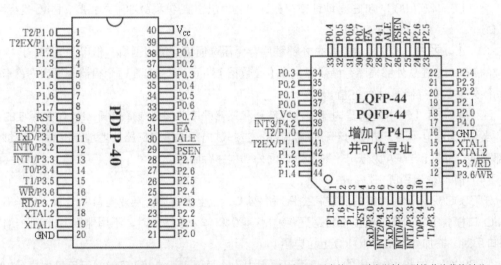

（c）HD 版本的 40 引脚塑料双列直插式封装　　　　（d）HD 版本的 44 引脚塑料无引线芯片载体封装

图1-20　STC89C52的引脚和封装

　注 意

STC89C52 单片机的 90C 版本和 HD 版本的主要区别如下。

（1）90C 版本没有 EA 和 PSEN 引脚，有 P4.4、P4.5 和 P4.6 引脚。

（2）HD 版本有 EA 和 PSEN 引脚，没有 P4.4、P4.5 和 P4.6 引脚。

其中，90C 版本的 ALE/P4.5 引脚，默认作为 ALE 引脚。若需要作为 P4.5 引脚使用，需在烧录用户程序时，在 STC-ISP 编程器中设置。

2. STC89C52 单片机引脚功能

在这里，以 STC89C52 单片机的 40 引脚塑料双列直插式封装（PDIP）为例，介绍 STC89C52

单片机的引脚功能，如图 1-20（a）和（c）所示。

（1）电源引脚

① GND（20）：接地端。

② V_{CC}（40）：正常操作时为 3.8V~5.5 V 电源。

通常在 V_{CC} 和 GND 引脚之间接 0.1μF 高频滤波电容。

（2）外接晶振引脚

① XTAL1（19）：内部时钟电路反相放大器的输入端，是接外部晶振的一个引脚。当直接使用外部时钟源时，此引脚是外部时钟源的输入端。采用外部振荡器时，此引脚接地。

② XTAL2（18）：内部时钟电路反相放大器的输出端，接外部晶振的另一端。当直接使用外部时钟源时，此引脚可浮空。

（3）控制或与其他电源复用引脚

① RST（9）：复位引脚，在此引脚上出现两个机器周期的高电平（由低到高跳变），将使单片机复位。

② ALE/P4.5（30）：ALE 是地址锁存允许信号输出引脚/编程脉冲输入引脚，P4.5 是标准的 I/O 口。

③ P4.4/$\overline{PSEN}$（29）：$\overline{PSEN}$ 是外部程序存储器选通信号输出引脚，低电平有效；P4.4 是标准的 I/O 口。在从外部程序存储器取指令（或数据）期间，$\overline{PSEN}$ 在每个机器周期内两次有效。在访问外部数据存储器时，$\overline{PSEN}$ 无效。

④ P4.6/$\overline{EA}$（31）：$\overline{EA}$ 是内部程序存储器和外部程序存储器选择引脚，P4.6 是标准的 I/O 口。当 $\overline{EA}$ 为高电平时，访问内部程序存储器，当超过内部程序存储器的地址范围后，自动转向外部程序存储器；当 $\overline{EA}$ 为低电平时，则访问外部程序存储器。

（4）输入/输出引脚

STC89C52 系列单片机的 P1、P2、P3 和 P4 口，上电复位后为准双向口/弱上拉（传统 8051 的 I/O 口模式），P0 口上电复位后是开漏输出。P0 口作为总线用时，不用外接上拉电阻；作为 I/O 口用时，需加 4.7kΩ~10 kΩ 上拉电阻。

STC89C52 的 5V 单片机的 P0 口灌电流最大为 12mA，其他 I/O 口的灌电流最大为 6mA。

① P0.0~P0.7（32~39）：P0 口是一个 8 位漏极开路型双向 I/O 口，当用作输入时，每个端口要先置 1。在访问外部存储器时，它分时传送低 8 位地址（A0~A7）和数据总线（D0~D7）。

② P1.0~P1.7（1~8）：P1 口是一个带有内部上拉电阻的 8 位准双向 I/O 口，当用作输入时，每个端口要先置 1。P1.0 和 P1.1 引脚也可用作定时器 2 的外部计数输入（P1.0/T2）和触发器输入（P1.1/T2EX）。

③ P2.0~P2.7（21~28）：P2 口是一个带有内部上拉电阻的 8 位准双向 I/O 口，当用作输入时，每个端口要先置 1。在访问外部存储器时，它输出高 8 位地址（A8~A15）。

④ P3.0~P3.7（10~17）：P3 口是一个带有内部上拉电阻的 8 位准双向 I/O 口，当用作输入时，每个端口要先置 1。P3 口还具有第二功能，参见项目二中的表 2-1。

⑤ P4：P4 口是一个带有内部上拉电阻的准双向 I/O 口，最多有 7 个引脚，同 P1、P2 和 P3 口。

1.2.4 单片机最小系统

单片机最小系统就是指由单片机和一些基本的外围电路所组成的一个可以工作的单片机系统。

单片机最小系统能满足工作的最低要求，但不能对外完成控制任务，实现人机对话。要进行人机对话还要有一些输入、输出部件，作控制时还要有执行部件。常见的输入部件有开关、按钮、键盘、鼠标等，输出部件有指示灯 LED、数码管、显示器等，执行部件有继电器、电磁阀等。

一般来说，单片机最小系统主要包括单片机、晶振电路、复位电路和电源 4 个部分。

1. 晶振电路

单片机内有一个由高增益反相放大器构成的振荡电路，XTAL1 和 XTAL2 分别为振荡电路的输入和输出端。其振荡电路有两种组成方式：片内振荡器和片外振荡器。片内振荡器如图 1-21（a）所示。

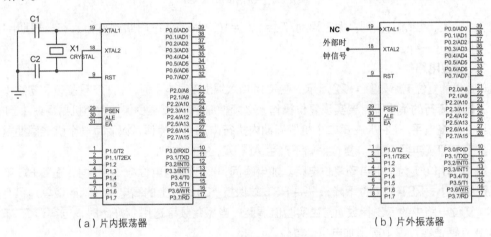

（a）片内振荡器　　　　　　　　　　（b）片外振荡器

图1-21　单片机振荡器电路

在 XTAL1 和 XTAL2 引脚两端跨接石英晶体振荡器和两个微调电容构成振荡电路，通常 C1 和 C2 取 30pF，晶振的频率取值为 1.2MHz～12MHz。

片外振荡器如图 1-21（b）所示。XTAL1 是外部时钟信号的输入端，XTAL2 可悬空。由于外部时钟信号经过片内一个二分频的触发器进入时钟电路，因此对外部时钟信号的占空比没有严格要求，但高、低电平的时间宽度应不小于 20ns。

2. 时序的概念

单片机内的各种操作，都是在一系列脉冲控制下进行的，而各脉冲在时间上是有先后顺序的，这种顺序就称为时序。单片机内部已集成了振荡器电路，只需要外接一个石英晶体振荡器和两个微调电容就可工作。

（1）振荡周期是指晶体振荡器直接产生的振荡信号的周期，是振荡频率（又称晶振频率）f_{osc} 的倒数，用 T_{osc} 表示。

振荡周期 $T_{osc}=1/f_{osc}$，如：振荡频率为 6MHz 时，$T_{osc}=1/6\,\mu s$，振荡频率为 12MHz 时，$T_{osc}=1/12\,\mu s$。

（2）状态周期，又称时钟周期，用 S 表示。每个状态周期是振荡周期的两倍，即每个状态周期分为 P_1 和 P_2 两个节拍，P_1 节拍完成算术逻辑操作，P_2 节拍完成内部寄存器间数据的传递。

（3）机器周期是机器的基本操作周期。一个机器周期含 6 个状态周期，分别用 S_1～S_6 表示。

（4）指令周期是指执行一条指令所占用的全部时间。一个指令周期通常由 1~4 个机器周期组成。在单片机系统中，有单周期指令、双周期指令和四周期指令。

综上所述，1 个机器周期=6 个状态周期=12 个振荡周期。各周期的相互关系如图 1-22 所示。

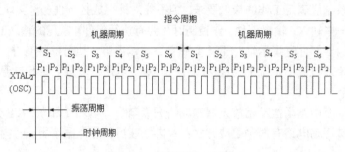

图1-22 各周期的相互关系

例如：f_{osc}=12MHz，则：振荡周期 T_{osc}=1/f_{osc}=1/12 μs，状态周期=1/6 μs，机器周期=1μs，指令周期=1μs~4μs。

3. 复位电路

单片机的复位电路如图 1-22 所示。在 RST 输入端出现高电平时，就能实现复位和初始化。

在振荡运行的情况下，要实现复位操作，必须使 RST 引脚至少保持两个机器周期（24 个振荡周期）的高电平。CPU 在第二个机器周期内执行内部复位操作，以后每一个机器周期重复一次，直至 RST 端电平变低。复位期间不产生 ALE 及 $\overline{PSEN}$ 信号。

图 1-23（a）为上电自动复位电路。加电瞬间，RST 端的电位与 V_{cc} 相同，随着 RC 电路充电电流的减小，RST 的电位下降，只要 RST 端保持 10ms 以上的高电平，就能使单片机有效地复位。复位电路中的 RC 参数通常由实验值调整，当振荡频率选用 6MHz 时，电容选 22μF，电阻选 1kΩ，便能可靠地实现加电自动复位。

图 1-23（b）是手动复位电路，包括上电自动复位电路。

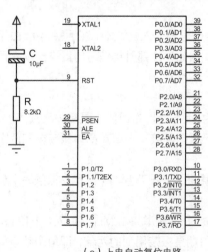

（a）上电自动复位电路

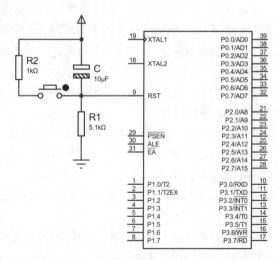

（b）手动复位电路

图1-23 复位电路

【技能训练 1-1】单片机控制 LED 闪烁

任务 1 是使用 C 语言程序控制 P1.0 引脚输出低电平来点亮 LED。那么如何通过 C 语言程序控制 LED 闪烁呢?

1. LED 闪烁功能实现分析

如图 1-1 所示,LED 的阳极通过 220Ω 限流电阻连接到 5V 电源上,P1.0 引脚接 LED 的阴极。当 P1.0 引脚输出低电平时,LED 点亮;当输出高电平时,LED 熄灭。

LED 闪烁功能的实现过程如下所示。

(1)P1.0 引脚输出低电平,LED 点亮。

(2)延时,使得 LED 保持点亮一段时间。

(3)P1.0 引脚输出高电平,LED 熄灭。

(4)延时,使得 LED 保持熄灭一段时间。

(5)重复第一步(循环),这样就可以实现 LED 闪烁。

2. LED 闪烁控制程序设计

从以上分析可以得出,LED 闪烁控制的 C 语言程序如下:

```c
#include <reg52.h>            //包含 reg52.h 头文件
sbit LED=P1^0;               //定义 LED 是 P1.0 位对应的引用符号
void  Delay()                //延时函数
{
  unsigned char i, j;
    for (i=0;i<255;i++)
       for (j=0;j<255;j++);
}
void main()
{
  while(1)
   {
     LED = 0;                //P1.0=0, LED 点亮
     Delay();                //延时
     LED = 1;                //P1.0=1, LED 熄灭
     Delay();
   }
 }
```

程序说明如下。

(1)由于单片机执行指令的速度很快,如果不设置延时,点亮之后将马上就熄灭,熄灭之后马上就点亮,速度太快,由于人眼存在视觉暂留效应,根本无法分辨,所以在控制 LED 闪烁的时候需要延时一段时间,否则就看不到"LED 闪烁"的效果了。

(2)延时函数是定义在前,使用在后。这里使用了两条 for 语句构成双重循环(外循环和内循环),循环体是空的,用来实现延时的目的。如果想改变延时时间,可以改变循环次数。

如果延时函数是使用在前,定义在后,程序该如何编写呢?

(3)"unsigned char i, j;"语句是定义 i 和 j 两个变量为无符号字符型,取值范围 0~255。

3．LED 闪烁控制调试及生成 HEX 文件

LED 闪烁程序设计好以后，还需要进行调试，看看是否与设计相符。首先要生成"LED 闪烁.hex"文件，在以后的任务中不再详细叙述具体过程。

（1）建立工程项目文件，选择单片机。将工程文件命名为"LED 闪烁"，选择单片机型号为 STC 的 STC89C52RC。

（2）建立源文件，加载源文件。将源文件命名为"LED 闪烁.c"。

（3）设置工程的配置参数。在"目标"选项卡将晶振频率设为 12MHz，在"输出"选项卡将"生成 HEX 文件"复选框选中。

（4）进行编译和连接。

（5）进入调试模式，打开 P1 口对话框。单击快捷工具栏的调试按钮，进入调试模式。然后单击菜单栏"Peripherals"→"I/O-Ports"→"Port 1"，打开 P1 口对话框；

（6）程序运行与调试。在调试模式中，单击调试工具栏的运行按钮，通过 P1 口对话框观察 P1.0 引脚的电平变化状态，以间接分析 LED 闪烁规律是否与设计相符。程序运行与调试窗口如图 1-24 所示。

图1-24 程序运行与调试窗口

4．LED 闪烁控制 Proteus 仿真运行调试

用 Proteus 仿真运行调试 LED 闪烁控制与任务 1 基本一样。以后不再详细叙述具体的仿真运行调试过程。

（1）运行 Proteus 软件，打开 LED 闪烁 Proteus 仿真电路。

（2）加载 Keil 生成的"LED 闪烁.hex"文件。

（3）单击仿真工具栏的"运行"按钮 ▶ ，单片机全速运行程序。

通过编辑区的 LED 闪烁电路图观察 LED 闪烁规律是否与设计要求相符。同时还可以通过 P1.0 引脚的电平变化状态来间接分析 LED 闪烁规律。LED 闪烁 Proteus 仿真运行如图 1-25 所示。

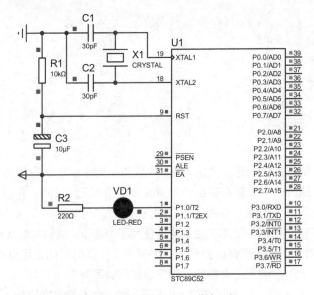

图1-25 LED闪烁Proteus仿真运行

1.3　任务 2　LED 控制电路焊接制作与调试

工作任务

完成单片机最小系统和 LED 电路焊接制作，并下载 LED 闪烁控制程序，实现 LED 控制电路焊接制作与调试。

1.3.1　LED 控制电路设计

按照任务要求，LED 控制电路由单片机最小系统和 LED 电路构成。参考图 1-25 所示的电路图，列出 LED 控制电路的元器件清单，如表 1-2 所示。

表 1-2　单片机最小系统和 LED 电路元件清单

元件名称	参数	数量	元件名称	参数	数量
单片机	STC89C52	1	按键		1
晶振	11.0592MHz	1	电阻	10kΩ	1
瓷片电容	30pF	2	电阻	220Ω	1
电解电容	10μF	1	LED		1
IC 插座	DIP40	1			

1.3.2　LED 控制电路焊接

1. 元器件识别和检测

在 LED 控制电路板焊接之前，要先对元器件进行识别和检测。

（1）结合元器件清单，找出要焊接的晶振、瓷片电容、按键、IC 锁紧插座、排阻、电解电容、各种阻值电阻（通过色环判断其大小）等元器件。

（2）用万用表对所要焊接的元器件进行筛选检测，检查元器件有没有坏的或质量差的等，特别是发光二极管（LED）和电解电容，一定要判断出其正负极。

2. 电路板焊接

焊接元器件的一般原则是由小到大、由低到高。首先要焊接 IC 锁紧插座，然后依次按模块电路（如晶振电路、复位电路等）进行焊接。焊接好的电路板如图 1-26 所示。

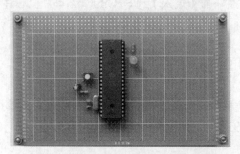

图1-26　单片机最小系统和LED焊接电路板

元器件焊接时的注意事项如下。

（1）电解电容（瓷片电容不分正负极）、发光二极管都具有一长一短两个引脚，长脚为正极、短脚为负极。

（2）焊接 IC 锁紧插座时要先将每个脚插入线路板，然后焊对角两脚，将其固定在线路板上，防止底座焊接不平，最后焊接其他引脚。

（3）晶振电路尽量靠近单片机芯片进行焊接，以减少寄生电容，更好地保证振荡器稳定和可靠地工作。选用复位电路使用的开关时，最好选用点触开关，便于操作。

（4）焊接排阻时，要让排阻侧面有字的一面对着单片机。

（5）焊接后，元器件外观要整齐、焊点要饱满（防止虚焊）、引脚不宜过高。在放置元器件时，还要考虑方便以后开发，在线路板上预留一定空间。

3．硬件电路检测

（1）通电前检测

首先观察所焊接部分是否存在漏焊、虚焊、脱焊、短路和焊错位置等现象，若发现问题要及时解决。

然后把单片机装入 IC 锁紧插座中，注意单片机管脚（即方向）不能装反。

最后结合原理图，用万用表再次检测焊接是否正常，特别是要检测单片机的第 40 引脚 V_{CC} 和第 20 引脚（GND）之间是否短路。若短路就不能通电，要把短路故障排除以后才能进行后面的操作。

（2）通电检测

上电后，检测单片机第 40 引脚（V_{CC}）和第 20 引脚（GND）之间是否有 5V 电压。

检测晶振（单片机的第 18 引脚和第 19 引脚）两端电压是否为 0.5V~1.6V，如果有，则说明晶振电路工作正常。

按下复位按键，检测单片机的第 9 引脚的电压是否为 5V，若按前为 0V、按后为 5V，按键释放后降为 0V，则说明复位电路正常。

1.3.3 LED 控制程序下载与调试

1．编写"LED 闪烁.c"文件

由于本任务的电路图与技能训练 1-1"单片机控制 LED 闪烁"的电路图一样，故其代码也一样。

2．下载"LED 闪烁.hex"文件

把"LED 闪烁.hex"文件下载（烧入）到 STC89C52 单片机芯片中，是通过 stc-isp 下载软件实现的。下载"LED 闪烁.hex"文件的操作步骤如下。

（1）运行 stc-isp 下载软件

单击 stc-isp 下载软件图标，打开下载软件。

（2）选择单片机型号

在"单片机型号"下拉框中，选择 LED 控制电路板所使用的单片机型号，这里使用的单片机型号是 STC89C52RC/LE52RC，如图 1-27 所示。

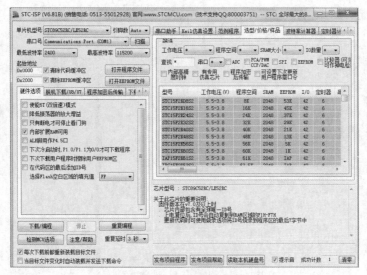

图1-27　单片机型号选择

（3）选择串口号

在"串口号"下拉框中，选择相应的串口号。台式机通常只有一个 RS232 串口，若使用串口下载线，串口号就选择 COM1。

笔记本电脑通常没有 RS232 串口，只能使用 USB 转串口下载线了，选择的串口号一般为 COM3，如图 1-28 所示。

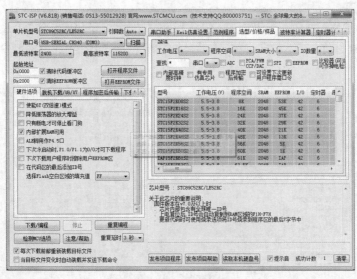

图1-28　串口号选择

若"串口号"下拉框只显示出 COM1 串口号，单击后面的"扫描"按钮，就可以显示出其他串口号了。使用不同的 USB 接口，会产生不同的串口号。

（4）打开程序文件

单击"打开程序文件"按钮，在"打开程序代码文件"对话框中选择存放"LED 闪烁.hex"的文件夹，并打开该文件，如图 1-29 所示。

图1-29　STC-ISP下载软件打开程序文件

 注意

　　其他选项全部使用默认值即可，最好不要乱改，否则可能会把芯片锁死，以后就不能用了。

（5）下载程序

　　单击"下载/编程"按钮，下载"LED 闪烁.hex"文件到 STC89C52RC 单片机。在"LED 闪烁.hex"文件下载之前，在下载界面右下角文本框中会显示"正在检测目标单片机"，如图 1-30 所示。

图1-30　"LED闪烁.hex"下载完成之前

注 意

在单击"下载/编程"按钮之前，先关闭电路板电源开关，在单击"下载/编程"按钮之后，再给电路板上电。

当右下角文本框显示"操作成功！"时，表示下载完成，如图 1-31 所示。

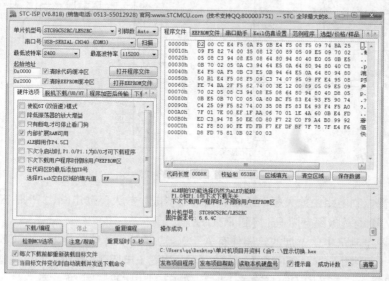

图 1-31　"LED 闪烁.hex"下载完成

3. LED 闪烁控制运行与调试

"LED 闪烁.hex"文件下载完成后，观察 LED 控制电路板上的 LED 是否不断闪烁，一直到电源关闭才熄灭。若与任务要求相符合，说明任务已经完成，否则需要进行硬件检查和程序调试，直到功能实现为止。

1.4 任务 3　声光报警器

利用 C 语言控制程序，从单片机 P2.0 引脚上输出报警信号，并对 P1.0 引脚上的 LED 进行闪烁控制，实现声光报警器设计、运行与调试。

1.4.1　声光报警器电路设计

按照任务要求，声光报警器电路将由单片机最小系统、声音控制电路和 LED 电路构成，如图 1-32 所示。

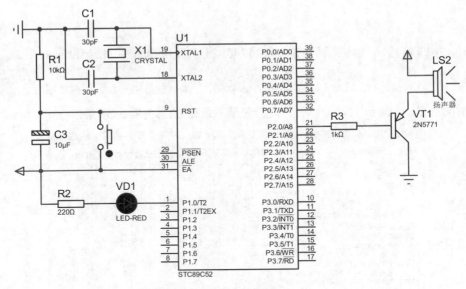

图1-32　声光报警器电路

其中，声音控制电路由放大驱动电路和扬声器构成。放大驱动电路由 PNP 三极管 VT1 和电阻 R3 构成，VT1 的基极经电阻 R3 接到 P2.0 引脚。

在声光报警器电路中，添加的元器件有 AT89C52 单片机（修改为 STC89C52）、CRYSTAL（晶振）、CAP（电容）、CAP-ELEC（电解电容）、RES（电阻）、BUTTON（按键）、LED-RED（红色发光二极管）、SPEAKER（扬声器）以及 2N5771（PNP 三极管）等。

声光报警器 Proteus 仿真电路的设计过程与任务 1 基本一样，这里只给出不同的设计过程，不再赘述具体设计过程了。

1.4.2　声光报警器程序设计

1. 声光报警器功能实现分析

声光报警器是在单片机 P2.0 引脚上输出脉冲方波，方波经放大后，驱动扬声器进行声音报警，声音的频率高低由延时长短来控制。同时，声光报警器还通过 P1.0 引脚输出脉冲方波，控制该引脚所接的 LED 进行闪烁报警。

声光报警器的功能实现过程如下。

（1）在 P2.0 和 P1.0 引脚输出低电平。

（2）延时。

（3）在 P2.0 和 P1.0 引脚输出高电平。

（4）延时。

（5）重复第一步（循环），这样就可以实现声光报警器功能。

2. 声光报警器程序设计

从以上分析可以得出，声光报警器的 C 语言程序如下：

```
#include <reg52.h>              //包含 reg52.h 头文件
sbit SPK=P2^0;                  //定义 SPK 是 P2.0 位对应的引用符号
```

```
    sbit LED=P1^0;                  //定义 LED 是 P1.0 位对应的引用符号
    void  Delay()                   //延时函数
    {
        unsigned char i, j;
        for (i=0;i<255;i++)
            for (j=0;j<255;j++);
    }
    void main()
    {
    while(1)
        {
            SPK = 0;                // P2.0=0，输出低电平
            LED = 0;                // P1.0=0，LED 点亮
            Delay();                // 延时
            SPK = 1;                // P2.0=1，输出高电平
            LED = 1;                // P1.0=1，LED 熄灭
            Delay();
        }
    }
```

完成声光报警器程序设计后，生成"声光报警器.hex"文件。

3. 声光报警器 Proteus 仿真运行调试

（1）运行 Proteus 软件，打开声光报警器 Proteus 仿真电路。

（2）加载 Keil 生成的"声光报警器.hex"文件。

（3）单击仿真工具栏的"运行"按钮 ▶ ，单片机全速运行程序。

通过编辑区的声光报警器电路图，观察声光报警器是否与设计要求相符。同时还可以通过 P2.0 和 P1.0 引脚的电平变化状态，间接分析声光报警器的工作规律。

【技能训练 1-2】开关控制声光报警器

任务 3 只是通过 C 语言控制程序来完成声光报警器设计。如果需要通过开关来控制声光报警器工作，并要求报警信号以 1kHz 信号 100ms、500Hz 信号 200ms 交替进行，该如何实现呢？

1. 单片机输入输出

单片机最小系统常见的输入部件有开关、按钮、键盘、鼠标等，输出部件有指示灯 LED、数码管、显示器等；执行部件有继电器、电磁阀等。

2. 开关控制声光报警器电路设计

开关控制声光报警器电路由单片机最小系统、输入电路和输出电路三部分组成。其中，单片机最小系统由 AT89C52 单片机、晶振电路和上电复位电路构成，输入电路是开关电路，输出电路是声光报警电路。

在图 1-32 的基础上，添加一个开关（SWITCH）。开关一个引脚接地，另一个引脚接 P3.0 引脚，同时经上拉电阻接+5V 电源，如图 1-33 所示。

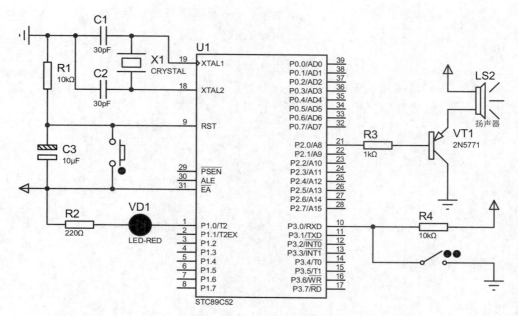

图1-33　开关控制声光报警器电路

3. 开关控制声光报警器程序设计

根据开关控制声光报警器电路的设计和功能要求，在开关控制下，通过 P2.0 和 P1.0 引脚输出报警信号，报警信号按 1kHz 信号 100ms、500Hz 信号 200ms 交替进行。开关合上，声光报警器开始工作；开关断开，声光报警器停止工作。参考程序如下：

```c
#include <reg52.h>
#include <INTRINS.H>            //因为使用空操作，所以要包含 INTRINS.H 头文件
sbit SPK=P2^0;
sbit LED=P1^0;
sbit SW=P3^0;
unsigned char count;
void delay500(void)            //延时 500us，即 0.5ms
{
        unsigned char i;
        for(i=250;i>0;i--)
        {
                _nop_();
        }
}
void  main()
{
        while(1)
    {
            if(SW==0)              //判断开关是否闭合，SW 为 0 表示开关闭合
        {
```

```
        for(count=200;count>0;count--)        //1KHz 信号 100ms
        {
                SPK=~SPK;
                LED=~LED;
                delay500();
        }
        for(count=200;count>0;count--)        //500Hz 信号 200ms
        {
            SPK=~SPK;
            LED=~LED;
            delay500();
            delay500();
        }
    }
}
```

1.4.3　C 语言程序的基本构成

随着单片机开发技术的不断发展，目前已有越来越多的人从使用汇编语言开发转变到使用高级语言开发，其中以 C 语言为主。市场上几种常见的单片机均有其 C 语言开发环境。本节以最为流行的 STC89C52 单片机为例，来学习单片机的 C 语言编程技术。

1. C 语言程序的构成

（1）C 语言程序由一个或多个函数构成。最简单的程序只有一个 main 函数，如任务 1 的"点亮一个 LED"C 语言程序。在一个 C 语言程序中必须有一个且仅有一个 main 函数。除了 main 函数，还可以有其他函数，由于这些函数是由用户根据需要自行设计的，因此称为自定义函数，如任务 2 的"LED 闪烁"C 语言程序中的 Delay()函数。另外，在 C 语言程序中，由 C 语言本身提供的函数称为库函数。

那么，库函数和用户自定义函数有什么区别呢？简单地说，任何使用 Keil C 语言开发的人，都可以直接调用 C 语言的库函数而不需要为这个函数编写任何代码，只需要包含具有该函数说明的相应的头文件即可；而自定义函数则是完全个性化的，是用户根据需要编写的。Keil C 提供了 100 多个库函数供开发人员直接使用。

一个 C 语言程序总是从 main 函数开始执行，而不管物理位置上 main()函数放在什么地方。在"LED 闪烁"C 语言程序中，main()放在了最后，事实上这也是最常用的一种方式。

（2）一个函数由以下两部分组成。

① 函数首部，即函数的第一行。包括函数名、函数类型、函数属性、函数参数（形参）名、参数类型。

如：void Delay()。

函数名后面必须跟一对圆括号，即便没有任何参数也必须如此。

② 函数体，即函数首部下面的大括号"{}"内的部分。如果一个函数内有多个大括号，则最外层的一对"{}"为函数体的范围。函数体一般包括：

声明部分：定义所用到的变量，如 void Delay()中的 unsigned char i, j;。

执行部分：由若干个语句组成。

在某些情况下也可以没有声明部分，甚至既没有声明部分，也没有执行部分，如：

```
void Delay()
{}
```

这是一个空函数，什么也不执行，但它是合法的。

在编写程序时，可以充分利用空函数。比如主程序需要调用一个延时函数，可是具体延时多少，怎么延时，暂时还不清楚，就可以先把主程序的框架结构定义好，编译通过了再说。至于里面的细节，可以在以后慢慢填写，这样在主程序中就可以调用它了。

2. 标识符

变量名、常数名、数组名、函数名、文件名与类型名等统称为标识符。C 语言规定标识符只能由字母、数字和下划线 3 种字符组成，且第 1 个字符必须为字母或下划线，如"1A"在编译时便会有错误提示。要注意的是，C 语言中的大写字母与小写字母被认为是不同的字符，即 Sum 与 sum 是两个不同的标识符。

标识符可以分为预定义标识符和用户标识符。标准库函数的名字，如 printf、sqrt、pow 与 sin 等，还有预编译处理命令，如 define 与 include 等，都属于预定义标识符。而用户标识符则是由用户根据需要定义的标识符。如用户定义的变量名 a、b、sum 与 x1 等，用户定义的函数名 f1、rep、facto 与 sort 等。

标识符命名应当简单，含义清晰，有助于理解程序。标准的 C 语言并没有规定标识符的长度，但是各个 C 编译系统有自己的规定，在 Keil C 编译器中，只将标识符的前 32 位作为有效标识。

3. 关键字

关键字是编程语言保留的特殊标识符，它们具有固定的名称和含义，在程序编写中，不允许标识符与关键字同名。在 Keil C 中除了支持 ANSI C 标准的 32 个关键字，还根据 51 单片机的特点扩展了相关的关键字。

在 Keil C 的文本编辑器中编写 C 程序，系统会把保留字以不同颜色显示，默认颜色为蓝色。

1.4.4　C 语言基本语句

C 语言程序由一个或多个函数组成，而函数又由若干个语句组成。语句则由一些基本字符和定义符按照 C 语言的语法规定组成，每个语句以分号结束，分号是 C 语句的必要组成部分。C 语言的语句可分为以下 5 种类型：表达式语句、函数调用语句、控制语句、复合语句和空语句。

1. 表达式语句

表达式语句是由一个表达式加一个分号构成的，其作用是计算表达式的值或改变变量的值。它的一般形式是：

```
表达式；
```

即在表达式末尾加上分号，就变成了表达式语句。最典型的表达式语句是：在赋值表达式后加一个分号构成赋值语句。例如：

```
a=3
```

是一个赋值表达式，而

```
a=3;
```

是一个赋值语句。

2. 函数调用语句

一个函数调用加一个分号就构成了函数调用语句，其作用是完成特定的功能。函数调用语句的一般形式是：

```
函数名(参数列表);
```

例如：

```
mDelay(100);  //调用延时函数，参数是 100
```

3. 控制语句

控制语句用于完成一定的控制功能，以实现程序的各种结构。C 语言有 9 种控制语句，可分为以下 3 类。

（1）条件判断语句：if 语句、switch 语句。

（2）循环语句：for 语句、while 语句、do-while 语句。

（3）转向语句：break 语句、continue 语句、goto 语句、return 语句。

4. 复合语句

复合语句用一对大括号将若干条语句括起来，也称为分程序，在语法上相当于一条语句。例如：

```
main()
{......
    {t=x;
     x=y;
     y=t;}     //复合语句
}
```

5. 空语句

只有一个分号的语句称为空语句。它的一般形式是：

```
;
```

空语句是什么操作也不执行，常作为循环语句中的循环体，表示循环体什么也不做。

由于 C 语言程序的书写格式是自由的，所以一个语句可写在一行上，也可分写在多行内。一行内可以写一个语句，也可以写多个语句。缩进没有具体要求，但是建议读者按一定的规范来写，可以给后期维护带来方便。

注释内容可以单独写在一行，也可以写在一个语句之后。可以采用/*......*/的形式为 C 程序的任何一部分作注释，从"/*"开始，到"*/"为止的内容都将被认为是注释，所以在书写时特别是修改源程序时要特别注意。Keil C 也支持 C++ 风格的注释，即"//"后面的语句也认为是注释，例如：

```
P1_0=!P1_0;  // P1.0 引脚输出取反
```

这种风格的注释只对本行有效，书写也比较方便，所以在只需要一行注释的时候，我们往往采用这种格式。

 **关键知识点小结**

1. Proteus 能在计算机上完成从原理图与电路设计、电路分析与仿真、单片机代码级调试与仿真、系统测试与功能验证到形成 PCB 的完整的电子设计、研发过程。

2. Keil C51 是基于 8051 内核的微控制器软件开发平台，是 51 系列单片机 C 语言软件开发系统，可以完成工程建立和管理、编译、连接、目标代码生成、软件仿真和硬件仿真等一系列完整的开发流程。

3. 单片机的主要发展历程：第一阶段（1974—1976 年）为单片机初级阶段；第二阶段

（1976—1978 年）为低性能单片机阶段；第三阶段（1978—1982 年）为高性能单片机阶段，也是单片机普及阶段；第四阶段（1982 年以后）为 16 位单片机阶段。

4. 单片机主要应用在家用电器、智能卡、智能仪器仪表、网络与通信以及工业控制等方面。

5. 当今世界正经历百年未有之大变局，科技创新是其中一个关键变量。创新是一个国家和民族发展的不竭动力，我们必须把独立自主、自力更生作为发展的根本基点。STC（宏晶科技）目前是全球最大的 8051 单片机设计公司，新一代增强型 8 位单片微型计算机标准的制定者。STC89C52 系列单片机是宏晶公司推出的新一代高速、低功耗、超强抗干扰、超低价的 8 位单片机，在一块芯片中集成了 CPU、片内振荡器及时钟电路、8KB 可重复擦写的 Flash 存储器、512B 内部 RAM、3 个 16 位定时器/计数器、最多 39 条可编程的 I/O 线、一个可编程全双工串行口、最多 8 个中断源、4 个优先级嵌套中断结构（兼容传统 51 单片机的 5 个中断源、2 个优先级嵌套中断结构）。

6. 单片机最小系统是指由单片机和一些基本的外围电路所组成的一个可以工作的单片机系统。一般来说，它包括单片机、电源、晶振电路和复位电路。

7. 单片机内的各种操作都是在一系列脉冲控制下进行的，而各脉冲在时间上是有先后顺序的，这种顺序就称为时序。定时单位有振荡周期 T_{osc}、状态周期、机器周期、指令周期。

1 个机器周期=6 个状态周期=12 个振荡周期 T_{osc}；

1 个指令周期通常由 1~4 个机器周期组成。

8. C 语言程序由一个或多个函数构成，在一个 C 语言程序中，必须有一个且仅有一个 main 函数，除了 main 函数，还可以有自定义函数和库函数。一个函数由两部分组成：函数的首部，包括函数名、函数类型、函数属性、函数参数（形参）名、参数类型；函数体，即函数首部下面的大括号"{}"内的部分。

9. C 语言规定标识符只能由字母、数字和下划线 3 种字符组成，且第 1 个字符必须为字母或下划线。标识符分为预定义标识符和用户标识符。标准库函数的名字和预编译处理命令都属于预定义标识符。而用户标识符是由用户根据需要定义的标识符。在 Keil C 编译器中，只将标识符的前 32 位作为有效标识。

10. 关键字是编程语言保留的特殊标识符，它们具有固定的名称和含义。在程序编写中，不允许标识符与关键字同名。在 Keil C 中除了支持 ANSI C 标准的 32 个关键字，还根据 51 单片机的特点扩展了相关的关键字。

11. C 语言的语句是由一些基本字符和定义符按照 C 语言的语法规定组成的，每个语句以分号结束，分号是 C 语句的必要组成部分。C 语言的语句可分为表达式语句、函数调用语句、控制语句、复合语句和空语句。

12. "#include <reg52.h>"语句是一个"文件包含"处理语句，用于将 reg52.h 头文件的内容全部包含进来。"sbit LED=P1^0;"语句定义一个符号 LED，用来表示 P1.0 引脚。

13. Keil C 支持 C++风格的注释，既可以用"//"进行单行注释，也可以用/*......*/进行单行或多行注释。

问题与讨论

1-1 填空题

（1）单片机主要集成了_____、_____、_____、_____、_____以及_____等部件。

（2）单片机最小系统主要包括单片机、_____、_____和_____等 4 个部分。

（3）单片机常采用两种复位方式，即_____和_____。

（4）一个机器周期包含_____个晶振周期，若晶振周期的频率为 12MHz，则机器周期为_____，指令周期为_____~_____机器周期。

（5）当 P1 口作输入口输入数据时，必须先向该端口的锁存器写入_____，否则输入数据可能出错。

（6）MCS-51 系列单片机有_____个并行 I/O 口，_____个全双工串口，_____个 16 位定时器/计数器，_____个中断源。

1-2　选择题

（1）使用单片机开发系统调试程序时，对 C 语言源程序进行编译的目的是（　　　）。

    A.　将 C 语言源程序转换成.hex 文件　　　　B.　将.hex 文件转换成 C 语言源程序

    C.　将低级语言转换成高级语言　　　　　　　D.　连续执行键

（2）单片机的简称是（　　　）。

    A.　MCP　　　　　　　B.　PLC　　　　　　　C.　MCU　　　　　　　D.　DSP

（3）以下叙述不正确的是（　　　）。

    A.　一个 C 程序可以由一个或多个函数组成

    B.　一个 C 程序必须包含一个 main 函数

    C.　C 程序的基本组成单位是函数

    D.　在 C 程序中，注释说明只能位于一条语句的后面

（4）提高单片机的晶振频率 f_{osc}，则机器周期（　　　）。

    A.　不变　　　　　　　B.　变长　　　　　　　C.　变短　　　　　　　D.　不定

（5）一个 C 语言程序的执行是从（　　　）。

    A.　本程序的 main 函数开始，到 main 函数结束

    B.　本程序文件的第一个函数开始，到本程序文件的最后一个函数结束

    C.　本程序的 main 函数开始，到本程序文件的最后一个函数结束

    D.　本程序文件的第一个函数开始，到本程序文件的 main 函数结束

1-3　简述 Keil C51 和 Proteus 软件的主要功能。

1-4　我国电子技术和计算机芯片技术的发展迅速，自主研发能力不断提升。简述单片机的发展趋势。

1-5　简述单片机的主要应用领域。

1-6　简述单片机的主要特点。

1-7　如果只使用片外 ROM，$\overline{EA}$ 引脚应该如何接？为什么？

1-8　在任务 2 中，如果把 LED 闪烁程序的延时函数 Delay()写在 main()后面，程序应该如何修改？

1-9　单片机最小系统由哪几部分组成？现要求 LED 的阳极接在 P1.0 引脚上，请完成 LED 点亮电路和 C 语言程序设计。

1-10　请完成用开关控制实现 LED 闪烁快和慢两种效果的电路和 C 语言程序设计。

Chapter 2

项目二

LED 循环点亮控制

项目导读

　　本项目从 LED 循环点亮控制入手，首先让读者对单片机的并行 I/O 端口有一个初步了解；然后介绍 MCS-51 单片机的并行 I/O 端口电路和内存空间，并介绍 C51 数据类型和 C 语言常量与变量。通过 LED 循环点亮控制焊接制作、开关控制 LED 循环点亮和步进电机控制设计，读者将进一步了解单片机并行 I/O 端口的应用。

知识目标	1. 掌握 P0、P1、P2 和 P3 功能及应用技能； 2. 掌握内部数据存储器的地址分配及特殊功能寄存器； 3. 会利用单片机 I/O 口实现开关控制 LED 循环点亮和步进电机控制
技能目标	能完成 LED 循环点亮控制电路设计与焊接制作，能应用 C 语言程序完成单片机输入/输出控制，实现对步进电机控制的设计、运行及调试
素养目标	增强读者自主学习的能力，培养读者条理性、系统性的良好工作习惯，提升工作效率
教学重点	1. P0、P1、P2 和 P3 功能及应用； 2. 内部数据存储器的地址分配及特殊功能寄存器
教学难点	特殊功能寄存器的字节地址和位寻址，步进电机的控制方法
建议学时	8 学时
推荐教学方法	从任务"LED 循环点亮控制"入手，让读者了解单片机的并行 I/O 端口，以及 LED 循环点亮控制焊接制作、开关控制 LED 循环点亮和步进电机控制设计，让读者熟悉单片机并行 I/O 端口的应用
推荐学习方法	勤学勤练、动手操作是学好单片机的关键。动手完成 LED 循环点亮控制焊接制作，通过"边做边学"达到学习的目的

2.1 任务 4 LED 循环点亮控制

工作任务

使用 STC89C52 单片机，将 P1 口引脚接 8 个 LED 的阴极，通过程序按一定的规律向 P1 口引脚输出低电平和高电平，控制 8 只发光二极管循环点亮。

2.1.1 LED 循环点亮电路设计

按照任务要求，LED 循环点亮电路是由单片机最小系统和 8 个 LED 电路构成的，如图 2-1 所示。

8 个 LED 采用共阳极接法，LED 的阳极通过 220Ω 限流电阻后连接到 5V 电源上，P1 口接 LED 的阴极。P1 口的引脚输出低电平时，对应的 LED 点亮，输出高电平时，对应的 LED 熄灭。LED 循环点亮 Proteus 仿真电路的设计过程与任务 1 基本一样，这里只给出不同的设计过程，不再赘述具体设计过程。

（1）新建设计文件，设置图纸尺寸，设置网格，保存设计文件，将文件命名为"LED 循环点亮"。

（2）选取元器件。从 Proteus 元器件库中选取元器件：AT89C52（单片机）、CRYSTAL（晶振）、CAP（电容）、CAP-ELEC（电解电容）、RES（电阻）、LED-RED（红色发光二极管）。

（3）放置元器件，编辑元器件，放置终端，连线。按图 2-1 所示放置元器件并连线。

（4）属性设置。右击元器件电容 C1，在弹出的"编辑元件"对话框中将电容量改为 30pF，单击"确定"按钮完成元器件电容 C1 的属性编辑。采用同样方法编辑其他元器件属性（如修改

AT89C52 为 STC89C52)。

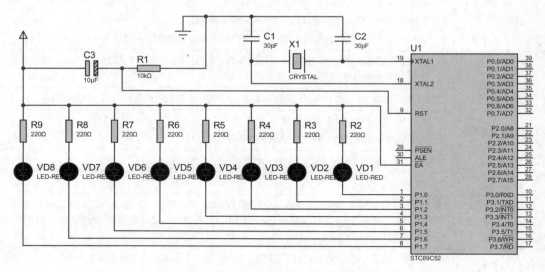

图2-1 LED循环点亮电路

（5）电气规则检测。单击"工具"→"电气规则检查"，弹出检查结果窗口，完成电气检测。若检测出错，根据提示修改电路图并保存，直至检测成功。

2.1.2 LED 循环点亮程序设计

LED 循环点亮电路设计完成以后，还不能看到 LED 循环点亮的现象，需要编写程序来控制单片机引脚电平的高低变化，进而控制 LED 的亮灭，实现 LED 循环点亮。

1. LED 循环点亮功能实现分析

LED 循环点亮电路的 LED 采用共阳极接法，我们可以通过"0"和"1"来控制 LED 的亮和灭。例如：在 P1 口输出十六进制数 0xfe（二进制数 11111110B），D1 被点亮。在 P0 口输出十六进制数 0x7f（二进制数 01111111B），则 D8 被点亮。LED 循环点亮功能的实现过程如下所示。

（1）8 个 LED 全灭，控制码为 0xff；

（2）D1 点亮，P1 口输出 0xfe，取反为 0x01（二进制数 00000001B），初始控制码为 0x01；

（3）D2 点亮，P1 口输出 0xfd，取反为 0x02（二进制数 00000010B），控制码为 0x02；

（4）D3 点亮，P1 口输出 0xfb，取反为 0x04（二进制数 00000100B），控制码为 0x04；

……

（5）D8 点亮，P1 口输出 0x7f，取反为 0x80（二进制数 10000000B），控制码为 0x80；

（6）重复第二步，就可以实现 LED 循环点亮。

2. LED 循环点亮控制程序设计

从以上分析可以看出，首先使所有的 LED 都熄灭，然后将控制码取反，从 P1 口输出，点亮相应的 LED。控制码左移一位，即可获得下一个控制码。

LED 循环点亮控制的 C 语言程序如下：

```
#include <reg52.h>        //包含 reg52.h 头文件
void  Delay()             //延时函数
```

```
{
  unsigned char i, j;
      for (i=0;i<255;i++)
          for (j=0;j<255;j++);
}
void main()
{
  unsigned char i;
  unsigned char temp;
  P1 = 0xff;                    //十六进制全 1,熄灭所有 LED
  while(1)
  {
    temp = 0x01;                //第 1 位为 1,即初始控制码为 0x01
    for (i=0;i<8;i++)
      {
        P1 = ~ temp;           //temp 值取反送 P1 口
        Delay();
        temp = temp << 1 ;     //temp 值左移一位,获得下一个控制码
      }
  }
}
```

在程序开始,将初始控制码取反后从 P1 口输出,这个数本身是让 P1.0 为低电平,其他位为高电平,点亮 D1;然后延时一段时间,再让控制码左移一位,获得下一个控制码;之后再对控制码取反后输出到 P1 口,这样就实现了"LED 循环点亮"效果。

再次强调,由于人眼的视觉暂留效应以及单片机执行每条指令的时间很短,在控制 LED 亮灭的时候应该延时一段时间,否则就看不到"LED 循环点亮"的效果了。

2.1.3 LED 循环点亮控制电路焊接制作

根据图 2-1 所示电路图,在万能板上完成 LED 循环点亮控制电路的焊接制作,元器件清单如表 2-1 所示。

表 2-1 LED 循环点亮控制电路元件清单

元件名称	参数	数量	元件名称	参数	数量
单片机	STC89C52	1	轻微按键		1
晶振	11.0592 MHz	1	电阻	10 kΩ	1
瓷片电容	30pF	2	电阻	220Ω	8
电解电容	10μF	1	LED		8
IC 插座	DIP40	1			

1. 电路板焊接

电路板的焊接步骤和焊接注意事项同焊接 LED 控制电路一样。焊接好的电路板如图 2-2 所示。

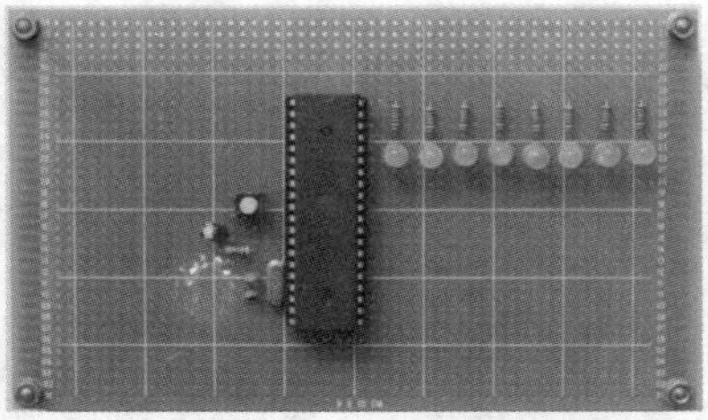

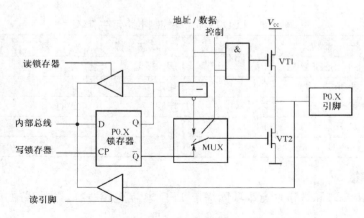

图2-2　LED循环点亮控制焊接电路板

2. 硬件检测与调试

上电之前，先检测一下焊接好的 LED 循环点亮电路板，与任务 2 的检测方法一样。

上电后，按下复位按键，检测 STC89C52 单片机 P1 口和 8 个 LED 阴极是否为高电平，如果是，说明单片机工作正常，P1 口到 8 个 LED 阴极之间的通路也正常。同时，检测 8 个 LED 阳极也应有 5V 左右的电压，如果没有，再检测 5V 电源至 LED 阳极之间的电路是否存在短路。

3. 软件下载与调试

通过 stc-isp 下载软件，把"LED 循环点亮.hex"文件烧入单片机芯片中。如果 LED 运行结果与设计功能相符，说明上面的焊接过程和程序均正常，否则需进行调试，直到功能实现。软件下载、调试的步骤请参照任务 2，不再赘述。

2.1.4　并行 I/O 端口电路

单片机有 4 组 8 位并行 I/O 端口，称为 P0 口、P1 口、P2 口和 P3 口，每个端口又各有 8 条 I/O 口线，每条 I/O 口线都能独立地用作输入或输出。P0 口负载能力为 8 个 TTL 门电路，P1 口、P2 口和 P3 口负载能力为 4 个 TTL 门电路。实际上，它们已被归入特殊功能寄存器之列，并且具有字节寻址和位寻址功能。

1. P0 口

P0 口某位结构图如图 2-3 所示，由 1 个数据输出锁存器（D 触发器）、2 个三态数据输入缓冲器、1 个输出控制电路和 1 个输出驱动电路组成。输出控制电路由 1 个多路开关 MUX、1 个与门及 1 个非门组成，输出驱动电路由一对场效应管（VT1 和 VT2）组成，其工作状态受输出控制电路的控制。

图2-3　P0口某位结构图

P0 口有两种功能：通用 I/O 口和地址/数据分时复用总线。

（1）P0 口作通用 I/O 口使用

P0 口作为通用的 I/O 口使用时，内部的控制信号为低电平，封锁与门，将输出驱动电路的上拉场效应管（VT1）截止，同时使多路开关 MUX 接通锁存器 Q 端的输出通路。

 注意

当 P0 口进行一般的 I/O 输出时，由于输出电路是漏极开路电路，因此必须外接上拉电阻才能有高电平输出；当 P0 口进行一般的 I/O 输入时，必须先向电路中的锁存器写入"1"，使场效应管（VT2）截止，以避免锁存器为"0"时对引脚读入的干扰。因为如果 VT2 管是导通的，不论 P0.X 引脚上的状态如何，输入都会是低电平，将导致输入错误。

（2）P0 口作地址/数据分时复用总线使用

当 P0 口输出地址或数据时，由内部发出控制信号，打开上面的与门，并使多路开关 MUX 将内部地址/数据线与驱动场效应管（VT2）接通。输出驱动电路与上、下两个驱动场效应管处于反相，形成推拉式电路结构，使负载能力大为提高。

若地址/数据线为 1，则 VT1 导通，VT2 截止，P0 口输出为 1；反之 VT1 截止，VT2 导通，P0 口输出为 0。当输入数据时，读引脚使三态数据输入缓冲器打开，数据信号直接从引脚通过数据输入缓冲器进入内部总线。

2. P1 口

P1 口某位结构图如图 2-4 所示。P1 口是一个双向 8 位 I/O 口，每一位均可单独定义为输入或输出口。

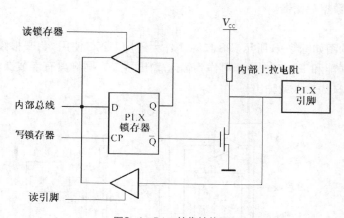

图2-4　P1口某位结构图

P1 口通常作为通用 I/O 口使用，在电路结构上与 P0 口有一些不同之处：首先，它不再需要多路开关 MUX；其次，电路的内部有上拉电阻，与场效应管共同组成输出驱动电路。为此，P1 口作为输出口使用时，已经能向外提供推拉电流负载，无需再外接上拉电阻。

当作为输出口时，将 1 写入锁存器，Q（非）=0，场效应管截止，内部上拉电阻将电位拉至 1，此时该口输出为 1；将 0 写入锁存器，Q（非）=1，场效应管导通，输出则为 0。当作为输入口时，必须先向锁存器写入 1，Q（非）=0，场效应管截止，此时该位既可以把外部电路拉成低电平，也可以由内部上拉电阻拉成高电平。

3. P2 口

P2 口某位结构图如图 2-5 所示，它由 1 个数据输出锁存器（D 触发器）、2 个三态数据输入缓冲器、1 个多路开关 MUX、1 个数据输出驱动电路和 1 个控制电路组成。

P2 口电路比 P1 口电路多了 1 个多路开关 MUX，这正好与 P0 口一样。P2 口可以作为通用 I/O 口使用，这时多路开关 MUX 倒向锁存器 Q 端。在实际应用中，P2 口通常作为高 8 位地址线使用，此时多路开关 MUX 应倒向相反方向。

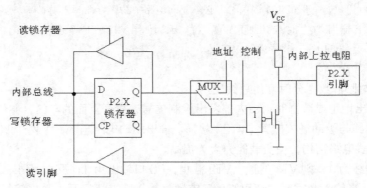

图2-5 P2口某位结构图

在无外部扩展存储器的系统中，4 个 I/O 口都可以作为通用 I/O 口使用。

在有外部扩展存储器的系统中，P2 口送出高 8 位地址 AB8～AB15，P0 口分时送出低 8 位地址 AB0～AB7 和 8 位数据 D0～D7。由于地址有 16 位，MCS-51 单片机最大可外接 64KB 程序存储器和 64KB 数据存储器。

4. P3 口

P3 口某位结构图如图 2-6 所示。P3 口除了作为通用 I/O 口使用，每一根线还具有第二功能。

P3 口的第一功能和 P1 口一样，可作为输入/输出端口，同样具有字节操作和位操作两种方式，每一位均可定义为输入或输出。

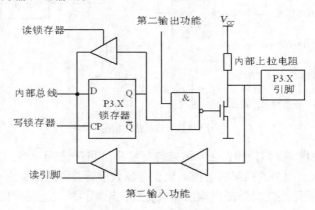

图2-6 P3口某位结构图

P3 口的特点：为适应引脚的第二功能的需要，增加了第二功能控制逻辑。在真正的应用电路中，第二功能显得更为重要。由于第二功能信号有输入、输出两种情况，因此分以下两种情况加以说明。

（1）对于第二功能为输出的信号引脚，当作为 I/O 使用时，第二功能信号引线应保持高电平，与非门开通，以维持从锁存器到输出端数据输出通路的畅通。当输出第二功能信号时，该位的锁存器应置 "1"，使与非门对第二功能信号的输出是畅通的，从而实现第二功能信号的输出。

（2）对于第二功能为输入的信号引脚，在第二功能的输入电路上增加了一个缓冲器，输入的第二功能信号就从这个缓冲器的输出端取得。而作为 I/O 使用的数据输入，仍取自三态缓冲器的输出端。不管是作为输入口使用还是作为第二功能信号输入，输出电路中的锁存器输出和第二功能输出信号线都应保持高电平。

P3 口的第二功能定义如表 2-2 所示。

表 2-2　P3 口第二功能定义

引脚	第二功能
P3.0	RxD：串行口输入
P3.1	TxD：串行口输出
P3.2	$\overline{INT0}$：外部中断 0 输入
P3.3	$\overline{INT1}$：外部中断 1 输入
P3.4	T0：定时器/计数器 0 计数输入
P3.5	T1：定时器/计数器 1 计数输入
P3.6	$\overline{WR}$：外部数据存储器写选通（输出）
P3.7	$\overline{RD}$：外部数据存储器读选通（输出）

【技能训练 2-1】P0 口外接上拉电阻

任务 3 通过程序按一定规律向 P1 口的引脚输出低电平和高电平，实现 LED 循环点亮。如果改为通过 P0 口完成 LED 循环点亮，那么我们应该如何实现？

1. P0 口和 P1 口对比分析

（1）由于 P0 口输出电路是漏极开路电路，所以在进行输出时，必须外接上拉电阻才能有高电平输出。

（2）由于 P1 口输出电路有上拉电阻，所以 P1 口在作为输出口使用时，无须再外接上拉电阻。

2. P0 口 LED 电路设计

本电路设计与任务 3 的 LED 循环点亮电路基本一样，差别是使用了排阻、P0 口接 LED 的阴极，以及在 P0 口和 LED 阴极之间外接了上拉电阻，如图 2-7 所示。

8 个电阻的功能完全一样，将它们加工到一个器件里面，这个器件通常称之为排阻。为了在电路板上占很小的地方，方便安装和生产，在电路设计时常常选择排阻。

PR1 和 PR2 都是排阻，阻值分别为 8×4.7kΩ 和 8×220Ω。PR1 排阻是上拉电阻，其功能是在这个引脚没有信号的时候，起到电位上拉的作用。PR2 和普通的电阻用途没有任何不同，起到限流作用，使通过 LED 的电流被限制在十几个毫安左右。

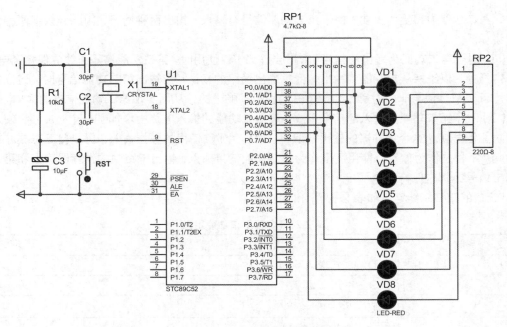

图2-7 P0口LED循环点亮电路

3. P0 口 LED 程序设计

本程序设计与任务 3 的 LED 循环点亮程序基本一样，差别如下：

```
void main()
{
    ......
    P0 = 0xff;                    //熄灭所有 LED
    ......
        P0 = ~temp;               //temp 值取反送 P0 口
    ......
}
```

2.2 MCS-51 单片机内存空间

微型计算机通常只有一个逻辑空间，程序存储器 ROM 和数据存储器 RAM 都要统一编址，即一个存储器地址对应一个唯一的存储单元。单片机将程序存储器和数据存储器分开，它们有各自的寻址系统、控制信号和功能。

MCS-51 单片机内部集成了一定容量的程序存储器（8031/8032 等除外）和数据存储器，同时还具有强大的外部存储器扩展能力，MCS-51 单片机存储器的配置图如图 2-8 所示。

MCS-51 单片机的存储器在物理结构上可分为 4 个存储空间：内部数据存储器、内部程序存储器、外部数据存储器和外部程序存储器。从逻辑上分，即从用户使用的角度看，MCS-51 单片机存储器分为 3 个逻辑空间：片内外统一编址的 64KB 程序存储器地址空间、256B 或 384B 的内部数据存储器地址空间和 64KB 外部数据存储器地址空间。

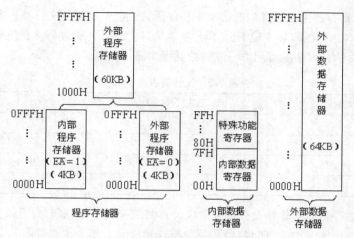

图2-8　MCS-51单片机存储器配置图

2.2.1　数据存储器

数据存储器也称为随机存取数据存储器，是用于存放程序执行的中间结果和过程数据的。MCS-51 的数据存储器均可读写，部分单元还可位寻址。

数据存储器分为内部数据存储器和外部数据存储器两种。无论是物理上还是逻辑上，其地址空间都是彼此独立的。内部数据存储器地址范围为 00H ~ FFH，外部数据存储器最多可扩展64KB，其地址范围为0000H ~ FFFFH。

内部数据存储器在物理上和逻辑上都分为两个地址空间：00H ~ 7FH 单元组成的低 128B 数据存储器空间和80H ~ FFH 单元组成的高 128B 特殊功能寄存器空间。

在 51 子系列内部，真正可用作数据存储器的，只有低 128B 数据存储器空间，地址为 00H ~ 7FH，如图 2-9 所示。它们划分为 3 个区域：工作寄存器区、位寻址区和用户 RAM 区，这几个空间是相连的。

在 52 子系列中，有 256B 数据存储器空间，高 128B 数据存储器空间与特殊功能寄存器空间的地址是重叠的，都是 80H ~ FFH，如图 2-9 所示。

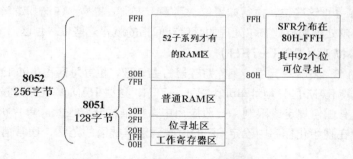

图2-9　MCS-51内部RAM功能配置图

1. 工作寄存器区（00H ~ 1FH）

由 32 个字节的 RAM 单元组成，地址为 00H ~ 1FH，分成 4 个区，每个区由 8 个 8 位工作寄存器组成。8 个工作寄存器 R0、R1、R2、R3、R4、R5、R6、R7 与 8 个存储单元一一对应。

这 4 个工作寄存器区在程序中怎么辨别和使用它们呢？使用的工作寄存器区是由程序状态字 PSW 中的第 3 位 RS0 和第 4 位 RS1 确定的，RS1、RS0 可通过程序置位或清零，以达到选择不同工作区的目的，其余的可用作一般的数据缓冲器，如表 2-3 所示。

表 2-3　工作寄存器选择

工作寄存器区	RS1	RS0	地址
0 区	0	0	00H～07H
1 区	0	1	08H～0FH
2 区	1	0	10H～17H
3 区	1	1	18H～1FH

这 4 个工作寄存器区给软件设计带来了极大方便，在实现中断嵌套时可以灵活选择不同的工作寄存器区，完成现场保护。CPU 在复位后，默认选择第 0 组工作寄存器。

2. 位寻址区（20H～2FH）

内部 RAM 的 20H～2FH 单元为位寻址区，既可作为一般单元用字节寻址，也可对它们的位进行寻址。位寻址区共有 16 个字节，128 位，位地址为 00H～7FH，如图 2-10 所示。

直接地址

2FH	7F	7E	7D	7C	7B	7A	79	78
2EH	77	76	75	74	73	72	71	70
2DH	6F	6E	6D	6C	6B	6A	69	68
2CH	67	66	65	64	63	62	61	60
2BH	5F	5E	5D	5C	5B	5A	59	58
2AH	57	56	55	54	53	52	51	50
29H	4F	4E	4D	4C	4B	4A	49	48
28H	47	46	45	44	43	42	41	40
27H	3F	3E	3D	3C	3B	3A	39	38
26H	37	36	35	34	33	32	31	30
25H	2F	2E	2D	2C	2B	2A	29	28
24H	27	26	25	24	23	22	21	20
23H	1F	1E	1D	1C	1B	1A	19	18
22H	17	16	15	14	13	12	11	10
21H	0F	0E	0D	0C	0B	0A	9	8
20H	7	6	5	4	3	2	1	0

位寻址区

图2-10　内部RAM中位地址

CPU 能直接寻址这些位，执行如置位、清零、求反、转移、传送和逻辑等操作。我们常说 MCS-51 具有布尔处理功能，布尔处理的存储空间指的就是这些位寻址区。

3. 用户 RAM 区（30H～7FH）

在内部 RAM 低 128B 单元中，工作寄存器占去 32B，位寻址区占去 16B，剩下的 80B 就是供用户使用的一般 RAM 区，地址单元为 30H～7FH，这些 RAM 单元只能按字节寻址。对这部分区域的使用没有任何规定或限制，一般应用中常把堆栈开辟在此。单片机在复位时，SP 的初值为 07H，可在初始化程序中设定 SP 的值来确定堆栈区的范围，通常情况下将堆栈区设在 30H～7FH。

2.2.2　特殊功能寄存器

高 128B 单元是供特殊功能寄存器使用的，也称为专用寄存器，单元地址为 80H～FFH。单片机把 CPU 中的专用寄存器、并行端口锁存器、串行口与定时器/计数器内的控制寄存器集中安排到一个区域，离散地分布在地址为 80H～FFH 范围内，这个区域称为特殊功能寄存器（SFR）区。特殊功能寄存器字节地址分配如图 2-11 所示。

寄存器符号	名 称		字节地址
ACC	累加器		E0H
B	B 寄存器		F0H
PSW	程序状态字		D0H
SP	堆栈指针		81H
DPTR	数据指针	DPH	83H
		DPL	82H
P0	P0 口锁存器		80H
P1	P1 口锁存器		90H
P2	P2 口锁存器		A0H
P3	P3 口锁存器		B0H
IP	中断优先级控制寄存器		B8H
IE	中断允许控制寄存器		A8H
TMOD	定时器／计数器方式控制寄存器		C8H
TCON	定时器／计数器控制寄存器		88H
TH0	定时器／计数器 0（高字节）		8CH
TL0	定时器／计数器 0（低字节）		8AH
TH1	定时器／计数器 1（高字节）		8DH
TL1	定时器／计数器 1（低字节）		8BH
SCON	串行控制寄存器		98H
SBUF	串行数据缓冲器		99H
PCON	电源控制寄存器		97H

图2-11 特殊功能寄存器

某些 SFR 寄存器还可以位寻址，即可以对这些 SFR 寄存器 8 位中的任何一位进行单独的位操作，这一点与 20H～2FH 中的位操作是完全相同的。在 SFR 中，有 12 个特殊功能寄存器的字节地址能被 8 整除，这 12 个特殊功能寄存器的 93 位具有位寻址功能，其余 3 个为未定义位。

特殊功能寄存器最低位的位地址与特殊功能寄存器的字节地址相同，次低位的位地址等于特殊功能寄存器的字节地址加 1，依此类推，最高位的位地址等于特殊功能寄存器的字节地址加 7。特殊功能寄存器的位地址分配如图 2-12 所示。

SFR	MSB			位地址/位定义				LSB	字节地址
B	F7	F6	F5	F4	F3	F2	F1	F0	F0H
ACC	E7	E6	E5	E4	E3	E2	E1	E0	E0H
PSW	D7	D6	D5	D4	D3	D2	D1	D0	D0H
	CY	AC	F0	RS1	RS0	OV	-	P	
IP	BF	BE	BD	BC	BB	BA	B9	B8	B8H
	-	-	-	PS	PT1	PX1	PT0	PX0	
P3	B7	B6	B5	B4	B3	B2	B1	B0	B0H
	P3.7	P3.6	P3.5	P3.4	P3.3	P3.2	P3.1	P3.0	
IE	AF	AE	AD	AC	AB	AA	A9	A8	A8H
	EA	-	-	ES	ET1	EX1	ET0	EX0	
P2	A7	A6	A5	A4	A3	A2	A1	A0	A0H
	P2.7	P2.6	P2.5	P2.4	P2.3	P2.2	P2.1	P2.0	
SCON	9F	9E	9D	9C	9B	9A	99	98	98H
	SM0	SM1	SM2	REN	TB8	RB8	TI	RI	
P1	97	96	95	94	93	92	91	90	90H
	P1.7	P1.6	P1.5	P1.4	P1.3	P1.2	P1.1	P1.0	
TCON	8F	8E	8D	8C	8B	8A	89	88	88H
	TF1	TR1	TF0	TR0	IE1	IT1	IE0	IT0	
P0	87	86	85	84	83	82	81	80	80H
	P0.7	P0.6	P0.5	P0.4	P0.3	P0.2	P0.1	P0.0	

图2-12 SFR中的位地址

复位后，内部各寄存器的数据值如图 2-13 所示。

寄存器	复位状态	寄存器	复位状态
PC	0000H	ACC	00H
B	00H	PSW	00H
SP	07H	DPTR	0000H
P0~P3	0FFH	IP	×××00000B
IE	0××00000B	TMOD	00H
TCON	00H	TL0, TL1	00H
TH0, TH1	00H	SCON	00H
SBUF	不定	PCON	0×××0000B

图2-13　复位后SFR的值

1. ACC 累加器

累加器是一个最常用的特殊功能寄存器，它是实现各种寻址及运算的寄存器，而不是仅做加法的寄存器。在 MCS-51 指令系统中，所有算术运算、逻辑运算都要使用它，而对程序存储器和外部数据存储器的访问也只能通过它进行。

2. B 寄存器

B 是一个 8 位特殊功能寄存器，在做乘除运算时要使用它。

3. PSW 程序状态字

PSW 是一个 8 位特殊功能寄存器，用于存放程序运行中的各种状态信息，如图 2-14 所示。

位地址	D7	D6	D5	D4	D3	D2	D1	D0
符号	CY	AC	F0	RS1	RS0	OV	—	P

图2-14　PSW程序状态字

（1）CY（PSW.7）：高位进位标志位。当执行算术运算时，最高位向前进位或借位时，CY 被置 1。在执行逻辑运算时，可以被硬件或软件置位或清零。在布尔处理机中，它被认为是位累加器。

（2）AC（PSW.6）：辅助进位标志位。进行加法或减法运算时，当低四位向高四位进位或借位时，AC 被置位，否则就被清零。

（3）F0（PSW.5）：用户标志位。是用户定义的一个状态标志，可以用软件来使它置位或清零，也可以用软件测试 F0 以控制程序的流向。

（4）RS1（PSW.4）、RS0（PSW.3）：寄存器组选择位。可以用软件来置位或清零，以确定工作寄存器组，RS1、RS0 与工作寄存器组的对应关系见表 2-3。

（5）OV（PSW.2）：溢出标志位。当执行算术运算时，对带符号数作加、减运算时，OV = 1，表示加、减运算的结果超出 8 位带符号数的范围（+127 ~ −128）。OV 标志常用 C6 和 C7 的关系来表示：

$$OV=C6 \oplus C7$$

当进行加、减运算时，C6 表示 D6 位向 D7 位有进位或借位，C7 表示 D7 位向进位位有进位或借位。

（6）—（PSW.1）：保留位，无定义。

（7）P（PSW.0）：奇偶校验位。若累加器（ACC）中"1"的个数是奇数个，P = 1；若为偶数个，P = 0。

此标志位对串行通信中的数据传输有重要意义。在串行通信中，常用奇偶校验来检验数据传输中的误码率。在发送端，可根据 P 的值对数据的奇偶位置位或清零。若通信协议中规定采用奇校验的办法，则 P＝1，数据传输到接收端，若 P＝1，则表示传输过程中，奇偶无错误，可以接收，否则奇偶有错，不能接收。

 注 意

> PSW 是编程时特别需要关注的一个寄存器。如当前 ACC 累加器中数据的奇偶性（P）、做加减法时的进位与借位（CY）、4 个工作寄存器组的选择（RS1、RS0），以及辅助进位（AC）和溢出标志位（OV）等。

4. DPTR 数据指针（DPL 和 DPH）

DPTR 是一个 16 位特殊功能寄存器，用来存放外部数据存储器的 16 位地址。DPTR 可以分成两个 8 位寄存器：高位字节寄存器 DPH 和低位字节寄存器 DPL，既可作一个 16 位寄存器用，也可作两个 8 位寄存器用。

5. SP 堆栈指针

SP 是一个 8 位特殊功能寄存器，复位初始化后，SP=07H，从 08H 开始存放。因为 08H～1FH 是 1~3 工作寄存器组，若用到这些区时，可重新设置 SP。

6. P0、P1、P2 和 P3 口

在前面介绍了 MCS-51 单片机有 4 个双向 I/O 口 P0、P1、P2、P3。如果需要从指定端口输出一个数据，只需将数据写入指定 I/O 口即可。如果需要从指定 I/O 口输入一个数据，只需先将数据 0FFH（全部为 1）写入指定 I/O 口，然后再读指定 I/O 口即可。如果不先写入 0FFH（全部为 1），读入的数据有可能不正确。

2.2.3 "头文件包含"处理

"头文件"是指一个文件将另外一个文件的内容全部包含进来。

头文件一般在 C:\KELL\C51\INC 目录下。INC 文件夹里面有不少头文件，并且里面还有很多以公司分类的文件夹，里面也都是相关产品的头文件。如果我们要使用自己写的头文件，只需把头文件放在 INC 文件夹里就可以了。

在单片机中用 C 语言编程时，往往第一行就是头文件或者其他的自定义头文件。以 reg52.h 头文件为例，根据前面介绍过的特殊功能寄存器知识，下面对 reg52.h 头文件进行初步解析。

1. 特殊功能寄存器在 reg52.h 中定义

打开 reg52.h 头文件，可以看到有关特殊功能寄存器的一些内容。

```
/*------------------------------------------------
Byte Registers
------------------------------------------------*/
sfr P0     = 0x80;
sfr SP     = 0x81;
sfr DPL    = 0x82;
sfr DPH    = 0x83;
sfr PCON   = 0x87;
```

```
sfr TCON    = 0x88;
sfr TMOD    = 0x89;
sfr TL0     = 0x8A;
sfr TL1     = 0x8B;
sfr TH0     = 0x8C;
sfr TH1     = 0x8D;
sfr P1      = 0x90;
sfr SCON    = 0x98;
sfr SBUF    = 0x99;
sfr P2      = 0xA0;
sfr IE      = 0xA8;
sfr P3      = 0xB0;
sfr IP      = 0xB8;
sfr T2CON   = 0xC8;
sfr T2MOD   = 0xC9;
sfr RCAP2L  = 0xCA;
sfr RCAP2H  = 0xCB;
sfr TL2     = 0xCC;
sfr TH2     = 0xCD;
sfr PSW     = 0xD0;
sfr ACC     = 0xE0;
sfr B       = 0xF0;
```

根据图 2-11 不难看出，这里都是一些有关特殊功能寄存器符号的定义，即规定符号名与地址的对应关系。

如：

```
sfr P1 = 0x90;
```

这条语句是定义 P1 与地址 0x90 对应，其目的是要使用 P1 这个符号，即通知 C 编译器，程序中所用的 P1 是指单片机的 P1 端口，而不是其他变量。P1 口的地址就是 0x90，0x90 是 C 语言中十六进制数的写法，相当于汇编语言中的 90H。

2. 特殊功能寄存器的位符号定义

打开 reg52.h 头文件，可以看到有关特殊功能寄存器位符号定义的一些内容，比如 TCON 的位符号定义。

```
/*-------------------------------------------------
TCON Bit Registers
-------------------------------------------------*/
sbit TF1  = TCON^7;     //位地址 0x8F
sbit TR1  = TCON^6;     //位地址 0x8E
sbit TF0  = TCON^5;     //位地址 0x8D
sbit TR0  = TCON^4;     //位地址 0x8C
sbit IE1  = TCON^3;     //位地址 0x8B
sbit IT1  = TCON^2;     //位地址 0x8A
sbit IE0  = TCON^1;     //位地址 0x89
sbit IT0  = TCON^0;     //位地址 0x88
```

根据图 2-12 不难看出，这里都是一些有关 TCON 中每位的定义，即规定符号名与位地址的对应关系。如：

```
sbit IT0  = TCON^0;   //位地址 0x88
```

这条语句是定义 IT0 与位地址 0x88 对应，其目的是要使用 IT0 这个符号，即通知 C 编译器，程序中所用的 IT0 是指单片机 TCON 的第 0 位，而不是其他位变量。reg52.h 头文件其他部分可以参考以上说明，以后再详细介绍。

注意

　　reg52.h 头文件没有对 I/O 端口的位符号进行定义，若需要可以自己定义，比如 P1.0 的位符号定义语句可以是 "sbit P1_0=P1^0;" 或者 "sbit P10=P1^0;"。在 C 语言里，如果直接写 P1.0，C 编译器并不能识别，而且 P1.0 也不是一个合法的 C 语言变量名，所以要给它另起一个名字，这里起的名字为 P1_0。

2.2.4　程序存储器

程序存储器用于存放用户程序、数据和表格等，它以程序计数器 PC 作为地址指针。MCS-51 单片机的程序计数器 PC 是 16 位的，所以具有 64KB 程序存储器寻址空间。

1．程序存储器配置

对于内部无 ROM 的 8031 单片机，它的程序存储器必须外接，空间地址为 64KB，此时单片机的 $\overline{EA}$ 端必须接地，强制 CPU 从外部程序存储器读取程序。

对于内部有 ROM 的单片机，正常运行时，需接高电平，使 CPU 先从内部的程序存储器中读取程序，当 PC 值超过内部 ROM 的容量时，才会转向外部的程序存储器读取程序。51 系列程序存储器内部有 4KB 的程序存储单元，其地址为 0000H～0FFFH，如图 2-15（a）所示；52 系列程序存储器内部有 8KB 的程序存储单元，其地址为 0000H～1FFFH，如图 2-15（b）所示。

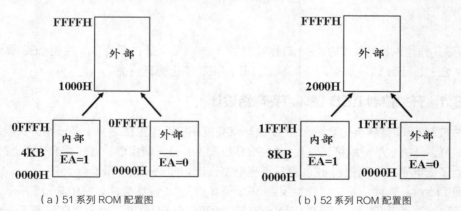

（a）51 系列 ROM 配置图　　　　　　　　（b）52 系列 ROM 配置图

图2-15　MCS-51ROM配置图

当 $\overline{EA}$=1 时，程序从内部存储器开始执行，PC 值超过内部 ROM 容量时会自动转向外部 ROM 空间。当 $\overline{EA}$=0 时，程序从外部存储器开始执行，例如前面提到的内部无 ROM 的 8031 单片机，在实际应用中就要把 8031 的引脚接为低电平。

2. 具有特殊功能的地址

在程序存储器中有一些功能特殊的地址，在使用中应加以注意。

（1）启动地址。单片机启动复位后，程序计数器的内容为 0000H，所以系统必须从 0000H 单元开始执行程序。因而 0000H 是启动地址，也称为系统程序的复位入口地址。一般是在 0000H~0002H 这 3 个单元中存放一条无条件转移指令，从转移地址开始存放初始化程序及主程序，让 CPU 直接去执行用户指定的程序。

（2）中断服务程序入口地址。其特殊功能地址分别为各种中断源的中断服务程序入口地址，如表 2-4 所示。

表 2-4　各种中断服务程序入口地址

中断源	入口地址
外部中断 0	0003H
定时/计数器 0	000BH
外部中断 1	0013H
定时/计数器 1	001BH
串行中断	0023H
*定时器 2 溢出或 T2EX（P1.1）端负跳	002BH

*表中第 6 个中断源为 52 系列芯片所特有

表 2-4 列出了专门用于存放中断服务程序的地址单元，中断响应后，按中断的类型自动转到各自的入口地址去执行程序。

2.3　任务 5　开关控制 LED 循环点亮

工作任务

用 P3.0 作输入接开关 SW，P1 口作输出接 8 个 LED，通过开关 SW 控制 LED 循环点亮。开关 SW 合上，LED 循环点亮，开关 SW 打开，LED 停止循环点亮。

2.3.1　开关控制 LED 循环点亮电路设计

开关控制 LED 循环点亮电路比 LED 循环点亮控制电路（见图 2-1）多一个开关电路部分，其他都一样。开关 SW 一端接到单片机的 P3.0 引脚上，另一端接地，当开关 SW 合上时 P3.0 引脚就接到了低电平。开关控制 LED 循环点亮电路设计如图 2-16 所示。

运行 Proteus 软件，新建"开关控制 LED 循环点亮"设计文件。按图 2-16 所示，放置并编辑 AT89C52、CRYSTAL、CAP、CAP-ELEC、RES、LED-RED 和 SWITCH 等元器件。设计完成开关控制 LED 循环点亮电路后，进行电气规则检测。

2.3.2　开关控制 LED 循环点亮程序设计

与 LED 循环点亮控制程序相比，本程序的关键是如何用开关控制 LED 循环点亮。根据任务要求，用 P3.0 作输入接开关 SW，通过开关 SW 控制 LED 循环点亮。开关 SW 合上，P3.0 为低电平，LED 循环点亮；开关 SW 打开，P3.0 为高电平，LED 停止循环点亮。

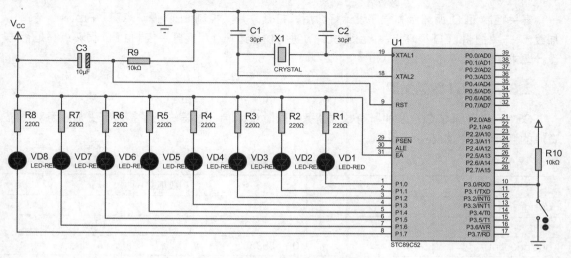

图2-16 开关控制LED循环点亮电路

开关控制 LED 循环点亮程序如下：

```
#include <reg52.h>              //包含 reg52.h 头文件
sbit SW=P3^0;                   //符号 SW 表示 P3.0 引脚
void  Delay()                   //延时函数
{
  unsigned char i, j;
    for (i=0;i<255;i++)
      for (j=0;j<255;j++);
}
void main()
{
  unsigned char i;
  unsigned char temp;
  P1 = 0xff;                    //十六进制全 1,熄灭所有 LED
  while(1)
  {
    temp = 0x01;                //第一位为 1, 即初始控制码为 0x01
    for (i=0;i<8;i++)
    {
      if(SW==0)                 //SW 若合上, P3.0 为低电平, LED 循环点亮
      {
        P1 = ~ temp;            //temp 值取反送 P1 口
        Delay();
        temp = temp << 1 ;      //temp 值左移一位, 获得下一个控制码
      }
```

```
                }
            }
        }
```

开关控制 LED 循环点亮程序设计好以后，打开"开关控制 LED 循环点亮"Proteus 电路，加载"开关控制 LED 循环点亮.hex"文件，进行仿真运行，观察开关控制 LED 循环点亮是否与设计要求相符。

2.3.3　C51 数据类型

C51 定义了标准 C 语言的所有数据类型，同时对标准 C 语言进行了扩展，更加注意对系统资源的合理利用，如表 2-5 所示。

表 2-5　C51 基本数据类型

数据类型	长度	数值范围
unsigned char	1 字节	0～255
char	1 字节	−128～+127
unsigned int	2 字节	0～65535
int	2 字节	−32768～+32767
unsigned long	4 字节	0～4294967295
long	4 字节	−2147483648～+2147483647
float	4 字节	±1.175494E−38～±3.402823E+38
*	1～3 字节	对象的地址
bit	位	0 或 1
sfr	1 字节	0～255
sfr16	2 字节	0～65535
sbit	位	0 或 1

1. C51 基本数据类型

标准 C 语言中的基本数据类型有 char、int、short、long、float 和 double，而在 C51 编译器中，int 和 short 相同，float 和 double 相同。

（1）char 字符类型

char 字符类型的长度是一个字节（8 位），通常用于定义处理字符数据的变量或常量。这很适合 MCS-51 单片机，因为 MCS-51 单片机每次可处理 8 位数据。char 类型分无符号字符类型 unsigned char 和有符号字符类型 signed char，默认为 signed char 类型。

unsigned char 类型用字节中所有的位来表示数值，数值范围是 0～255。常用于处理 ASCII 字符或小于等于 255 的整型数。signed char 类型具有重要意义的位是最高位的符号标志位，"0"表示正数，"1"表示负数，负数用补码表示，数值范围是−128～+127。正数的补码与原码相同，负数的补码等于它的原码按位取反后加 1（符号位不变）。

例如：

```
unsigned char a;        //定义变量 a 为无符号字符类型 unsigned char
char b;                 //定义变量 b 为有符号字符类型 signed char
```

（2）int 整型

int 整型的长度为两个字节（16 位），用于存放一个两字节数据。MCS-51 系列单片机将 int 型变量的高位字节存放在低地址字节中，低位字节存放在高地址字节中。int 整型分有符号整型数 signed int 和无符号整型数 unsigned int，默认为 signed int 类型。

unsigned int 表示的数值范围是 0～65535。signed int 表示的数值范围是-32768～+32767，字节中最高位表示数据的符号，"0"表示正数，"1"表示负数。

例如：

```
unsigned int x;        //定义变量 x 为无符号整型数 unsigned int
int y;                 //定义变量 y 为有符号整型数 signed int
```

（3）long 长整型

long 长整型长度为 4 个字节（32 位），用于存放一个四字节数据。分有符号长整型 signed long 和无符号长整型 unsigned long，默认为 signed long 类型。

unsigned long 表示的数值范围是 0～4294967295。signed int 表示的数值范围是-2147483648～+2147483647，字节中最高位表示数据的符号，"0"表示正数，"1"表示负数。

（4）float 浮点型

float 浮点型长度为 4 个字节（32 位）。在十进制中具有 7 位有效数字，许多复杂的数学表达式都采用浮点变量数据类型组成。

（5）* 指针型

指针型本身就是一个变量，在这个变量中存放的是指向另一个数据的地址。指针变量要占据一定的内存单元，在 C51 中，它的长度一般为 1～3 个字节。

2. C51 扩展的数据类型

为了更加有效地利用单片机的硬件资源，C51 对标准 C 语言进行了扩展，增加了如下几个特殊的数据类型。

（1）bit 位变量

可以将与 MCS-51 硬件特性操作相关的变量定义成位变量。位变量必须定位在 MCS-51 单片机内部 RAM 的位寻址空间中。但不能定义位指针，也不能定义位数组。bit 位变量的值就是一个二进制位，不是 0 就是 1，类似 True 和 False。

例如：

```
bit flag;        // flag 为 bit 位变量，其值是 0 或 1
```

（2）sfr 特殊功能寄存器

为了能直接访问特殊功能寄存器 SFR，C51 提供了一种特殊形式的定义方法，这种定义方法与标准 C 语言不兼容，只适用于对 MCS-51 系列单片机进行 C 语言编程。sfr 占用一个字节，数值范围为 0～255。利用它可以访问 51 单片机内部的所有特殊功能寄存器。C51 定义特殊功能寄存器的一般语法格式如下：

```
sfr  特殊功能寄存器名=特殊功能寄存器的字节地址；
```

例如：

```
sfr P1 = 0x90;
```

定义了 P1 为 P1 端口在内部的寄存器，在后面的语句中我们可以用 P1 =0xff（对 P1 端口的所有引脚置高电平）之类的语句来操作特殊功能寄存器。

又如：

```
sfr   SCON=0x98;          //串口控制寄存器，地址为 0x98
sfr   TMOD=0x89;          //定时器/计数器方式控制寄存器，地址为 0x89
```

 注 意

　　"sfr" 是定义语句的关键字，其后必须跟一个 MSC-51 单片机真实存在的特殊功能寄存器名，"=" 后面必须是一个整型常数，不允许是带有运算符的表达式，代表特殊功能寄存器的字节地址，这个常数值必须在 SFR 地址范围内，位于 0x80～0xFF。

（3）sfr16 16 位特殊功能寄存器

　　sfr16 占用两个字节，数值范围为 0～65535。sfr16 和 sfr 一样用于操作特殊功能寄存器，所不同的是它操作占用两个字节的寄存器，如 52 子系列的定时器/计数器 2。

　　在许多新的 MCS-51 系列单片机中，有时会使用两个连续地址的特殊功能寄存器来指定一个 16 位的值。为了有效地访问这类 SFR，可使用关键字 "sfr16" 来定义，16 位 SFR 定义语句的语法格式与 8 位 SFR 相同，只是 "=" 后面的地址必须用 16 位 SFR 的低字节地址作为 "sfr16" 的定义地址。

　　例如：

```
sfr16   T2 = 0xCC  //定时器/计数器 2：T2 低 8 位地址为 0xCC，T2 高 8 位地址为 0xCD
```

 注 意

　　这种定义适用于所有新的 16 位 SFR，但不能用于定时器/计数器 0 和 1。

（4）sbit 可寻址位

　　C51 的扩充功能支持对特殊位的定义。与 SFR 定义一样，关键字 "sbit" 用于定义某些特殊位，利用它可以访问芯片内部的 RAM 中的可寻址位或特殊功能寄存器中的可寻址位。如先前我们定义：

```
sfr P1 = 0x90;
```

　　因 P1 端口的寄存器是可位寻址的，所以我们可以定义：

```
sbit P1_1 = P1^1;        //P1_1 为 P1 中的 P1.1 引脚
```

　　这样在以后的程序语句中，我们就可以用 P1_1 来对 P1.1 引脚进行读写操作了。C51 关键字 sbit 的用法有 3 种格式：

　　第 1 种格式：

```
sbit  bit-name = sfr-name^int constant;
```

　　其中，"bit-name" 是一个寻址位符号名，该位符号名必须是 MCS-51 单片机中规定的位名称，"sfr-name" 必须是已定义过的 SFR 的名字，"^" 后的整常数是寻址位在特殊功能寄存器 "sfr-name" 中的位号，必须是 0～7 范围中的数。

　　例如：

```
sfr   PSW=0xD0;          //定义 PSW 寄存器地址为 0xD0
sbit  OV=PSW^2;          //定义 OV 位为 PSW.2，地址为 0xD2
sbit  CY=PSW^7;          //定义 CY 位为 PSW.7，地址为 0xD7
```

第 2 种格式：

```
sbit  bit-name = int constant^int constant;
```

其中，"="后的 int constant 为寻址位所在的特殊功能寄存器的字节地址，"^"符号后的 int constant 为寻址位在特殊功能寄存器中的位号。

例如：

```
sbit  OV=0xD0^2;        //定义 OV 位地址是 0xD0 字节中的第 2 位
sbit  CY=0xD0^7;        //定义 CY 位地址是 0xD0 字节中的第 7 位
```

第 3 种格式：

```
sbit  bit-name = int constant;
```

其中，"="后的 int constant 为寻址位的绝对位地址。

例如：

```
sbit  OV=0xD2;          //定义 OV 位地址为 0xD2
sbit  CY=0xD7;          //定义 CY 位地址为 0xD7
```

MCS-51 系列单片机的特殊功能寄存器的数量与类型不尽相同，因此建议将所有特殊的"sfr"定义放入一个头文件中，该文件应包括 MCS-51 单片机系列机型中的 SFR 定义。

说明：在 C51 存储器类型中提供了一个 bdata 的存储器类型，是指可位寻址的数据存储器，位于单片机的可位寻址区中，可以将要求可位寻址的数据定义为 bdata，如：

```
unsigned char bdata xb;    //在可位寻址区定义 unsigned char 类型的变量 xb
int bdata yb[2];           //在可位寻址区定义数组 yb[2]，这些也称为可寻址位对象
sbit xb7=xb^7              //用关键字 sbit 定义位变量来独立访问可寻址位对象的其中一位
sbit yb12=yb[1]^12;
```

操作符"^"后面的位位置的最大值取决于指定的数据类型，char 为 0~7，int 为 0~15，long 为 0~31。

2.3.4 C 语言常量与变量

常量在程序运行过程中不能改变，而变量在程序运行过程中可以不断变化。变量可以使用 C51 编译器支持的所有数据类型，而常量可以使用的数据类型只有整型、浮点型、字符型、字符串型和位变量。

1. 常量

常量可用在不必改变值的场合，如固定的数据表、字库等。

（1）整型常量可以表示为十进制，如 123,0、-89 等。十六进制则以 0x 开头，如 0x34、-0x3B 等。长整型是在数字后面加字母 L，如 104L、034L、0xF340 等。

（2）浮点型常量采用十进制和指数表示形式。十进制由数字和小数点组成，如 0.888、3345.345、0.0 等，整数或小数部分为 0，可以省略，但必须有小数点。指数表示形式为[±]数字[.数字]e[±]数字，[]中的内容为可选项，根据具体情况可有可无，但其余部分必须有，如 125e3、7e9、-3.0e-3。

（3）字符型常量是指单引号内的字符，如'a'、'd'等，而对于无法显示的控制字符，可以在该字符前面加一个反斜杠"\"组成专用转义字符。常用转义字符参见表 2-6。

（4）字符串型常量由双引号内的字符组成，如"test"、"OK"等。当引号内没有字符时，为空字符串。在使用特殊字符时同样要使用转义字符。字符串常量是作为字符类型数组来处理的，在

存储字符串时，系统会在字符串尾部加上"\o"转义字符作为该字符串的结束符。字符串常量"A"和字符常量'A'是不同的，前者在存储时会多占用一个字节的空间（用于存储"\o"）。

表 2-6　常用转义字符表

转义字符	含义	ASCII 码（十六/十进制）
\o	空字符（NULL）	00H/0
\n	换行符（LF）	0AH/10
\r	回车符（CR）	0DH/13
\t	水平制表符（HT）	09H/9
\b	退格符（BS）	08H/8
\f	换页符（FF）	0CH/12
\'	单引号	27H/39
\"	双引号	22H/34
\\	反斜杠	5CH/92

（5）位标量的值是一个二进制。

常量的定义方式有几种，下面来加以说明。

```
#difine False 0x0;          //用预定义语句定义常量
#difine True 0x1;           //这里定义 False 为 0,True 为 1
```
程序中用到 False 和 True，在编译时，会将 False 替换为 0，True 替换为 1。
```
unsigned int code a=100;    //这一句用 code 把 a 定义在程序存储器中并赋值
const unsigned int c=100;   //用 const 定义 c 为无符号 int 常量并赋值
```
a 和 c 的值都保存在程序存储器中，而程序存储器在运行中是不允许被修改的，如果之后用了类似 a=110、a++这样的赋值语句，编译时将会出错。

2. 变量

变量是一种在程序执行过程中其值能不断变化的量。要在程序中使用变量必须先用标识符作为变量名，并指出所用的数据类型和存储模式，这样编译系统才能为变量分配相应的存储空间。定义一个变量的格式如下：

[存储种类]　数据类型　[存储器类型]　变量名表

在定义格式中，除了数据类型和变量名表是必要的，其他都是可选项。

（1）存储种类。存储种类有 4 种：自动（auto）、外部（extern）、静态（static）和寄存器（register），缺省类型为自动（auto）。

（2）数据类型。和前面的各种数据类型的定义是一样的。说明了一个变量的数据类型后，还可选择说明该变量的存储器类型。

（3）存储器类型。存储器类型是指定该变量在 C51 硬件系统中所使用的存储区域，并在编译时准确地定位。C51 的存储器类型如表 2-7 所示。

如果省略存储器类型，系统会按存储模式 SMALL、COMPACT 或 LARGE 所规定的默认存储器类型去指定变量的存储区域。无论是什么存储模式，都可以声明变量位于任何的 8051 存储区范围，还有变量的存储种类与存储器类型是完全无关的。

表 2-7　存储器类型

存储器类型	说明
data	直接访问内部数据存储器（128 字节），访问速度最快
bdata	可位寻址内部数据存储器（16 字节），允许位与字节混合访问
idata	间接访问内部数据存储器（256 字节），允许访问全部内部地址
pdata	分页访问外部数据存储器（256 字节），用 MOVX @Ri 指令访问
xdata	外部数据存储器（64KB），用 MOVX @DPTR 指令访问
code	程序存储器（64KB），用 MOVC @A+DPTR 指令访问

（4）存储模式。在 SMALL 存储模式中，所有函数变量和局部数据段都被放在 8051 系统的内部数据存储区，访问数据非常快，但 SMALL 存储模式的地址空间受限。在小型的应用程序中，变量和数据放在 data 内部数据存储器中是很好的，因为访问速度快。但在较大的应用程序中，data 区最好只存放小的变量、数据或常用的变量（如循环计数、数据索引），而大的数据则放置在别的存储区域。

在 COMPACT 存储模式中，所有的函数和程序的变量和局部数据段均定位在 8051 系统的外部数据存储区。外部数据存储区最多可有 256 字节（一页）。在本模式中，外部数据存储区的短地址用@R0/R1 表示。

在 LARGE 存储模式中，所有函数和过程的变量和局部数据段都定位在 8051 系统的外部数据存储区，外部数据存储区最多可有 64KB，这要求用 DPTR 数据指针访问数据。

【技能训练 2-2】汽车转向灯控制设计

任务 5 是通过开关来控制 LED 循环点亮的，我们如何使用开关来完成汽车转向灯控制设计呢？

1. 汽车转向灯功能分析

汽车转向灯有前左右转向灯和后左右转向灯，它们的功能如下。

（1）左右转向灯的作用是在汽车需要左转或者右转时，提醒前面和后面的车辆、行人等，车辆需要转弯，请注意。

（2）左右转向灯同时闪烁时，示意车辆有危险情况，请注意避让。

2. 汽车转向灯控制电路设计

根据汽车转向灯功能分析，开关控制汽车转向灯电路主要由单片机最小系统、开关和 LED 等电路组成，如图 2-17 所示。

根据图 2-17 所示，在任务 5 的基础上添加单刀三掷开关（SW-ROT-3）、黄色发光二极管（LED-YELLOW）和排阻（RESPACK-7）。汽车转向灯控制电路设计方法如下。

（1）开关控制电路

转向灯开关和双闪开关的右边引脚接地、左边引脚经上拉电阻接电源；

转向灯开关左边有 3 个引脚，上面引脚（左转开关）接 P0.5 引脚，中间引脚悬空，下面引脚（右转开关）接 P0.7 引脚；

双闪开关的左边引脚接 P0.4 引脚。

（2）汽车转向灯电路

汽车的前后左转向灯 LED 的阴极接 P2.5，汽车的前后右转向灯 LED 的阴极接 P2.4，转向灯 LED 的阳极经限流电阻接电源。

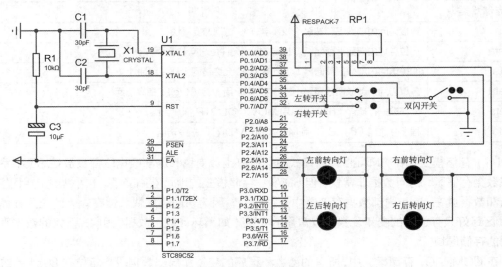

图2-17 汽车转向灯控制电路

3. 汽车转向灯控制实现分析

如图 2-17 所示，转向灯开关是分别控制前左右转向灯和后左右转向灯的，双闪开关是同时控制前左右转向灯和后左右转向灯的。汽车转向灯控制实现过程如下。

（1）当转向灯开关打到左转位置时，左侧前后转向灯 LED 开始闪烁。

（2）当转向灯开关打到右转位置时，右侧前后转向灯 LED 开始闪烁。

（3）当双闪开关闭合时，不论转向灯开关处于什么位置，左右侧的前后转向灯都同时开始闪烁，直到双闪开关断开停止闪烁。

（4）当转向灯开关打到悬空位置时，转向灯 LED 停止闪烁。

4. 汽车转向灯程序设计

从以上分析可以看出，汽车转向灯控制 C 语言程序如下：

```c
#include <reg52.h>          //包含 reg52.h 头文件
sbit SW=P0^4;               //定义 SW，是双闪开关
sbit SWL=P0^5;              //定义 SWL，是左转开关
sbit SWR=P0^7;              //定义 SWR，是右转开关
sbit LEDR=P2^4;             //定义 LEDR，控制右侧前后转向灯 LED 亮和灭
sbit LEDL=P2^5;             //定义 LEDL，控制左侧前后转向灯 LED 亮和灭

void  Delay()               //延时函数
{
  unsigned char i, j;
     for (i=0;i<255;i++)
        for (j=0;j<255;j++);
}
void main()
{
```

```
    while(1)
    {
        while(SW==0)           //双闪开关闭合，左右侧的前后转向灯同时开始闪烁
        {
            LEDR=0;            //右侧前后转向灯 LED 点亮
            LEDL=0;            //左侧前后转向灯 LED 点亮
            Delay();          //延时，左右侧的前后转向灯都保持点亮一段时间
            LEDR=1;            //右侧前后转向灯 LED 熄灭
            LEDL=1;            //左侧前后转向灯 LED 熄灭
            Delay();          //延时，左右侧的前后转向灯都保持熄灭一段时间
        }
        while(SWL==0)          //左转开关闭合，左侧的前后转向灯同时开始闪烁
        {
            LEDL=0;            //左侧前后转向灯 LED 点亮
            Delay();          //延时，左侧的前后转向灯都保持点亮一段时间
            LEDL=1;            //左侧前后转向灯 LED 熄灭
            Delay();          //延时，左侧的前后转向灯都保持熄灭一段时间
            if(SW==0) break;   //若双闪开关闭合，进入双闪状态
        }
        while(SWR==0)          //右转开关闭合，右侧的前后转向灯同时开始闪烁
        {
            LEDR=0;            //右侧前后转向灯 LED 点亮
            Delay();          //延时，右侧的前后转向灯都保持点亮一段时间
            LEDR=1;            //右侧前后转向灯 LED 熄灭
            Delay();          //延时，右侧的前后转向灯都保持熄灭一段时间
            if(SW==0) break;   //若双闪开关闭合，进入双闪状态
        }
        LEDR=1;                //右侧前后转向灯 LED 熄灭
        LEDL=1;                //左侧前后转向灯 LED 熄灭
    }
}
```

2.4　任务 6　步进电机控制

　　使用 STC89C52 单片机，将 P1 口的 P1.0、P1.1、P1.2 和 P1.3 引脚通过步进电机驱动电路分别接在 4 相步进电机的 4 相绕组上，步进电机的励磁方式采用 4 相双 4 拍，通过程序控制步进电机正转。

2.4.1　认识步进电机

　　步进电机是将输入的数字信号转换成机械能量的电气设备。步进电机的应用范围很广，除了

在数控、工业控制和计算机外部设备中大量使用，在工业自动线、印刷机、遥控指示装置、航空系统中，也已成功地应用了步进电动机。

1. 步进电机的结构

以内部线圈绕线来区分，步进电机分为 4 相和 5 相两种，分别使用 5V 及 12V 电源控制。一般来说，4 相步进电机又称为 2 相双绕组步进电机，是最常用的一种电机，其内部接线图如图 2-18 所示。

线圈被分为 A、B、C 和 D 四相。由于 A 相和 C 相（或 B 相和 D 相）线圈都绕在相同的磁极上，而两组线圈缠绕的方向相反，只需对其中的一组线圈励磁，便可改变定子磁场的极性。因此不可将 A 相和 C 相（或 B 相和 D 相）线圈同时励磁。

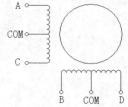

图 2-18　4 相步进电机内部接线图

步进电机是"一步一步"地转动的一种电机，每输入一个脉冲信号（Pulse），步进电机固定旋转一个步进角。步进角由步进电机规范而定，一般为 1.8°～9°，市面上以 1.8° 步进角较普遍。例如，步进角为 1.8° 的步进电机，如果输入 200 个脉冲信号，步进电机就会旋转 200 个步进角，且刚好转一圈（200×1.8°=360°）。由于步进电机旋转角度与输入脉冲数目成正比，只要控制输入的脉冲数目，便可控制步进电机的旋转角度。因此，常用于精确定位和精确定速。

2. 步进电机线圈励磁的方式

直流电流通过定子线圈建立磁场的过程，称为励磁。如果要控制步进电机进行正确的定位和控制，必须按照一定的顺序对各相线圈进行励磁。4 相步进电机线圈励磁的方式，可分为 1 相励磁、2 相励磁和 1-2 相励磁 3 种。本任务的步进电机励磁方式采用的是 2 相励磁，即 4 相双 4 拍。

（1）4 相：表示电动机有 4 相绕组，分别为 A、B、C、D 绕组。

（2）2 相励磁（双）：表示每一种励磁状态都有两相绕组励磁。

（3）拍：从一种励磁状态转换到另一种励磁状态，叫一拍。

（4）2 相励磁顺序（4 拍）：4 种励磁状态为一个循环。只要改变励磁顺序，就可以改变步进电机旋转方向。

正转时 2 相励磁顺序：

（A、B）→（B，C）→（C，D）→（D，A）→（A，B）……

反转时 2 相励磁顺序：

（A、B）→（D，A）→（C，D）→（B，C）→（A，B）……

2.4.2　步进电机控制电路设计

按照任务要求，步进电机控制电路由单片机最小应用系统、步进电机驱动电路及步进电机构成，步进电机控制电路设计如图 2-19 所示。

步进电机驱动电路由 ULN2003A 和 74LS04 构成，其中，ULN2003A 驱动器是一个高电压、大电流的达灵顿对阵列，包含 7 个具备共射极的开集达灵顿对。由于 ULN2003A 的输入与 TTL 电平兼容，所以一般能直接连接到驱动组件或负载上，例如，继电器、电机或 LED 显示器等。

运行 Proteus 软件，新建"步进电机控制"设计文件。按图 2-19 所示，放置并编辑 STC89C52、CRYSTAL、CAP、CAP-ELEC、RES、MOTOR-STEPPER（步进电机）、ULN2003A（驱动器）和 74LS04（反相器）等元器件。设计完步进电机控制电路之后，进行电气规则检测。

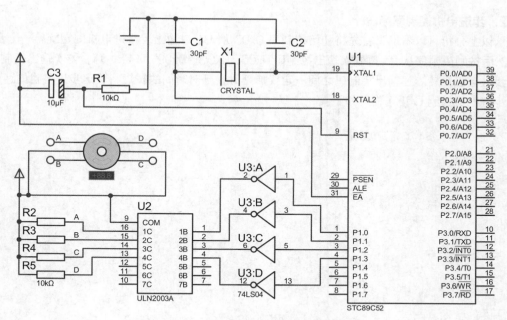

图2-19 步进电机控制电路

2.4.3 步进电机控制程序设计

步进电机控制电路设计完成以后，根据任务要求，按照 2 相励磁方式进行程序设计，实现步进电机正转。

1. 电机正转功能实现分析

在步进电机控制系统中，P1 口的 P1.0、P1.1、P1.2 和 P1.3 引脚通过步进电机驱动电路，分别接在 4 相步进电机的 4 相绕组上。步进电机正转时，2 相励磁顺序：（A，B）→（B，C）→（C，D）→（D，A）→（A，B），控制状态与 P1 口控制码的对应关系如表 2-8 所示。

表 2-8 控制状态与 P1 口的控制码的对应关系

控制状态	P1 口 控制码	P1.3 D 相	P1.2 C 相	P1.1 B 相	P1.0 A 相
A 相、B 相绕组通电	03H	0	0	1	1
B 相、C 相绕组通电	06H	0	1	1	0
C 相、D 相绕组通电	0CH	1	1	0	0
D 相、A 相绕组通电	09H	1	0	0	1

由表 2-8 可以看出，步进电机 2 相励磁顺序与 P1 口控制码之间的关系如下所示。

（1）（A，B）绕组励磁，P1 口输出 0x03（二进制 00000011B），初始控制码为 0x03。

（2）（B，C）绕组励磁，P1 口输出 0x06（二进制 00000110B），控制码为 0x06。

（3）（C，D）绕组励磁，P1 口输出 0x0C（二进制 00001100B），控制码为 0x0C。

（4）（D，A）绕组励磁，P1 口输出 0x09（二进制 00001001B），控制码为 0x09。

（5）重复第一步，进入下一个循环。

2. 步进电机控制程序设计

从以上分析可以看出，首先将初始控制码 0x03 从 P1 口输出，步进电机固定旋转一个步进角，然后按励磁顺序从 P1 口依次输出控制码 0x06、0x0C、0x09，不断循环，依次输出控制码，控制步进电机正转。在输出控制码之间一定要加延时，延时时间的长短将决定步进电机的速度。

步进电机控制 C 语言程序如下：

```c
#include <reg52.h>
//由 delay 参数确定延迟时间
void mDelay(unsigned int delay)
{
    unsigned int i;
    for(;delay >0; delay--)
        for(i=0;i<124;i++);
}
void main()
{
    while(1)
    {
        P1=0x03;            //A、B 绕组励磁
        mDelay (50);
        P1=0x06;            //B、C 绕组励磁
        mDelay (50);
        P1=0x0C;            //C、D 绕组励磁
        mDelay (50);
        P1=0x09;            //D、A 绕组励磁
        mDelay (50);
    }
}
```

步进电机控制程序设计好之后，打开"步进电机控制"Proteus 电路，加载"步进电机控制.hex"文件，进行仿真运行，观察步进电机是否与设计要求相符。

【技能训练 2-3】基于 ULN2003A 的继电器驱动电路设计

任务 6 是通过 ULN2003A 来驱动步进电机工作的。当负载是大电流、高电压时，可以通过继电器来驱动负载，而继电器则可通过 ULN2003A 来直接驱动。

1. 认识 ULN2003A

ULN2003A 是高电压、大电流复合晶体管（称为达灵顿管）阵列，由 7 个硅 NPN 复合晶体管组成，ULN2003A 内部电路如图 2-20 所示。

在 ULN2003A 内部，集成了一个消除线圈反电动势的二极管，可直接驱动继电器或固体继电器。ULN2003A 具有以下特点。

（1）ULN2003A 的每一对达林顿管都串联一个 2.7kΩ 的基极电阻，在 5V 的工作电压下能与 TTL 和 CMOS 电路直接相连，可以直接处理原先需要标准逻辑缓冲器来处理的数据。

（2）ULN2003A 工作电压高（大于 50V），温度范围宽（-40℃～85℃），工作电流大（输出电流大于 500mA）。

ULN2003A 主要在继电器、照明灯、伺服电机、步进电机、各种电磁阀等驱动电路中使用。

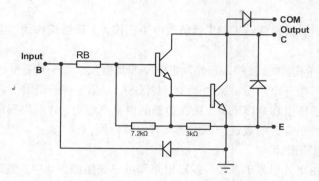

图2-20 ULN2003A内部电路图

2. ULN2003A 引脚功能

ULN2003A 采用 16 引脚的 DIP 封装，如图 2-21 所示。

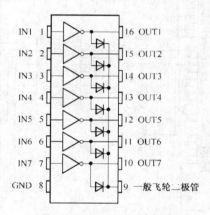

图2-21 ULN2003A引脚图

由图 2-21 可以看出，ULN2003A 是一个 7 路反向器电路，即当输入端为高电平时，ULN2003A 输出端为低电平；当输入端为低电平时，ULN2003A 输出端为高电平。ULN2003A 引脚功能如表 2-9 所示。

表 2-9 ULN2003A 引脚功能表

引脚序号	引脚名称	引脚功能	引脚序号	引脚名称	引脚功能
1	IN1	CPU 脉冲输入端，每个输入端都对应一个信号输出端	9	COM	公共端
2	IN2		10	OUT7	脉冲信号输出端，每个输出端都对应一个信号输入端
3	IN3		11	OUT6	
4	IN4		12	OUT5	
5	IN5		13	OUT4	
6	IN6		14	OUT3	
7	1N7		15	OUT2	
8	GND	接地	16	OUT1	

其中引脚 9（COM）是内部 7 个续流二极管阴极的公共端，各二极管的阳极分别接各达林顿管的集电极。

在用于感性负载时，引脚 9（COM）接负载电源正极，实现续流作用。续流二极管为什么能起到保护作用呢？

如果 ULN2003A 的达林顿管输入端输入低电平使其截止，由于其驱动的是感性负载，则电流不能突变，此时会产生一个高压；又由于 ULN2003A 是集电极开路输出，为了让这个二极管能起到续流作用，必须将引脚 9（COM）接在负载的供电电源上，才能够形成续流回路。若没有二极管，达林顿管会被击穿，所以这个二极管具有保护作用。

3. 继电器驱动电路设计

继电器驱动电路由单片机最小系统、驱动电路和继电器组成，其中，驱动电路由 74LS04 反向器和 ULN2003A 组成，如图 2-22 所示。

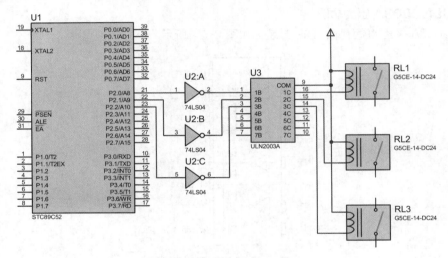

图2-22　ULN2003A驱动继电器电路

在图 2-22 中，ULN2003A 的 3 个驱动器输出直接驱动 3 个继电器。每个继电器线圈的一端连接到驱动器输出，另一端则连接到工作电压上，连接多大的工作电压要符合继电器的电气参数要求。从图 2-21 和图 2-22 中可以看到，二极管的公共端（COM）也连接到工作电压上。由于 ULN2003A 的输入与 TTL 电平兼容，故 ULN2003A 的输入端可以直接连接到单片机 I/O 口。

这样，我们就可以把 ULN2003A 应用到单片机 I/O 口的输出驱动电路上，轻易地控制外部高电压、大电流的负载了。

关键知识点小结

1. MCS-51 的 I/O 口

MCS-51 单片机有 P0 口、P1 口、P2 口和 P3 口，每个端口都各有 8 条 I/O 口线，每条 I/O口线都能独立地用作输入或输出。P0 口负载能力为 8 个 LSTTL 门电路，P1 口、P2 口和 P3 口负载能力为 4 个 LSTTL 门电路。

（1）P0 口（P0.0～P0.7）是一个漏极开路双向 I/O 端口，需外接上拉电阻才能有高电平输出。访问外部存储器时，P0 口分时送出低 8 位地址 AB0～AB7 和 8 位数据 D0～D7。

（2）P1 口（P1.0～P1.7）是双向 I/O 端口，仅供用户作为输入输出用。

（3）P2 口（P2.0～P2.7）是双向 I/O 端口，访问外部存储器时，P2 口送出高 8 位地址 AB8～AB15。

（4）P3 口（P3.0～P3.7）的第一功能和 P1 口一样，是双向 I/O 端口。每一根线还具有第二功能，包括串行通信、外部中断控制、计时计数控制及外部随机存储器内容的读取或写入控制等功能。

2．MCS-51 的存储器

MCS-51 单片机的程序存储器和数据存储器是各自独立的，有各自的寻址系统、控制信号和功能。在物理结构上分为内部数据存储器（RAM）256B、内部程序存储器（ROM）4KB、外部数据存储器（RAM）64KB 和外部程序存储器（ROM）64KB 4 个存储空间。

内部 RAM 分为两个地址空间：00H～7FH 单元组成的低 128B（52 子系列为 256B）RAM 空间和 80H～FFH 单元组成的高 128B 特殊功能寄存器 SFR 空间。低 128B 分为通用寄存器区（00H～1FH）、位寻址区（20H～2FH）和用户 RAM 区（30H～7FH）

3．数据类型

C51 支持标准 C 语言的所有数据类型，为了更加有效地利用单片机的硬件资源，还对标准 C 语言进行了扩展，更加注意对系统资源的合理利用。

（1）bit 定义位变量，位变量必须定位在内部 RAM 的位寻址空间中。

（2）sfr 定义特殊功能寄存器，利用它可以访问单片机内部的所有特殊功能寄存器。

（3）sfr16 定义 16 位特殊功能寄存器，如 52 子系列的定时器/计数器 2。

（4）sbit 定义可寻址位（某些特殊位），利用它可以访问芯片内部的 RAM 中的可寻址位或特殊功能寄存器中的可寻址位。

4．常量

常量是在程序运行过程中不能改变的量，常量支持的数据类型只有整型、浮点型、字符型、字符串型和位变量。常量可用在不必改变值的场合，如固定的数据表、字库等。

5．变量

变量是在程序运行过程中可以不断变化的量。变量可以使用 C51 编译器支持的所有数据类型。

问题与讨论

2-1　填空题

（1）单片机位寻址区的单元地址是从_____单元到_____单元，若某位地址是 09H，它所在单元的地址应该是_____。

（2）寄存器 PSW 中的 RS1 和 RS0 的作用是_____。

（3）MCS-51 单片机的内部 RAM 中从_____到_____是工作寄存器区，共分为_____组。

（4）既做数据线又做地址线的是_____口，只能做地址线的是_____口。

（5）MCS-51 单片机有两种复位方式，即上电复位和手动复位。复位后 SP=＿＿＿＿＿＿，PC = ＿＿＿＿＿，PSW =＿＿＿＿＿＿，A =00H，P0 = P1 = P2 = P3 = ＿＿＿＿＿＿。

（6）若（PSW）= 18H，则选取的是第＿＿＿组工作寄存器。其地址范围从＿＿＿＿＿＿。

（7）C51 中定义位变量的关键字是＿＿＿＿＿，位变量对应的地址空间范围是＿＿＿＿＿＿。

（8）unsigned char 定义的变量取值范围＿＿＿＿＿＿，unsigned int 定义的变量取值范围＿＿＿＿＿＿。

2-2　选择题

（1）判断是否溢出时用 PSW 的（　　　）标志位，判断是否有进位时用 PSW 的（　　　）标志位。

  A. CY   B. OV   C. P

  D. RS0   E. RS1

（2）MCS-51 单片机的复位操作是把堆栈指针 SP 初始化为（　　　）。

  A. 00H   B. 07H   C. 20H   D. 30H

（3）MCS-51 单片机的复位操作是把 PC 初始化为（　　　）。

  A. 0100H   B. 2080H   C. 0000H   D. 8000H

（4）PC 的值是（　　　）。

  A. 当前指令前一条指令的首地址   B. 当前正在执行指令的首地址

  C. 下一条指令的首地址

（5）C 语言中最简单的数据类型包括（　　　）。

  A. 整型、实型、逻辑型   B. 整型、实型、字符型

  C. 整型、字符型、逻辑型   D. 整型、实型、逻辑型、字符型

（6）在 C51 中，一个 int 型数据在内存中占 2 个字节，则 int 型数据的取值范围是（　　　）

  A. 0～255   B. 0～32767

  C. 0～65535   D. −32768～32767

2-3　P0 口、P1 口、P2 口和 P3 口的负载能力是多少？它们是否具有位寻址功能？

2-4　在输出时，P0 口为什么要外接上拉电阻才能有高电平输出？

2-5　MCS-51 单片机有哪几个存储空间？它们是如何分布的？

2-6　MCS-51 单片机内部 RAM 分成几个不同区域，它们对应的地址范围是什么？

2-7　PSW 的作用是什么？常用的状态标志有哪几位？其作用是什么？能否位寻址？

2-8　bit 和 sbit 有什么区别？

2-9　在 C 语言里，sbit P1_0 = 0x90 语句的作用是什么？能不能直接使用 P1.0（说明原因）？

2-10　试一试能否将任务 4 的 LED 循环点亮改为 LED 双向循环点亮。

2-11　设计用开关控制步进电机转向的 STC89C52 单片机控制系统，功能要求：开关闭合，正转；开关打开，反转。

2-12　设计开关控制电灯点亮的 STC89C52 单片机控制系统，驱动电路采用 ULN2003A 和继电器。功能要求：开关闭合，电灯点亮；开关打开，电灯熄灭。提示：参考【技能训练 2-3】基于 ULN2003A 的继电器驱动电路设计。

3 Chapter

项目三
数码管显示控制

项目导读

　　本项目从数码管循环显示 0~9 入手，首先让读者对数码管有一个初步了解；然后介绍数码管的内部结构和字形编码，并介绍数码管的静态显示和动态扫描显示。通过共阳极数码管电子钟焊接制作和数码管动态扫描显示，读者将进一步了解数码管的应用。

知识目标	1. 了解 LED 数码管的结构、工作原理和显示方式； 2. 掌握 LED 数码管静态显示和动态扫描显示的原理； 3. 掌握 LED 数码管静态显示和动态扫描显示的电路和程序设计
技能目标	能完成数码管显示电路设计与焊接制作，能应用 C 语言程序完成数码管静态显示和动态扫描显示控制，实现对数码管显示控制的设计、运行及调试
素养目标	加强读者运用理论知识分析问题、解决问题的能力，培养读者勇于探索的创新精神和爱国精神
教学重点	1. LED 数码管的共阴极和共阳极结构以及字形编码； 2. LED 数码管静态显示、动态显示电路设计和程序设计的方法
教学难点	LED 数码管静态显示和动态扫描显示的工作过程，LED 数码管的应用
建议学时	6 学时
推荐教学方法	从任务入手，通过数码管循环显示 0~9，让学生了解数码管，进而通过数码管显示电路焊接制作和数码管动态扫描显示控制设计，熟悉数码管的应用
推荐学习方法	勤学勤练、动手操作是学好数码管的关键，动手完成数码管显示的设计和焊接制作，通过"边做边学"达到学习的目的

3.1 任务 7　数码管循环显示 0~9

工作任务

利用 STC89C52 单片机的 P2 口的 P2.0~P2.6 七个引脚，将其依次连接到一个共阴极 LED 数码管的 a~h 七个位段控制引脚上，数码管的公共端接地，编写程序使数码管循环显示 0~9 十个数字。

3.1.1　认识数码管

单片机应用系统中的显示器是人机交流的重要组成部分。常用的显示器有 LED 数码显示器和 LCD 显示器两种类型，LED 数码显示器价格低廉、体积小、功耗低，而且可靠性好，因此得到广泛使用。

1. 数码管的结构和工作原理

单个 LED 数码管的管脚结构如图 3-1（a）所示。数码管内部由 8 个 LED（简称位段）组成，其中有 7 个条形 LED 和 1 个小圆点 LED。当 LED 导通时，相应的 LED 发光，排成一定图形，常用来显示数字 0~9，字符 A~F、H、L、P、R、U、Y，符号"—"以及小数点"."等。LED 数码管可以分为共阴极和共阳极两种结构。

（1）共阴极数码管结构。如图 3-1（b）所示，共阴极数码管把所有 LED 的阴极作为公共端（COM）连起来，接低电平，通常接地。通过控制每一只 LED 的阳极电平来使其发光或熄灭，阳极为高电平，LED 发光，为低电平，LED 熄灭。如显示数字 0 时，a、b、c、d、e、f 端接高电平，其他各端接地。

（2）共阳极数码管结构。如图 3-1（c）所示，共阳极数码管把所有 LED 的阳极作为公共端

（COM）连起来，接高电平（如+5V）。通过控制每一只 LED 的阴极电平来使其发光或熄灭，阴极为低电平，LED 发光，为高电平，LED 熄灭。

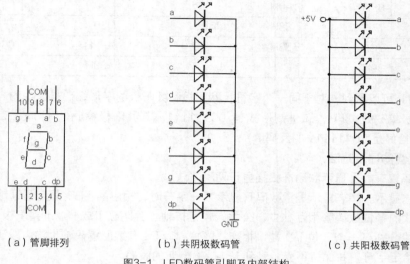

（a）管脚排列　　　　　（b）共阴极数码管　　　　（c）共阳极数码管

图3-1　LED数码管引脚及内部结构

必须注意的是，数码管内部没有电阻，在使用时需外接限流电阻，如果不限流将造成 LED 的烧毁。限流电阻的取值一般使流经 LED 的电流在 10mA～20mA。由于高亮度数码管的使用，电流还可以小一些。

2．数码管的字形编码

要使数码管上显示某个字符，必须在它的 8 个位段上加上相应的电平组合，即一个 8 位数据，这个 8 位数据就叫该字符的字形编码。通常用的数码管编码规则如图 3-2 所示。

D7	D6	D5	D4	D3	D2	D1	D0
dp	g	f	e	d	c	b	a

图3-2　数码管编码规则

共阴极和共阳极数码管的字形编码是不同的，如表 3-1 所示。

表 3-1　LED 数码管字形编码表

显示字符	共阴极字形码	共阳极字形码	显示字符	共阴极字形码	共阳极字形码
0	3FH	C0H	d	5EH	A1H
1	06H	F9H	E	79H	86H
2	5BH	A4H	F	71H	8EH
3	4FH	B0H	H	76H	89H
4	66H	99H	L	38H	C7H
5	6DH	92H	P	73H	8CH
6	7DH	82H	U	3EH	C1H
7	07H	F8H	y	6EH	91H
8	7FH	80H	r	31 H	CEH

显示字符	共阴极字形码	共阳极字形码	显示字符	共阴极字形码	共阳极字形码
9	6FH	90H	—	40H	BFH
A	77H	88H	.	80	7FH
b	7CH	83H	8.	FFH	00H
C	39H	C6H	灭	00H	FFH

从表 3-1 可以看到，对于同一个字符，共阴极和共阳极的字形编码是反相的。例如：字符
"0"的共阴极编码是 3FH，二进制形式是 00111111；其共阳极编码是 C0H，二进制形式是
11000000，恰好是 00111111 的反码。

3. 数码管的显示方法

LED 数码管有静态显示和动态扫描显示两种方法。

（1）静态显示。静态显示是指数码管显示某一字符时，相应的 LED 恒定导通或恒定截止。
这种显示方式的各位数码管相互独立，公共端恒定接地（共阴极）或+5V（共阳极）。每个数码
管的 8 个位段分别与一个 8 位 I/O 端口相连。I/O 端口只要有字形编码（也称为段码）输出，数
码管就显示给定字符，并保持不变，直到 I/O 口输出新的段码。

（2）动态扫描显示。动态扫描显示是一种一位一位地轮流点亮各位数码管的显示方式，即在
某一时段，只选中一位数码管的"位选端"，并送出相应的段码，在下一时段按顺序选通另外一
位数码管，并送出相应的段码。依此规律循环下去，即可使各位数码管分别间断地显示相应的字
符。

3.1.2 数码管循环显示 0~9 电路设计

1. 74LS245 芯片

74LS245 是 8 路同相三态双向数据总线驱动芯片，具有双向三态功能，既可以输出，也可
以输入。结构如图 3-3 所示。

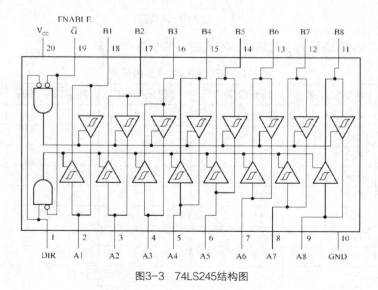

图3-3 74LS245结构图

引出端符号：

A：总线端。

B：总线端。

$\overline{G}$：三态允许端（低电平有效）。

DIR：方向控制端（DIR="1"，信号由 A 传向 B；反之，信号由 B 传向 A）。

2. 数码管显示电路设计

按照任务要求，数码管显示电路由单片机最小应用系统、一片 1 位的共阴极 LED 数码管和一片 74LS245 驱动芯片构成。74LS245 的 $\overline{CE}$ 端（即 $\overline{G}$ 端）接地，AB/$\overline{BA}$ 端（即 DIR 端）接高电平，A0~A6 接 P2.0~P2.6 作为输入，B0~B6 接数码管的 a~g 七个位段，如图 3-4 所示。

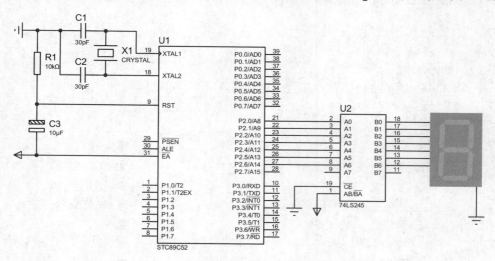

图3-4 数码管显示电路

运行 Proteus 软件，新建"数码管循环显示 0~9"设计文件。按图 3-4 所示放置并编辑 STC89C52、CRYSTAL、CAP、CAP-ELEC、RES、74LS245 和 7SEG-COM-CATHODE 等元器件。完成数码管循环显示 0~9 电路设计后，进行电气规则检测。

3.1.3 数码管显示程序设计

数码管显示电路设计完成以后，还不能看到数码管上显示数字，需要编写程序控制单片机引脚电平的高低变化来控制数码管，使其内部的不同位段点亮，以显示出需要的字符。

1. 数码管显示功能实现分析

电路图中采用共阴极结构的数码管，其公共端接地，通过控制每一只 LED 的阳极电平来使其发光或熄灭，阳极为高电平发光，为低电平熄灭。相应的，我们也可以在字形编码表中查找到共阴极数码管的"0"~"9"十个字符的段码，然后通过 P2 口输出。

例如：在 P2 口输出十六进制数 0x3F（二进制 00111111B），则数码管显示"0"。在 P2 口输出 0x7F（二进制 01111111B），则数码管显示"8"，此时，除小数点以外的码段均被点亮。

由于数字 0~9 的段码没有规律可循，只能采用查表的方式来完成。按照数字 0~9 的顺序，把每个数字的段码按顺序排好。建立的表格如下所示：

```
unsigned char code table[]=
{0x3f,0x06,0x5b,0x4f,0x66,0x6d,0x7d,0x07,0x7f,0x6f};
```

表格的定义是使用数组来完成的，有关数组的知识 3.3.3 节会介绍。表格建立好之后，只要依次查表得到段码并输出，就可以达到预想的效果了。

2. 数码管显示程序设计

数码管显示控制 C 语言程序如下：

```
#include <reg52.h>                    //包含 reg52.h 头文件
unsigned char code table[]={0x3f,0x06,0x5b,0x4f,0x66,0x6d,0x7d,0x07,0x7f,
0x6f};                               //定义 0～9 十个数字的段码表
unsigned char dispcount;
void delay (void)
{
unsigned char i,j,k;
for(i=40;i>0;i--)
    for(j=40;j>0;j--)
        for(k=248;k>0;k--);
}
void main(void)
{
    while(1)
    {
        for(dispcount=0;dispcount<10;dispcount++)      //显示 0～9 十个数字
        {
            P2=table[dispcount];   //把查找到的段码送 P2 口输出，数码管显示字符
            delay ();
        }
    }
}
```

在数码管显示程序中，dispcount 既用作循环变量，又用作数组的下标，其值从 0 变到 9，就把数组 table 中的段码一一获得。每获得一个段码，就送 P2 口输出，采用的语句为：

```
P2=table[dispcount];
```

数码管显示 0～9 程序设计好之后，打开"数码管循环显示 0～9"Proteus 电路，加载 "数码管循环显示 0~9.hex"文件，进行仿真运行，观察数码管的显示规律是否与设计要求相符。

3.1.4 数码管循环显示 0~9 电路焊接制作

根据图 3-4 所示电路图，在万能板上完成数码管循环显示 0~9 电路焊接制作，元器件清单如表 3-2 所示。

1. 电路板焊接

参考数码管循环显示 0~9 电路，完成电路板焊接制作，焊接好的电路板如图 3-5 所示。焊接数码管时，不要用手去折引角，并须紧贴万能板焊接，焊接时温度控制在 260° 左右，时间不宜过长。

表 3-2 数码管循环显示 0~9 电路的元器件清单

元件名称	参数	数量	元件名称	参数	数量
单片机	STC89C52	1	轻微按键		1
晶振	11.0592MHz	1	电阻	10kΩ	1
瓷片电容	30pF	2	驱动器	74LS245	1
电解电容	10μF	1	LED 数码管		1
IC 插座	DIP40	1			

图3-5 数码管循环显示0~9焊接电路板

2. 硬件检测与调试

上电后，按下复位按键，检测 STC89C52 单片机 P0 口、74LS245 的输入端和输出端是否为高电平，如果是，说明单片机和 74LS245 工作均正常，P0 口到 74LS245 的输入端之间通路也正常。同时，数码管的七位码段均被点亮。

3. 软件下载与调试

通过 stc-isp 下载软件把"数码管循环显示 0~9.hex"文件烧入单片机芯片中，如果数码管能按照一定的时间间隔实现 0~9 十个数字循环显示，说明焊接过程和程序均正常，否则需进行调试，直到功能实现。

【技能训练 3-1】共阳极 LED 数码管应用

任务 7 是将 STC89C52 单片机的 P2 口的 P2.0~P2.6 七个引脚依次连接到一个共阴极 LED 数码管的 a~g 七个位段控制引脚上，数码管的公共端接电源（+5V），实现数码管循环显示 0~9 十个数字。如何使用共阳极 LED 数码管来实现 0~9 十个数字循环显示呢？

1. 电路设计

参考任务 7 电路，将单片机的 P2 口的 P2.0~P2.6 七个引脚依次连接到一个共阳极 LED 数码管的 a~g 七个位段控制引脚上，数码管的公共端接电源。在这里只给出和任务 7 电路不同的部分，其他和任务 7 电路基本一样，如图 3-6 所示。

2. 程序设计

本程序和任务 7 共阴极 LED 数码管循环显示 0~9 程序的差别只在定义 0~9 十个数字的字形码表语句上，其他部分都一样。在任务 7 共阴极 LED 数码管循环显示 0~9 程序中，定义 0~9 十个数字的字形码表语句是：

```
unsigned char code table[]={0x3f,0x06,0x5b,0x4f,0x66,0x6d,0x7d,0x07,0x7f,
0x6f};
```

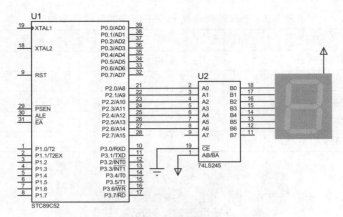

图3-6　共阳极LED数码管显示电路

由于共阴极和共阳极的段码是反相的，即反码，共阳极 LED 数码管定义 0~9 十个数字的段码表语句是：

```
unsigned char code table[]={0xC0,0xF9,0xA4,0xB0,0x99,0x92,0x82,0xF8,0x80,
0x90};
```

3.2　C 语言语句结构

前面学习了如何建立 Keil C 的编程环境，并了解了一些 C 语言的基础知识，本节将学习 C 语言语句结构。

3.2.1　关系运算符和关系表达式

"关系运算"实际上是两个值做比较，判断比较的结果是否符合给定的条件。关系运算的结果只有两种可能，即"真"和"假"。例如：3>2 的结果为真，而 3<2 的结果为假。

1. 关系运算符

C 语言一共提供了 6 种关系运算符。
- 小于<
- 小于等于< =
- 大于>
- 大于等于> =
- 等于= =
- 不等于! =

2. 关系表达式

用关系运算符将表达式连接起来的式子，称为关系表达式。例如：

```
a>b，a+b>b+c，(a=3)>=(b=5)
```

都是合法的关系表达式。关系表达式的值只有两个，即"真"和"假"。在 C 语言中，没有专门的逻辑型变量，如果运算的结果是"真"，用数值"1"表示；结果运算的结果是"假"，则用数值"0"表示。

例如：x1=3>2 的结果是 x1 等于 1，原因是 3>2 的结果是"真"，即其结果为 1，该结果被"＝"号赋给了 x1。注意，"＝"不是等于之意（在 C 语言中，等于用"＝＝"表示），而是赋值号，即将后面的值赋给前面的变量，所以最终结果是 x1 等于 1。

又如：x2=3<=2 的结果是 x2=0，具体过程请自行分析。

> **注意**
>
> 　　在"x1=3>2"中，为什么先执行">"后执行"="呢？
>
> 　　在 C 语言中，">"的优先级是 6，而"="的优先级是 14，即">"的优先级比"="的优先级高，所以先执行">"后执行"="。
>
> 　　另外，"<""＜＝"">"和"＞＝"的优先级是 6，"＝＝"和"！＝"的优先级是 7。

3.2.2　逻辑运算符和逻辑表达式

关系运算符描述的是单个条件，如 x>=1。若需要描述 x>=1 且 x<2 时，就要用到逻辑表达式了。

1．逻辑运算符

C 语言提供了 3 种逻辑运算符。

（1）"&&"（逻辑与）是二元运算符，当且仅当两个操作数的值都为"真"时，运算结果是"真"，否则为假。

（2）"||"（逻辑或）是二元运算符，当且仅当两个操作数的值都为"假"时，运算结果是"假"，否则为真。

（3）"！"（逻辑非）是一元运算符，当操作数的值为"真"时，运算结果为"假"；当操作数的值为"假"时，运算结果为"真"。

2．逻辑表达式

用逻辑运算符将关系表达式或逻辑量连接起来的式子，称为逻辑表达式。一般用于描述多个条件的组合。

例如：(x>=1)&&(x<2)、!(x<1)、x||y 等都是逻辑表达式。

又如：设 x=5，则(x>=1)&&(x<2)的值为"假"；!(x<1)的值为"真"；x||(!x)的值恒为"真"。

C 语言编译系统在给出逻辑运算的结果时，用"1"表示真，而用"0"表示假。但是在判断一个量是否为"真"时，以 0 代表"假"，而以非 0 代表"真"，这一点务必要注意。

请看以下示例。

（1）若 a=10，则!a 的值为 0，因为 10 被当作"真"处理，取反后为"假"，系统给出的结果为 0。

（2）如果 a=-2，结果与上完全相同，原因也同上。初学者常会误以为负值为假，所以这里特别提醒注意。

（3）若 a=10，b=20，则 a&&b 的值为 1，a||b 的值也为 1，原因为参与逻辑运算时不论 a 与 b 的值究竟是多少，只要是非零，就被当作是"真"。"真"与"真"相与或者相或，结果都为真，系统给出的结果是 1。

（4）在计算逻辑表达式时，并不是所有的表达式都要求解，只有在必须执行下一个表达式时，才求解该表达式。

① 对于逻辑与运算，若第一个操作数被判定为"假"，系统不再判断或求解第二个操作数。

② 对于逻辑或运算，若第一个操作数被判定为"真"，系统不再判断或求解第二个操作数。

3.2.3 if 语句

用 if 语句可构成分支结构。分支结构又称选择结构，它体现了程序的判断能力，可以根据程序的判断结果，来确定某些操作是执行还是不执行，或者从多个操作中选择一个操作来执行。

1. 单分支 if 语句

单分支 if 语句的基本形式为：

```
if（表达式）语句
```

如果表达式的结果为真，则执行语句，否则不执行。流程图如图 3-7 所示。

2. 双分支 if 语句

双分支 if 语句的基本形式为：

```
if（表达式）语句1
else        语句2
```

如果表达式的结果为真，则执行语句 1，否则执行语句 2。流程图如图 3-8 所示。

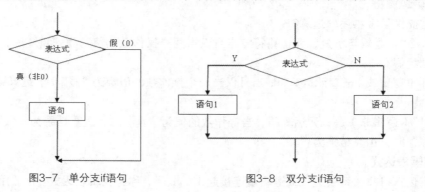

图3-7　单分支if语句　　　　　　图3-8　双分支if语句

3. 多分支 if 语句

多分支 if 语句的基本形式为：

```
if（表达式 1）      语句1
else if（表达式 2）  语句2
else if（表达式 3）  语句3
    ……
else if（表达式 m）  语句m
else                语句n
```

多分支 if 语句执行的流程图如图 3-9 所示。

多分支 if 语句由上而下依次判断表达式的值，当某个表达式的值为真时，就执行其对应的语句。执行结束后，转到 if 选择语句之外的下一条语句继续执行，若所有的表达式全为假，则执行 else 后的语句 n。

使用 if 语句应注意以下问题。

（1）if 之后的表达式是判断的"条件"，可以是逻辑表达式或关系表达式，还可以是其他表达式，如仅有一个变量，即 if(a) 执行语句是合法的。

（2）在 if 语句中，作为条件的表达式必须用括号括起来，在语句之后必须加分号。

（3）if…else if…else…语句格式其实就是 if…else…语句的一种嵌套形式，只是将条件语句的嵌套放在 else 分支内了。

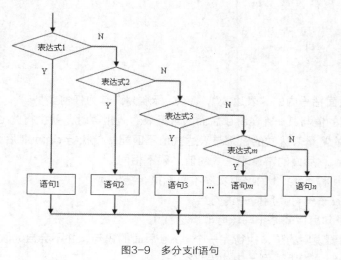

图3-9　多分支if语句

4. if 语句的嵌套

若 if 语句中的语句体又包含一个或多个 if 语句，则称为 if 语句的嵌套。其一般形式如下：

```
if(表达式)
    if(表达式1)  语句11
    else  语句12
else
    if(表达式2)  语句21
    else  语句22
```

 注 意

if 与 else 的配对关系。C 语言规定：else 总是与其前面最靠近的还没有配对的 if 配对。在实际编程中，经常会出现如下情况：

```
if()
    if()语句1
else
    语句2
```

本意是外层的 if 语句与 else 语句配对，缩进的 if 语句为内嵌的 if 语句。但实际上 else 语句将与缩进的 if 语句配对，因为两者最近，从而造成错误。为了避免这种情况，建议编程时使用大括号将内嵌的 if 语句括起来，这样就可以避免上面的问题。

3.2.4 switch 语句

当程序中有多个分支时，可以使用 if 嵌套实现，若分支较多，嵌套的 if 层数太多，程序冗长且可读性降低。C 语言提供了 switch 语句，可直接处理多分支选择。switch 的一般形式如下：

```
switch （表达式）
{
case 常量表达式 1：语句 1
case 常量表达式 2：语句 2
……
    case 常量表达式 n：语句 n
    default：语句 n+1
}
```

说明：

（1）switch 后面括号内的"表达式"，ANSI 标准允许其为任何类型。

（2）当表达式的值与某一个 case 后面的常量表达式相等时，就执行此 case 后面的语句，若所有 case 后面的常量表达式的值都与表达式值不匹配，就执行 default 后面的语句。

（3）每一个 case 后面的常量表达式的值必须不相同。

（4）各个 case 和 default 的出现次序不影响执行结果。

（5）多个 case 子句可共用同一语句组。

（6）default 子句可以省略不写（除非有必要）。

另外，特别需要说明的是，执行完一个 case 后面的语句，并不会自动跳出 switch，而是转去执行其后面的语句。如上述例子中如果这么写：

```
switch (x)
{
    case 1:  y=1;
    case 2:  y=2;
    case 3:  y=0;
}
if(y)
{…}
```

假如 x 的值是 1，则在执行"y=1;"后，并不是转去执行 switch 语句后面的 if 语句，而是依次执行下面的语句，即"y=1;""y=2;""y=0;"。显然不能满足要求，因此，通常在每一段 case 后加入"break;"语句，使程序退出 switch 结构，即终止 switch 语句的执行。如：

```
case 1:  y=1; break;
```

3.2.5　循环结构控制语句

在一个实用的程序中，循环结构是必不可少的。循环是反复执行某一个程序块的操作。通过下面的 C 语言程序示例，来看看如何利用循环语句编写循环程序。

```
void  Delay()
{
    unsigned char i, j;
    for (i=0;i<255;i++) {;}
}
void  main()
{
    while(1)
     {……}
}
```

这段程序中有两处用到了循环语句，首先是主程序：

```
while (1)
{……}
```

这样的循环语句写法，{}中的所有程序将会不断地循环执行，直到断电为止；其次是延时程序，使用了 for 循环语句的形式。下面我们就对循环语句进行介绍。

1. while 语句

while 语句是当型循环语句，即当给定的条件成立时，执行循环体部分，执行完毕再次判断条件，如果条件成立继续循环，否则退出循环。其一般形式如下：

```
while(表达式)  循环体语句
```

其中，表达式是循环条件。注意：当循环体有多个语句时，要用 "{" 和 "}" 把它们括起来。

当型循环执行过程如图 3-10 所示。当条件表达式为非 0 时，执行一次循环体，再检查条件表达式是否为非 0，为非 0 时，再执行循环体，……，直到条件表达式的值为 0，就退出循环。然后执行循环体外的语句。若一开始条件表达式就为 0，循环体就不执行了。

当型循环的特点是先判断表达式，后执行语句。

2. do-while 语句

do-while 语句是直到型循环语句，即先执行循环体，后判断给定的条件，只要条件成立就继续循环，直到判断出给定的条件不成立时退出循环。其一般形式如下：

```
do
循环体语句
while(表达式);
```

同样当循环体有多个语句时，要用 "{" 和 "}" 把它们括起来。

直到型循环的特点是先执行循环体，后判断循环条件是否成立。这也是它与 while 语句的区别。其执行过程如图 3-11 所示。

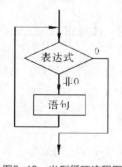

图3-10　当型循环流程图

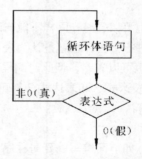

图3-11　直到型循环流程图

对同一个问题，既可以用 while 语句处理，也可以用 do-while 语句处理。do-while 语句至少要执行一次循环语句，因此 do-while 语句比较适合不论条件是否成立，都要执行一次循环语句的情况。

3. for 语句

C 语言中的 for 语句最为灵活，不仅可以用于循环次数已经确定的情况，而且可以用于循环次数不确定只给出循环结束条件的情况。for 语句的一般形式为：

```
for(表达式 1;表达式 2;表达式 3) 循环体语句
```

表达式 1：给循环控制变量赋初值；

表达式 2：循环条件，决定什么时候退出循环；

表达式 3：循环变量增值，规定循环控制变量每循环一次后按什么方式变化。

3 个表达式之间用 ";" 隔开。执行过程如图 3-12 所示，步骤如下：

（1）求解表达式 1。

（2）求解表达式 2，其值为真，则执行 for 语句中指定的内嵌语句（循环体），然后执行第（3）步；其值为假，则结束循环。

（3）求解表达式 3。

（4）转回第（2）步继续执行。

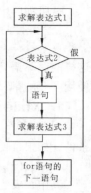

图3-12　for语句

for 语句的典型应用形式：

```
for(循环变量初值;循环条件;循环变量增值)　循环体语句
```

例如：

```
for(j=0;j<125;j++){;}
```

执行这行程序时，首先执行 j=0，然后判断 j 是否小于 125，如果小于 125，则去执行循环体（这里循环体没有做任何工作），然后执行 j++，执行完后再去判断 j 是否小于 125……不断循环，直到条件不满足（j>=125）为止。

如果用 while 语句来改写，应该这么写

```
j=0;
while(j<125)
{  j++;  }
```

可见，用 for 语句书写更简单、直观、方便。

for 语句使用说明如下。

（1）如果变量在 for 语句前面赋初值，则 for 语句中的表达式 1 应省略，但其后的分号不能省略。

（2）表达式 2 也可以省略，同样不能省略其后的分号，如果省略表达式 2，将不判断循环条件，循环无休止地进行下去，也就是认为表达式始终为真。

（3）表达式 3 也可以省略，但此时编程者应该另外设法保证循环能正常结束。

（4）表达式 1、表达式 2 和表达式 3 都可以省略，即形如 for(;;) 的形式，它相当于是 while(1)，即构成一个无限循环。

4. 循环的嵌套

循环可以嵌套，如前面编写的延时程序，就是使用两个 for 语句嵌套，构成了二重循环。如果一个循环结构的循环体中又包含一个循环结构，就称为循环的嵌套，或称多重循环。前面学习的 3 种循环语句，每一种语句的循环体部分都可以再含有循环语句。

循环的嵌套，按照嵌套层数，可以分为二重循环、三重循环等。处于内部的循环叫作内循环，处于外部的循环叫作外循环。

以二重循环为例。程序执行的过程为：从最外层开始执行，外循环变量每取一个值，内循环就执行一次循环；内循环结束，回到外循环，外循环变量取下一个值，内循环又开始执行下一次循环；如此继续，直到外循环结束。

3.2.6 break 语句和 continue 语句

为了使循环控制更加方便，C 语言提供了 break 语句和 continue 语句。

1. break 语句

break 语句强行结束循环，转向执行循环语句的下一条语句。

在一个循环程序中，可以通过循环语句中的表达式来控制循环是否结束。除此之外，还可以通过 break 语句从循环体内跳出，即提前结束循环，接着执行循环下面的语句。

break 语句的一般形式：

```
break;
```

2. continue 语句

continue 语句的作用是结束本次循环，即跳过循环体中下面尚未执行的语句，接着进行下一次是否执行循环的判定。

对于 for 循环，是跳过循环体其余语句，转向循环变量增值表达式的计算；对于 while 和 do-while 循环，是跳过循环体其余语句，转向循环继续条件的判定。

continue 语句的一般形式：

```
continue;
```

 注 意

（1）break 语句不能用于循环语句和 switch 语句之外的任何其他语句中；break 语句是结束整个循环过程，不再判断执行循环的条件是否成立。

（2）continue 语句只能用于循环语句中；continue 语句只结束本次循环，而不是终止整个循环的执行。

3.3 任务 8 0~99 计数器显示（静态显示）

 **工作任务**

利用 STC89C52 单片机来制作一个 0~99 计数器。要求使用一个手动计数按钮，实现 0~99 的计数，并且通过两个共阴极数码管显示计数结果，数码管采用静态显示方式。

3.3.1 0~99 计数显示电路设计

1. 数码管静态显示电路的设计方法

静态显示方式下，各位数码管相互独立，数码管静态显示电路的设计方法如下：

（1）共阴极数码管的公共端恒定接地（共阳极数码管的公共端恒定接+5V 电源）。

（2）数码管的 8 个段控制端分别与一个 8 位 I/O 端口相连。

这样，I/O 端口只要有段码输出，数码管就显示给定字符并保持不变，直到 I/O 端口输出新的段码。任务 7 中一位数码管的显示就是静态显示方法的典型应用。

采用静态显示方式，只须较小的电流就可以获得较高的亮度，且占用 CPU 时间较少，编程简单，便于检测和控制；但其占用的 I/O 口线较多，硬件电路复杂，成本高，只适合显示位数较少的场合。

2. 0~99 计数显示电路设计

根据任务要求，在 STC89C52 单片机的 P1.0 管脚接一个按钮，作为手动计数的按钮，将单片机的 P2.0~P2.6 引脚接一个共阴极数码管，作为 0~99 计数的个位数显示，将单片机的 P0.0~P0.6 引脚接一个共阴极数码管，作为 0~99 计数的十位数显示，如图 3-13 所示。

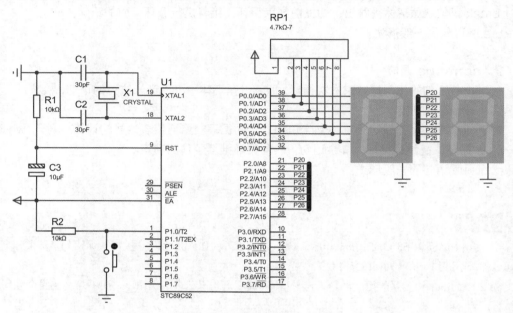

图3-13　0~99计数显示电路

运行 Proteus 软件，新建"0~99 计数显示"设计文件。按图 3-13 所示放置并编辑 STC89C52、CRYSTAL、CAP、CAP-ELEC、RES、RESPACK-7、BUTTON 和 7SEG-COM-CATHODE 等元器件。完成 0~99 计数显示电路设计后，进行电气规则检测。

3.3.2　0~99 计数显示程序设计

1. 数码管静态显示过程分析

由于采用静态显示方式的各位数码管是相互独立的，每个数码管的 8 个段控制端分别与一个 8 位 I/O 端口相连，数码管静态显示过程如下：

（1）待显示字符的段码被 CPU 送出后，数码管会一直显示该字符不变，CPU 不需要再控制数码管。

（2）如果要显示新的字符，CPU 只要再次送出新字符的段码即可。

2. 0~99 计数显示步骤

0~99 计数显示的实现步骤如下。

（1）对按键进行识别处理。

（2）对正确识别的按键进行计数，计数满时，又从零开始计数。

（3）由于计数值是两位的十进数，要对计数值进行拆分处理，然后把拆分开的十位数和个位数分别送到对应的数码管上显示。

（4）通过查表方式，分别显示出个位和十位的数字。

那么如何把两位的计数值拆分为十位数和个位数呢？方法是：把计数值对 10 进行求余，即可得到个位数字；计数值对 10 进行整除，即可得到十位数字。

3. 0～99 计数显示 C 语言程序设计

0～99 计数显示 C 语言程序如下：

```
#include <reg52.h>                    //包含 reg52.h 头文件
/*定义 0～9 十个数字的段码表*/
unsigned char code table[]={0x3f,0x06,0x5b,0x4f,0x66,
                            0x6d,0x7d,0x07,0x7f,0x6f};
unsigned char Count;                  //定义变量放置计数数值
sbit KEY=P1^0;                        //定义 KEY 为接在 P1.0 上的按键
void delay10ms(void)                  //定义 10ms 延时函数
{
    unsigned char i,j;
    for(i=20;i>0;i--)
      for(j=248;j>0;j--);
}
void main(void)
{
    Count=0;                          //计数变量初始为 0
    P0=table[Count/10];               //十位数码管显示 0
    P2=table[Count%10];               //个位数码管显示 0
    while(1)                          //按键扫描，计数显示处理
    {
      if(KEY==0)                      //判断计数按键是否按下
      {
        delay10ms();                  //延时去抖动
        if(KEY==0)                    //再确定计数按键是否按下
        {
            Count++;                  //计数加 1
            if(Count==100)            //计数到 100？
            {
                Count=0;              //到 100 回 0
            }
            P0=table[Count/10];       //显示十位数
            P2=table[Count%10];       //显示个位数
            while(KEY==0);            //等待计数按键释放
        }
      }
    }
}
```

3.3.3 C 语言函数

首先看一段程序，程序如下：

```
void mDelay(unsigned int Delay)
{ ......
    for(;Delay>0;Delay--)
    ......
}
void main()
{ ......
    mDelay(1000);
    ......
}
```

本程序中使用了两个函数，下面对函数的功能作一个简介。

C 语言程序是由一个个函数构成的，函数是 C 程序的基本模块，是构成结构化程序的基本单元。

一个 C 语言程序是由一个 main()函数（又称主函数）和若干个其他函数组合而成的，且仅有一个 main()函数。

 注意

（1）C 语言程序最少可由一个函数组成，这个函数必须是 main()函数。

（2）C 语言程序总是从 main()函数开始执行，结束也是在 main()函数。

1. 函数的分类和定义

在 C 语言中，从用户使用的角度，函数可以分为两类：一类是标准函数，是系统提供的库函数，用户可直接使用；另一类是用户自定义函数，由用户根据问题需要自己定义，以解决用户的特定问题。

从函数定义的形式上划分，函数有 3 种形式：无参函数、有参函数和空函数。函数定义的一般形式：

```
函数类型说明符    函数名([形式参数表])
{
    函数体
}
```

其中，函数类型说明符说明了自定义函数返回值的类型，函数类型说明符和形式参数的数据类型可为 C51 的基本数据类型。函数体为实现函数功能的一组语句，并包括在一对花括号{}中，方括号[]代表可选。函数名后括号中有形式参数的函数称为有参函数，没有形式参数的函数称为无参函数。

以下针对无参函数、有参函数进行的简要介绍：

（1）无参函数

无参函数的定义形式为：

函数类型说明符 函数名( ) {函数体语句}

例如：void main(){…}就是一个无参函数。注意：函数名后面的括号不能省略。

（2）有参函数

有参函数的定义形式为：

函数类型说明符 函数名(形式参数表) {函数体语句}

例如：void mDelay(unsigned int Delay){…}就是一个有参函数。

2. 函数的调用

函数的调用就是在一个函数体中调用另外一个已经定义的函数，前者称为主调函数，后者称为被调函数。函数调用的一般形式如下：

函数名(实参列表);

其中，实参是有确定值的变量或表达式，各参数间用逗号分开。定义函数时，写在函数名括号中的称为形式参数，而在实际调用函数时写在函数名括号中的称为实际参数。

（1）函数调用说明

① 在实参表中，实参的个数与顺序必须和形参的个数与顺序相同，实参的数据类型必须和对应的形参数据类型相同。

② 若为无参数调用，则调用时函数名后的括号不能省略。

③ 函数间可以互相调用，但不能调用 main() 函数。

如下面一段程序：

```
void mDelay(unsigned int Delay)
{ ……
    for(;Delay>0;Delay--)
    ……
}
```

函数中的 Delay 就是一个形式参数，而在函数调用时：

```
mDelay(1000);
```

1000 就是一个实际参数，在执行函数时，该值被传递到函数内部。

（2）函数的3种调用方式

在 C 语言中，按照在主调函数中出现的位置，可以将函数调用分为 3 种方式。

① 函数语句。把函数调用作为主调函数的一条语句，即函数名(); 如：delay10ms();。

② 函数表达式。函数出现在一个表达式中，要求函数返回一个确定的值，来参加表达式的运算。如：result=3*max(a,b);。

③ 函数参数。被调用的函数作为一个函数的实参。如：m=max(max(a,b),c);。

（3）一个函数调用另一个函数必须具备的条件。

① 被调用的函数必须是已经存在的函数，否则就会出现语法错误。在程序的开头，要对程序中用到的函数进行统一的说明，然后再分别定义有关函数。

② 如果使用库函数，一般还需要在文件开头用#include 命令将调用库函数所需的有关信息包含到本文件中，如：#include <reg52.h>。

③ 如果使用用户自定义的函数，且该函数与调用它的函数（主调函数）在同一个文件中，一般应在主调函数中对被调函数作声明，除非被调函数的定义在主调函数之前。如果不是在本文件中定义的函数，那么在程序开头要用 extern 修饰符进行函数原型说明。

3．函数的返回值

在 C 语言中，一般使用 return 语句由被调函数向主调函数返回值，该语句有下列用途。

（1）它能立即从所在的函数中退出，返回到调用它的函数中去。

（2）返回一个值给调用它的函数。

返回语句一般有以下 3 种形式：

```
return;
return 表达式;
return(表达式);
```

函数可以返回一个值，也可以什么值也不返回。

如果函数要返回一个值，在定义函数时要定义这个值的数据类型，如果在定义函数时没有定义返回值的类型，系统默认返回一个 int 型的值。

如果明确地知道一个函数将没有返回值，可以将其定义为 void 型，这样，如果在调用函数时错误地使用了"变量名＝函数名"的方式来调用函数，编译器能发现这一错误并指出。

【技能训练 3-2】使用 74LS47 实现 0～99 计数显示

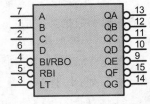

图3-14 74LS47逻辑图

1．认识 74LS47

74LS47 是由与非门、输入缓冲器和 7 个与或非门组成的 BCD-7 段数码管译码器/驱动器，是输出低电平有效的七段字形译码器，如图 3-14 所示。74LS47 能将 4 位二—十进制编码（BCD 码）转化成七段字形码，然后去驱动一个七段显示器。也就是说，74LS47 可以直接把数字转换为数码管的显示，从而简化程序，降低单片机的 I/O 开销。

（1）输入/输出引脚

4 位二—十进制编码（BCD 码）从 A、B、C 和 D 引脚输入，译码成七段字形码，从 QA、QB、QC、QD、QE、QF 和 QG 引脚输出。74LS47 输出与输入代码之间有唯一的对应关系。

在正常操作时，当输入 DCBA=0010 时，输出 abcdefg=0010010，显示器显示"2"；当输入 DCBA=0110 时，输出 abcdeg=1100000，显示器显示"6"。

（2）控制引脚

74LS47 有 LT、RBI 与 BI/RBO 等控制引脚，其功能分别如下所述。

① LT：试灯输入，为了检查数码管各段能否正常发光而设置。当 LT=0 时，无论输入 A、B、C 和 D 为何种状态，译码器的输出均为低电平，若驱动的数码管正常，则显示 8。

② BI：灭灯输入，为控制多位数码显示的灭灯而设置的。当 BI=0 时，不论 LT 和输入 A、B、C 和 D 为何种状态，译码器的输出均为高电平，使共阳极 7 段数码管熄灭。

③ RBI：灭零输入，是为不希望显示 0 而设定的。当对每一位输入 A=B=C=D=0 时，本应显示 0，但是在 RBI=0 的作用下，译码器输出全 1。其结果和加入灭灯输入的结果一样，将灯熄灭。

④ RBO：灭零输出，和灭灯输入 BI 共用一端，两者配合使用，可以实现多位数码显示的灭零控制。

2．0～99 计数显示电路设计

在任务 8 的 0～99 计数显示电路中，两个数码管分别占用了 P0 口和 P2 口。在这里，显示电路采用硬件译码输出字形码来控制显示内容，数码管是共阳极数码管，七段字形译码器用的是 74LS47，LT、RBI 与 BI/RBO 为无效，全部接高电平。电路设计如图 3-15 所示。

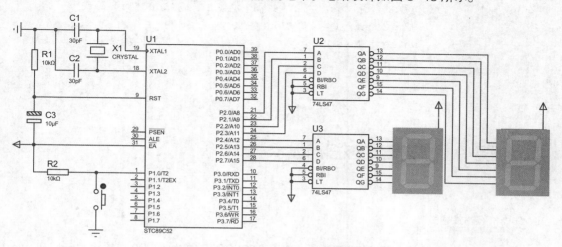

图3-15　用74LS47实现0～99计数显示电路

3. 0～99 计数显示 C 语言程序

在这里，不需要定义 0～9 十个数字的段码表，使用 74LS47 实现 0～99 计数显示的程序如下：

```c
#include <reg52.h>
unsigned char Count;
sbit KEY=P1^0;
void delay10ms(void)
{
    unsigned char i,j;
    for(i=20;i>0;i--)
        for(j=248;j>0;j--);
}
void main(void)
{
    Count=0;                    //计数器初始为 0
    P2=0x0;                     //十位、个位数码管显示 0
    while(1)                    //按键扫描，计数显示处理
    {
        if(KEY==0)              //判断计数按键是否按下
        {
            delay10ms();        //延时去抖动
            if(KEY==0)          //再确定计数按键是否按下
            {
                Count++;        //计数器加 1
                if(Count==100)  //判断计数器是否超过 99
                {
```

```
                        Count=0;
                }
        /*十位数 BCD 码(Count/10<<4)和个位数 BCD 码(Count%10)相或*/
                P2=(Count/10<<4)|(Count%10);
                while(KEY==0);                    //等待计数按键释放
        }
    }
  }
}
```

3.4 任务 9 数码管动态扫描显示

工作任务

显示器由 6 个共阴极 LED 数码管构成，使用 STC89C52 单片机，P0 口输出显示段码，经由一片 74LS245 驱动输出给 LED 数码管，P1 口输出位码（片选）给 LED 数码管。通过动态扫描程序使 6 个数码管显示"123456"。

3.4.1 数码管动态扫描显示电路设计

1. 数码管动态扫描显示电路的设计方法

在多位 LED 显示时，为了降低成本和功耗，会采用动态扫描显示方式实现。数码管动态扫描显示电路的设计方法如下：

（1）将数码管所有位的相同段选端都并接起来，由一个 8 位 I/O 端口控制（在本任务中采用的是 P0 口）。

（2）各位数码管的公共端（COM 端）用作位选端，分别接另一个 I/O 端口的 I/O 引脚（在本任务中采用的是 P1 口）。

数码管动态扫描显示电路的段选端是并接的（公用的），并由"位选端"分别控制各数码管进行显示。

与静态显示方式相比，当显示位数较多时，采用动态扫描方式可以节省 I/O 端口资源，硬件电路实现也较简单；但其稳定性不如静态显示方式；由于 CPU 要轮番扫描，将占用更多的 CPU 时间。

2. 数码管动态扫描显示电路设计

按照任务要求，数码管动态扫描显示电路由单片机最小应用系统、6 位数码管和一片 74LS245 驱动芯片构成。P0 口输出段码，P0 口的 P0.0～P0.6 通过一片 74LS245 依次接段码口 a～g；P1 口输出位码，P1 口的 P1.0～P1.5 依次接位码口 1～6。数码管动态显示电路设计如图 3-16 所示。

运行 Proteus 软件，新建"数码管动态扫描显示"设计文件，按图 3-16 所示放置并编辑 STC89C52、CRYSTAL、CAP、CAP-ELEC、RES、74LS245 和 7SEG-MPXG-CC 等元器件，完成数码管动态显示电路设计后，进行电气规则检测。

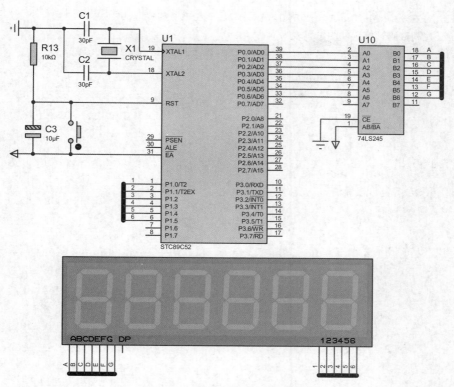

图3-16　多个数码管动态显示电路

3.4.2　数码管动态显示程序设计

1. 数码管动态显示功能实现分析

由于段选端是公用的，要让各位数码管显示不同的字符，就必须采用扫描方式，即动态扫描显示方式。

动态扫描是采用分时的方法，轮流点亮各位数码管的显示方式。它在某一时间段，只让其中一位数码管的位选端（COM 端）有效，并送出相应的段码。数码管动态扫描过程如下。

（1）首先从段选线上送出段码，再控制位选端，字符就显示在指定数码管上。其他数码管的位选端都无效，数码管处于熄灭状态。持续 1.5ms 时间，然后关闭所有显示。

（2）接下来又送出新的段码，按照上述过程显示在另外一位数码管上，直到每一位数码管都扫描完。

数码管动态扫描显示其实就是轮流依次点亮，但由于人眼存在视觉驻留效应，因此当每个数码管点亮的时间小到一定程度时，人眼就感觉不出字符的移动或闪烁，觉得每位数码管都一直在显示，达到一种稳定的视觉效果。

2. 数码管动态扫描显示程序设计

实现多位数码管动态显示的 C 语言程序如下：

```c
#include <reg52.h>                //包含 reg52.h 头文件
/*定义 0～9 十个数字的段码表*/
unsigned char code Tab[]=
```

```
{0x3F,0x06,0x5B,0x4F,0x66,0x6D,0x7D,0x07,0x7F,0x6F};
/*定义控制数码管位选端的位码表*/
unsigned char code Col[]={0xfe,0xfd,0xfb,0xf7,0xef,0xdf};
void Delay()
{
    unsigned char i;
    for(i=0;i<250;i++);
}
void main()                            // 同时显示123456
{
unsigned char j;
    while(1)
    {
        for(j=1;j<7;j++)
        {
            P0=Tab[j];
            P1=Col[j-1];               //开（共阴）数码管
            Delay();
            P1=0xff;                   //关数码管
            Delay();
        }
    }
}
```

数码管动态扫描显示程序设计好以后，打开"数码管动态扫描显示"Proteus 电路，加载"数码管动态扫描显示.hex"文件，进行仿真运行，观察数码管的显示规律，是否与设计要求相符。

3.4.3　C 语言数组

在数码管分别采用静态显示和动态扫描显示的任务中，都定义了 0~9 十个数字的段码表，代码如下：

```
unsigned char code table[]=
{0x3f,0x06,0x5b,0x4f,0x66,0x6d,0x7d,0x07,0x7f,0x6f};
```

在动态扫描显示中，还定义了控制数码管位选端的位码表，代码如下：

```
unsigned char code Col[]={0xfe,0xfd,0xfb,0xf7,0xef,0xdf};
```

在这里，用到了一个新的知识点，即数组。

数组是 C51 的一种构造数据类型，必须由具有相同数据类型的元素构成，这些数据的类型就是数组的基本类型，如数组中的所有元素都是整型，则该数组称为整型数组；如所有元素都是字符型，则该数组称为字符型数组。

数组有一维数组、二维数组等，常用的是一维数组、二维数组和字符数组。

1.　一维数组

（1）一维数组的定义方式。在 C 语言中，数组必须先定义后使用。一维数组的定义方式为：

```
类型说明符　数组名[常量表达式];
```

类型说明符是任一种标准数据类型或构造数据类型，是数组中各个元素的数据类型。数组名是用户定义的数组标识符。方括号中的常量表达式表示数组元素的个数，也称为数组的长度。例如：

```
int a[9];            //定义整型数组 a，有 9 个元素，下标从 0 到 8
float b[5];          //定义实型数组 b，有 5 个元素，下标从 0 到 4
char ch[10];         //定义字符数组 ch，有 10 个元素，下标从 0 到 9
```

定义数组时，务必注意以下几点。

① 数组的类型是指构成数组的元素的类型。对于同一个数组，其所有元素的数据类型都是相同的。

② 数组名的书写规则应符合标识符的命名规则，并且不能与其他变量同名。

③ 常量表达式可以是符号常量或常量表达式，但是不能包含变量，即不能对数组的大小做动态定义。

以下的定义是合法的：

```
#define N 6
......
int a[3+6],b[3+N];
```

但以下的定义却是非法的：

```
int x;
scanf("%d",&x);
int a[x];
```

（2）一维数组元素的引用。定义好数组后，引用数组元素的一般形式为：

数组名[下标]

下标表示了元素在数组中的顺序号，又称为下标变量。一维数组元素的引用说明如下所述。

① 通常下标只能为整型常量或整型表达式，例如：

```
int x[9],i=3,j=4;
```

则 x[0]、x[i+j]、x[i++]分别代表数组的第 0、第 7 和第 3 个元素。

② 如果下标是实数，C 编译器自动将它转换为整型，即舍弃小数部分。

③ C 语言规定不能一次引用整个数组，只能逐个引用数组元素。例如，输出有 9 个元素的数组，必须使用循环语句逐个输出各个数组元素：

```
for(i=0; i<9; i++)
printf("%d",x[i]);
```

而不能用一个语句输出整个数组。例如，下面的写法是错误的：

```
printf("%d",x);
```

（3）一维数组的初始化。在定义数组时，可以对数组进行初始化，即赋予初值，可以采用以下方法来实现。

① 在定义数组时，对数组的全部元素赋予初值。例如：

```
int a[5]={1,2,3,4,5};
```

② 只对数组的部分元素赋初值。例如：

```
int a[5]={1,2};
```

上面定义的 a 数组共有 5 个元素，但只对前两个赋初值，因此 a[0]和 a[1]的值是 1、2，而后面 3 个元素的值全是 0。

③ 在定义数组时未赋初值，则数组元素值均被初始化为 0。

④ 在定义时，可以不指明数组元素的个数，而根据赋值部分由编译器自动确定。例如：

```
uchar  BitTab[]={0x7F,0xBF,0xDF,0xEF,0xF7,0xFB};
```

相当于定义了 BitTab[6]这样一个数组。

（4）可以为数组指定存储空间。未指定空间时，是将数组定义在内部 RAM 中；指定空间时，可以用 code 关键字将数组元素定义在 ROM 中。例如：

```
uchar code BitTab[]={0x7F,0xBF,0xDF,0xEF,0xF7,0xFB};
```

可以看出，使用 code 关键字后系统占用的 RAM 数减少了，这种方式用于编程中不需要改变内容的场合，如显示数码管的字形码等。

例如：在前面的静态显示和动态扫描显示中，都用到了 code 关键字，因为 0~9 十个数字的段码和数码管位选端的位码，在程序中都不需要改变内容。

（5）C 语言并不对越界使用数组进行检测。

例如，在上例中数组长度是 6，其元素应该是 BitTab[0]~BitTab[5]，但如果你在程序中写了 BitTab[6]，编译器并不会认为这有语法错误，也不会给出警告（其他语言如 VB 等则有严格的规定，将视这种情况为语法错误）。因此，编程者必须确认这是否是你需要的结果。

2. 二维数组

（1）二维数组定义的一般形式是：

```
类型说明符 数组名[常量表达式1][常量表达式2];
```

其中，常量表达式 1 表示第一维（行）下标的长度，常量表达式 2 表示第二维（列）下标的长度。例如：

```
int table[3][4];
```

定义 table 为一个 3 行 4 列的整型数组，该数组的数组元素共有 3×4=12 个。在 C 语言中，二维数组是按行存储的。即先存放第 0 行，再存放第 1 行，最后存放第 2 行。

（2）二维数组元素的引用形式为：

```
数组名[下标1][下标2]
```

其中，下标的规定和一维数组的规定相同，即下标一般为整型常量或整型表达式，若为实型变量时，要先进行类型转换。例如：

```
int  table[4][5];
```

table[3][4]表示是 table 数组第 3 行第 4 列的元素。

（3）二维数组初始化与一维数组类似。可以按行分别赋值，也可以按行连续赋值。

① 按行分别给二维数组赋初值。例如：

```
int table[4][3]={{1, 2, 3},{4, 5, 6},{7, 8, 9},{10, 11, 12}};
```

这种方法是用第 1 个花括号内的数给第 1 行元素赋值，用第 2 个花括号内的数给第 2 行元素赋值，依次类推，即按行赋值。

② 按行连续赋值。例如：

```
int table[4][3]={ 1, 2, 3, 4, 5, 6, 7, 8, 9, 10, 11, 12};
```

这两种赋初值方法的效果相同，但比较起来，第 1 种方法更好，界限清楚、直观；第 2 种方法如果数据很多就容易遗漏，不易检查。

3. 字符数组

用来存放字符的数组称为字符数组。字符数组的定义、初始化、元素的引用等与前面提到的方法是一样的，这里不再赘述。

C 语言允许用字符串的方式对数组进行初始化赋值。例如：

```
char ch[]={'C',' ','p','r','o','g','r','a','m'};
```

可写为：

```
char ch[]={"C program"};
```

或写为：

```
char ch[]="C program";
```

用字符串方式赋值比用字符逐个赋值要多占一个字节，用于存放字符串结束标志'\0'。

3.4.4 C51 中的位操作

在对单片机进行编程时，对位的操作是经常遇到的。C51 对位的操控能力非常强大。在前面的任务中，大量使用了位操作，例如：

```
while(KEY==0);                  //等待计数按键释放
/*十位数 BCD 码先左移 4 位(Count/10<<4)，然后再和个位数 BCD 码(Count%10)相或*/
P2=(Count/10<<4)|(Count%10);
```

在这里，我们主要介绍 C51 中的位操作及其应用。C51 提供的位操作运算符如表 3-3 所示。

表 3-3 位操作运算符

运算符	名称	优先级	运算符	名称	优先级
~	按位取反	2	&	按位与	8
<<	左移	5	^	按位异或	9
>>	右移	5	|	按位或	10

1. 按位取反 "~"

按位取反 "~" 运算符为单目运算符，即它的操作数只有一个，功能就是对操作数按位取反。按位取反运算规则：~1=0；~0=1。

例如在任务 4 中，将 temp 值取反后送入 P1 口的代码：

```
temp = 0x01;            //第一位为 1，即初始控制码为 0x01
……
P1 = ~ temp;            //temp 值按位取反后送 P1 口，0x01 取反后的值为 0xfe
```

假如在任务 7 的共阴极数码管循环显示 "0~9" 程序中，使用共阳极数码管定义 0~9 十个数字的段码，该如何实现呢？

由于共阴极和共阳极的段是反相的（即反码），可以使用按位取反 "~" 运算符来实现，代码如下：

```
unsigned char code tab[]={0xC0,0xF9,0xA4,0xB0,0x99,0x92,0x82,0xF8,0x80,
0x90};                //共阳极数码管 0~9 十个数字的段码
……
while(1)
{
for(k=0;k<10;k++)
    {
        P2 = ~tab[k];  //如："0"的段码 0xC0 取反后，即为共阴极数码管的段码 0x3F
        Delay();
```

```
        }
    }
```

2. 左移 "<<"

左移 "<<" 运算符用来将一个数的各位全部向左移若干位，最高若干位移出，最低若干位补 0。例如：

```
temp=0xf5;        //即 temp=0b1111_0101
temp= temp<<1;    //将 temp 的各位左移 1 位，最低 1 位补 0，得到 temp=0b1110_1010
```

又如：

```
a=0x22;           //即 a=0b0010_0010
a=a<<2;           //将 a 的各位左移 2 位，最低 2 位补 0，得到 0b1000_1000=0x88
```

可以看出，a 左移 2 位后，由 0x22 变为 0x88 了，是原来的 4 倍。若左移 1 位，就为 0b01000100，即 0x44，是原来的 2 倍。由此可见，左移 n 位，等于乘以 2^n。

3. 右移 ">>"

右移 ">>" 运算符用来将一个数的各位全部向右移若干位，最高若干位补 0，最低若干位移出。例如：

```
x=0x48;           //即 x=0b0100_1000
x=x>>1;           //将 x 的各位右移 1 位，最高 1 位补 0，得到 0b0010_0100=0x24
```

可以看出，右移与左移相似，只是移动的方向不同。右移 1 位相当于除以 2，右移 n 位，相当于除以 2^n。

4. 按位与 "&"

按位与 "&" 运算符是将参加运算的两个数据按二进制位进行 "与" 运算（即按位与）。

按位与运算规则：1&1=1，1&0=0，0&1=0，0&0=0。

例如：

```
x=0xe7;           //即 x=0b1110_0111
y=0x36;           //即 y=0b0011_0110
temp=x&y;         //得到 temp=0b0010_0110=0x26
```

在单片机的实际应用中，按位与 "&" 运算经常被用于实现一些特定的功能。

（1）位清零

按位与 "&" 运算常用来对变量中的某一位或某几位清零。例如对无符号字符类型 temp 的 bit5、bit2 和 bit1 三位清零，其他位保持不变，代码如下：

```
temp=0xfe;            //即 temp =0b1110_1110
temp= temp&0xd9;      //即 0b1110_1110&0x1101_1001，得到 temp=0b1100_1000=0xc8
```

其中，0xd9 的 bit5、bit2 和 bit1 都是 "0"，其他位都是 "1"，通过按位与运算使得 bit5、bit2 和 bit1 这三位清零，其他位保持不变。又如：

```
a=0xfe;              //a=0b1111_1110
a=a&0x55;            //a=0b0101_0100
```

以上代码使得变量 a 的 bit1、bit3、bit5 和 bit7 被清零，其他位保持不变。

（2）位检测

若想知道一个变量中某一位是 "1" 还是 "0"，可以通过按位与 "&" 运算，对变量中的该位进行检测。例如，对无符号字符类型 temp 的 bit4 位的值进行检测，代码如下：

```
while(temp&0x10) {……} //bit4=1, temp&0x10=0x10; bit4=0, temp&0x10=0x00;
```

假如 KEY0 和 KEY1 按键分别接 P1.0 和 P1.1 引脚，LED0 和 LED1 分别接 P2.0 和 P2.1 引脚。按下 KEY0，LED0 点亮，LED1 熄灭；按下 KEY1，LED1 点亮，LED0 熄灭。部分代码如下：

```
sbit  LED0= P2^0;
sbit  LED1= P2^1;
if(P1&0x01==0) { LED0=1; LED1=0;}   //如果 KEY0 键按下，LED0 点亮，LED1 熄灭
if(P1&0x02==0) { LED0=0; LED1=1;}   //如果 KEY1 键按下，LED0 熄灭，LED1 点亮
```

（3）屏蔽和保留变量的某些位

在单片机应用中，我们经常需要对变量的某些位进行屏蔽和保留操作。例如，对变量 temp 高四位清零、保留低四位，代码如下：

```
temp=0x77;          //temp=0b0111_0111
temp=temp&0x0f;     //temp=0b0000_0111=0x07
```

5. 按位异或 "^"

按位异或 "^" 运算符是将参加运算的两个数据按二进制位进行 "异或" 运算（即按位异或）。按位异或运算规则：1^1=0，1^0=1，0^1=1，0^0=0。即相同为 0，不同为 1。

例如：

```
a=0x55^0x3f;   //a=(0b0101_0101)^(0b0011_1111)=(0b0110_1010)=0x6a
```

可以看出，当一个位与 1 进行异或运算时，此位被取反（也称为翻转），与 "0" 进行异或运算则保持不变。例如，对变量 temp 的低四位取反，高四位保持不变，代码如下：

```
temp=0x89;          //temp=0b1000_1001
temp=temp^0x0f;     //temp=0b1000_0110
```

6. 按位或 "|"

按位或 "|" 运算符是将参加运算的两个数据按二进制位进行 "或" 运算（即按位或）。

按位或运算规则：1|1=1，1|0=1，0|1=1，0|0=0。也就是说，与 1 相或结果为 1，与 0 相或保持不变。

例如：

```
a=0x30|0x0f;    //a=(0b00110000)|(0b00001111)=(0b00111111)=0x3f
```

在单片机应用中，经常用到 "按位或" 对变量的某些位进行置位（即置 1），例如对 temp 的低四位进行置位，高四位保持不变，代码如下：

```
temp=0x54;          //temp=0b0101_0100
temp= temp|0x0f;    //temp=0b0101_1111
```

注意

（1）取反 "~"、与 "&" 和或 "|" 是按位来操作的；

（2）逻辑非 "!"、逻辑与 "&&" 和逻辑或 "||" 是对关系表达式或逻辑量进行操作的。

关键知识点小结

1. 数码管

数码管可以分为共阴极和共阳极两种结构。数码管内部没有电阻，在使用时需外接限流电阻。要让数码管上显示某个字符，必须在它的 8 位段选线上加上相应的电平组合，即一个 8 位数据，这个数据就是字符的字符编码（在 C51 编程时也称为段码）。

单个数码管可以采用静态显示，两位以上的数码管有动态扫描显示和静态显示两种方法。当

显示位数较多时，采用动态扫描方式可以节省 I/O 端口资源，硬件电路也较简单，但其稳定性不如静态显示方式，并且，由于 CPU 要轮番扫描，占用的 CPU 时间会更多。若显示位数较少，采用静态显示方式更加简洁。

2. 选择结构程序控制语句

（1）if 语句。用 if 语句可构成分支结构。分支结构又称选择结构，它体现了程序的判断能力。分支结构根据程序的判断结果，来确定某些操作是执行还是不执行，或者从多个操作中选择一个来执行。有单分支、双分支和多分支几种结构。if 语句可以嵌套使用，但要注意 else 语句总是与它上面的最近的 if 语句配对。

（2）switch 语句。当程序中有多个分支时，可以使用 if 嵌套实现，但是当分支较多时，则嵌套的 if 语句层数较多，程序冗长且可读性降低。C 语言提供了 switch 语句来处理多分支选择。执行完一个 case 后面的语句后，并不会自动跳出 switch，转去执行其后面的语句，因此通常在每一段 case 的结束加入 "break;" 语句，使程序能退出 switch 结构，即终止 switch 语句的执行。

3. 循环结构程序控制语句

C 语言中有 3 种循环控制语句：while 语句、do-while 语句、for 语句。其中，for 语句使用最为灵活，for 语句的典型应用形式：for(循环变量初值;循环条件;循环变量增值) 语句。

4. 数组

数组由具有相同数据类型的元素构成，数据的类型就是数组的基本类型。数组必须要先定义后使用。常见的数组是一维数组、二维数组和字符数组。

5. 函数

C 语言程序是由一个个函数构成的，一个 C 语言源程序至少包含一个函数，且仅有一个主函数 main()。C 语言总是从 main()函数开始执行，结束也是在 main()函数。从函数定义的形式上划分，函数有 3 种形式：无参函数、有参函数和空函数。

 问题与讨论

3-1 填空题

（1）_____语句一般用于单一条件或分支数目较少的场合，如果编写超过 3 个以上分支的程序，可用多分支选择的_____语句。

（2）下面的循环执行了_____次空语句。

```
i=4;
while(i!=0);
```

（3）下面的延时函数 delay()执行了_____次空语句。

```
void delay(void)
{
    int i;
    for(i=0;i<1000;i++);
}
```

（4）C 语言中的字符串总是以_____作为串的结束符，通常用字符数组来存放。

（5）共阴极数码管的段码和共阳极数码管的段码是_____的。

（6）要把数码管显示 0~9 十个数字的段码表定义在程序存储器中，需使用关键字_____。

（7）数码管按显示过程分为_____显示和_____显示两种。

（8）共阳极 8 段数码管显示字符"0"的段代码是_____

3-2　选择题

（1）一只共阴极数码管的 a 端为字形代码的最低位，若需显示数字 1，则它的字形编码应为（　　）。

    A．06H　　　　　　B．F9H　　　　　　　C．30H　　　　　　　D．CFH

（2）哪种显示方式编程较简单，但是占用 I/O 端口线多，其一般使用于显示位数较少的场合？（　　）

    A．静态　　　　　B．动态　　　　　　C．静态和动态　　　　D．查询

（3）在 C 语言的 if 语句中，用作判断的表达式为（　　）。

    A．关系表达式　　B．逻辑表达式　　　C．算术表达式　　　　D．任意表达式

（4）在 C 语言中，当 do-while 语句中的条件为（　　）时，结束循环。

    A．0　　　　　　B．flase　　　　　　C．true　　　　　　　D．非 0

（5）下面的 while 循环执行了（　　）次空语句。

```
While(i=5);
```

    A．无限次　　　　B．0 次　　　　　　C．5 次　　　　　　　D．4 次

（6）下面是对一维数组 a 的初始化，其中不正确的是（　　）。

    A．char a[8]={"good"};　　　　　　B．char a[8]={'g','o','o','d'};

    C．char a[8]= ' ';　　　　　　　　D．char a[8]= "hello";

（7）在 C 语言中，引用数组元素时，其下标的数据类型允许是（　　）。

    A．整型常量　　　　　　　　　　　B．整型表达式

    C．整型常量或整型表达式　　　　　D．任何类型的表达式

（8）以下描述正确的是（　　）。

    A．continue 语句的作用是结束整个循环的执行

    B．只能在循环体内和 switch 语句体内使用 break 语句

    C．在循环体内使用 break 语句或 continue 语句的作用相同

    D．以上 3 种描述都不正确

3-3　使用一维数组表示字符串"I love my motherland!"（我爱我的祖国！）

3-4　LED 数码管有哪两种结构？是如何实现的？

3-5　请简要说明 LED 数码管静态显示和动态扫描显示的特点，实际设计时应如何选择？

3-6　动态扫描显示的过程是什么？

3-7　在用共阳极数码管显示的电路中，如果直接将共阳极数码管换成共阴极数码管，能否正常显示？为什么？应采取什么措施？

3-8　在任务 8 中，如果把计数按键改接到 P1.7，并要求实现 0~59 循环计数，程序应如何修改？

3-9　在任务 9 中，如果把数码管动态扫描显示程序的延时时间改为 1s，会出现什么情况？

3-10　如何设计 0~999 的计数器。

Chapter

4

项目四

键盘的设计与实现

项目导读

　　本项目从独立式和矩阵式键盘设计入手，首先让读者对键盘有一个初步了解；然后介绍键盘结构、电路设计和按键识别方法，并介绍中断方式矩阵式键盘电路和程序设计方法。通过独立式键盘焊接制作，读者将进一步了解键盘的应用。

知识目标	1. 了解独立式和矩阵式键盘结构，MCS-51 单片机中断系统； 2. 掌握键盘的接口电路和程序设计的方法； 3. 掌握中断系统的中断处理过程
技能目标	能完成独立式键盘电路设计与焊接制作，能应用 C 语言程序完成对键盘的按键识别程序设计，实现中断方式矩阵式键盘的设计、运行及调试
素养目标	引导读者在工作中保持严谨的工作作风，务实的工作态度，提升读者的职业素养和职业道德
教学重点	1. 独立式和矩阵式键盘电路设计的方法； 2. 按键延时去抖和按键识别的方法； 3. 和中断有关的 4 个特殊功能寄存器应用
教学难点	矩阵式键盘扫描程序设计和外部中断服务程序设计
建议学时	8 学时
推荐教学方法	从任务入手，通过键盘的设计，让读者了解单片机的键盘结构，进而通过独立式键盘焊接制作、矩阵式键盘和中断方式矩阵式键盘设计，熟悉单片机键盘和中断系统的应用
推荐学习方法	勤学勤练、动手操作是学好键盘设计的关键，动手完成一个独立式键盘焊接制作，通过"边做边学"达到学习的目的

4.1　任务 10　独立式键盘设计与实现

工作任务

　　使用 STC89C52 单片机，设计一个具有 8 个按键的独立式键盘，每个按键对应一个 LED。功能要求：无键按下时，键盘输出全为"1"，LED 全部熄灭；有键按下时，其所对应 LED 点亮。

4.1.1　认识键盘

1. 键盘

　　键盘是单片机应用系统中人机交流不可缺少的输入设备，用于向单片机应用系统输入数据或控制信息。键盘由一组规则排列的按键开关组成，一个按键实际上是一个开关元件。机械触点式按键开关的主要功能是把机械上的通断转换为电气上的逻辑关系（1 和 0）。

2. 键盘分类

（1）按照结构原理分类

① 触点式开关按键，如机械式开关、导电橡胶式开关等。

② 无触点开关按键，如电气式按键、磁感应按键等。

前者造价低，后者寿命长。这里主要介绍单片机中常用的触点式开关按键。

（2）按照接口原理分类

① 编码键盘

编码键盘主要使用硬件来实现对按键的识别，硬件结构复杂。

② 非编码键盘

非编码键盘主要是由软件来实现按键的定义与识别，硬件结构简单，软件编程量大。

这两类键盘的主要区别是识别键符及给出相应键码的方法。非编码键盘由于使用经济，较多应用于单片机应用系统中，以下重点介绍非编码键盘。

3. 常见键盘

常见的键盘种类有两种：独立式键盘和矩阵式键盘。

（1）独立式键盘的结构简单，但占用的资源多。

（2）矩阵式键盘的结构相对复杂，但占用的资源较少。

因此，当单片机应用系统中只需少数几个功能键时，可以采用独立式键盘结构；当需要较多按键时，则可以采用矩阵式键盘结构。

4.1.2 独立式键盘电路设计

按照任务要求，独立式键盘电路由单片机最小系统、8 个按键电路和 8 个 LED 电路构成。独立式键盘电路如图 4-1 所示。

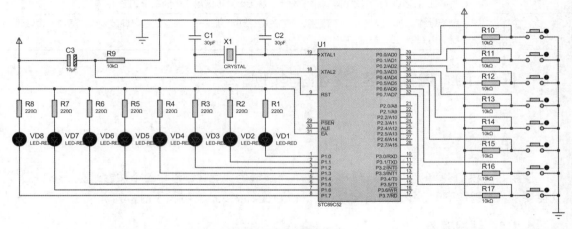

图4-1 独立式键盘电路

由图 4-1 可以看出，独立式键盘的特点是每个按键单独占用一根 I/O 口线，每个按键的工作不会影响其他 I/O 口线的状态。其中，上拉电阻保证了按键在断开时，I/O 口线有高电平。

运行 Proteus 软件，新建"独立式键盘"设计文件。按图 4-1 所示放置并编辑 STC89C52、CRYSTAL、CAP、CAP-ELEC、RES、LED-RED 和 BUTTON 等元器件。完成独立式键盘电路设计后，进行电气规则检测。

4.1.3 独立式键盘程序设计

1. 独立式键盘功能实现分析

独立式键盘的每个按键的一端与 P0 口的一个引脚相连，另一端接地。当无键按下时，P0的 8 个 I/O 口均通过电阻接高电平，信息为"1"；如果有键按下，将使对应的 I/O 口通过该键接地，信息为"0"。因此，CPU 通过检测 P0 的 8 个 I/O 口线哪个是"0"，就可以知道是否有键按下，并能识别出是哪一个键按下。我们还要注意按键去抖的问题，在后面会有详细介绍。

当 CPU 识别了被按下的按键后，就可以通过 P1 口输出，点亮对应的 LED。由于 LED 阳极接高电平，在其阴极所接的端口输出"0"时，LED 被点亮，反之熄灭。

当有 1 个按键被按下时，对应的 LED 会被点亮；当有 2 个或 2 个以上的按键同时被按下时，不会点亮 2 个或 2 个以上的 LED。请分析以下程序，看看是如何实现的。

2. 独立式键盘程序

```
#include <reg52.h>        //包含 reg52.h 头文件
void delay10ms(void)      //10ms 延时子程序
{
    unsigned char i,j;
    for(i=20;i>0;i--)
        for(j=248;j>0;j--);
}
void main()               //主函数
{
    unsigned char x;
    P0=0xff;              //P0 口作为输出口，置全 1
    x=0;
    while(1)
    {
        while(x==0)       //循环判断是否有键按下
        {
            x=P0;         //读键盘状态
            x=~x;         //键盘状态取反
        }
        delay10ms ();        //延时 10ms 去抖动
        x=P0;                //再次读键盘状态
        x=~x;                //键盘状态取反
        if (x==0) continue; //如果无键按下则认为是按键抖动，重新扫描键盘
        switch(x)            //根据键值点亮对应的发光二极管
        {
            case 0x01: P1=0xfe; break;    //点亮第一个发光二极管
            case 0x02: P1=0xfd; break;    //点亮第二个发光二极管
            case 0x04: P1=0xfb;  break;   //点亮第三个发光二极管
            case 0x08: P1=0xf7; break;    //点亮第四个发光二极管
            case 0x10: P1=0xef; break;    //点亮第五个发光二极管
            case 0x20: P1=0xdf; break;    //点亮第六个发光二极管
            case 0x40: P1=0xbf; break;    //点亮第七个发光二极管
            case 0x80: P1=0x7f; break;    //点亮第八个发光二极管
            default: break;
        }
    }
}
```

独立式键盘程序设计好以后，打开"独立式键盘"Proteus 电路，加载 "独立式键盘.hex"文件，进行仿真运行，观察独立式键盘是否与设计要求相符。如果在多键被按下时允许点亮对应的所有 LED，程序应如何修改呢？请读者自行思考。

4.1.4 独立式键盘电路焊接制作

根据图 4-1 所示电路图，在万能板上完成独立式键盘电路焊接制作，元器件清单如表 4-1 所示。

表 4-1　独立式键盘电路元件清单

元件名称	参数	数量	元件名称	参数	数量
单片机	STC89C52	1	轻微按键		9
晶振	11.0592 MHz	1	电阻	10 kΩ	9
瓷片电容	30pF	2	电阻	220Ω	8
电解电容	10μF	1	LED		8
IC 插座	DIP40	1			

1. 电路板焊接

参考独立式键盘电路，完成电路板焊接制作，焊接好的电路板如图 4-2 所示。

图4-2　独立式键盘焊接电路板

2. 硬件检测与调试

上电后，按下键盘任意一个按键，均能为对应 I/O 端口送入低电平，如果不能，则检测该按键对地是否断路。

3. 软件下载与调试

通过 stc-isp 下载软件把"独立式键盘.hex"文件烧入单片机芯片中，如果每按一个按键均能点亮对应的 LED，并且无键按下时，LED 全部熄灭，说明上面的焊接过程和程序均正常，否则需进行调试，直到功能实现。

4.1.5 键盘防抖动措施

机械式按键在按下或释放时，由于机械弹性作用的影响，通常伴随有一定时间的触点机械抖动，然后其触点才能稳定下来。抖动过程如图 4-3 所示，抖动时间的长短与开关的机械特性有关，一般为 5ms～10ms。

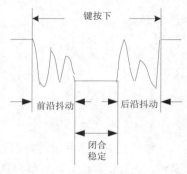

图4-3　按键触点的机械抖动

若有抖动，按键按下会被错误地认为是多次操作。为了避免 CPU 多次处理按键的一次闭合，应采取措施来消除抖动。消除抖动常用的方法有硬件去抖和软件去抖。在按键数较少时，可采用硬件去抖，而当按键数较多时，可采用软件去抖。

1. 硬件去抖

硬件去抖是一种采用硬件滤波的方法。在硬件上可采用在按键输出端加 R-S 触发器（双稳态触发器）或单稳态触发器来构成去抖动电路。如图 4-4 所示，是一种由 R-S 触发器构成的去抖动电路。

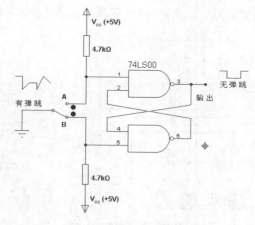

图4-4　双稳态去抖动电路

图 4-4 中用两个"与非"门构成一个 R-S 触发器。当按键未按下时，输出 1；当按键按下时，输出 0。此时，即使按键因弹性抖动而产生瞬时断开（抖动跳开 B），只要按键不返回原始状态 A，双稳态电路的状态就不会改变，输出一直保持 0，不会产生抖动的波形。也就是说，即使 B 点的电压波形是抖动的，但经双稳态电路后，其输出仍为正规的矩形波。这一点可以通过 R-S 触发器的工作过程分析得到验证。

2. 软件去抖

如果按键较多，常用软件方法去抖。在检测到有按键按下时，先执行一个 10ms 左右（具体时间应视所使用按键进行调整）的延时程序，再确认该按键的电平是否仍为保持闭合状态的电平，若为保持闭合状态的电平，则确认该按键处于闭合状态。同理，在检测到该按键释放后，也应采用相同的步骤进行确认，从而可消除抖动的影响。软件去抖的流程如图 4-5 所示。

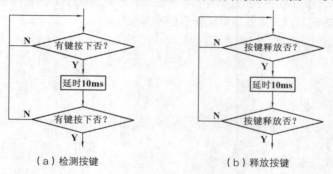

（a）检测按键　　　　（b）释放按键

图4-5　软件去抖流程

【技能训练 4-1】一键多功能按键识别设计与实现

前面介绍了按键如何识别和按键防抖的设计与实现，那么如何实现一键多功能按键识别呢？

1. 一键多功能按键识别电路设计

如图 4-6 所示，按键接在 P3.0 管脚上，在 STC89C52 单片机的 P1 端口接有 4 个发光二极管。上电的时候，接在 P1.0 管脚上的 D1 闪烁，当第一次按下按键的时候，接在 P1.1 管脚上的 D2 闪烁，再按下按键的时候，接在 P1.2 管脚上的 D3 闪烁，再按下按键的时候，接在 P1.3 管脚上的 D4 闪烁，再按下按键的时候，又轮到 D1 闪烁了，如此轮流下去。

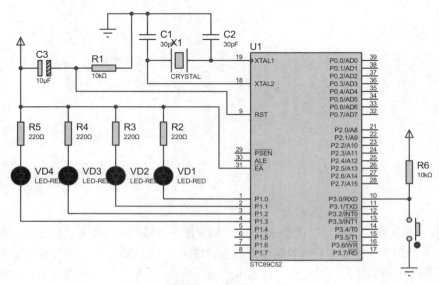

图4-6 一键多功能按键识别电路

2. 一键多功能按键识别程序设计

通过一个按键来识别不同的功能，可以给每个不同的功能模块一个不同的 ID 号加以标识。这样，每按下一次按键，ID 的值是不相同的，所以单片机很容易识别不同功能。

从上面的要求可以看出，D1 到 D4 发光二极管在每个时刻点亮的时间是受按键控制的，我们给 D1 到 D4 点亮的时段分别定义不同的 ID 号。在 D1 点亮时，ID = 0；在 D2 点亮时，ID = 1；在 D3 点亮时，ID = 2；在 D4 点亮时，ID = 3。很显然，只要每次按下按键时能给出不同的 ID 号，就可以完成上面的任务了。一键多功能按键识别程序如下：

```
#include <reg52.h>
unsigned char ID;
void delay10ms(void)
{
    unsigned char i,j;
    for(i=20;i>0;i--)
        for(j=248;j>0;j--);
}
void main(void)
```

```
{
while(1)
    {
    if(P3_0==0)
    {
        delay10ms();
        if(P3_0==0)
        {
            ID++;          //每按一次键，ID 号标识加 1
            if(ID==4)
            {
                ID=0;
            }
            while(P3_0==0);          //等待按键释放
        }
    }
    switch(ID)
    {
        case 0: P1=0x0e;break; //点亮 D1，熄灭其他 LED
        case 1: P1=0x0d;break; //点亮 D2，熄灭其他 LED
        case 2: P1=0x0b;break; //点亮 D3，熄灭其他 LED
        case 3: P1=0x07;break; //点亮 D4，熄灭其他 LED
    } //end switch
    } //end while
} //end main
```

4.2　任务 11　矩阵式键盘设计与实现

工作任务

　　使用 STC89C52 单片机，设计一个 4×4 矩阵式键盘，16 个键分别对应 0～9、A～F，有键按下时，数码管显示按下键的对应字符；无键按下时，数码管无显示。

4.2.1　矩阵式键盘的结构与原理

1. 矩阵式键盘的结构

　　在单片机应用系统中，若使用的按键较多时，通常采用矩阵式键盘。矩阵式键盘是由行线和列线组成的，按键位于行、列的交叉点上，其结构如图 4-7 所示。

　　由图 4-7 可知，一个 4×4 的行列结构，可以构成一个含有 16 个按键的键盘，节省了很多 I/O 口。按键开关的两端分别接行线和列线，列线通过上拉电阻接到+5V 的电源上。

　　在 P1 口输出 0x0f 时，若没有按键按下，行线处于高电平状态，列线处于低电平状态；若有按键按下，按键所在的行线和列线导通，此时的行线电平由与该行线相连的列线电平来决定。这是识别按键是否被按下的关键。

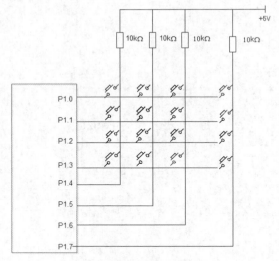

图4-7　矩阵式键盘的结构

2．判断按键按下的方法

判断是否有键按下的方法如下。

（1）向所有的行线输出高电平，向所有的列线输出低电平（不能为高电平，若为高电平，不论按键按下与否都不会引起行线电平的变化）。

（2）将所有行线的电平状态读入。

（3）判断所有行线是否都保持高电平状态。

若无键按下，所有的行线仍保持高电平状态；若有键按下，行线中至少应有一条为低电平。例如：在图 4-7 中，如果第 2 行与第 2 列交叉点的键被按下，则第 2 行与第 2 列导通，第 2 行电平被拉低，读入的行信号就为低电平，表示有键按下。

然而当第 2 行为低电平时，能否肯定认为是第 2 行第 2 列的键被按下呢？当然是不能的。因为第 2 行上的其他键被按下，同样会使第 2 行为低电平。因此，要具体判断是哪个键按下还要进行按键识别。

3．识别按键的方法

识别按键的方法很多，最常见的方法是按键识别的扫描方法，即往列线上按顺序一列一列地送出低电平。

（1）先送第 0 列为低电平，其他列为高电平，读入的行的电平状态就表明了第 0 列的 4 个键的情况，若读入的行值全为高电平，则表示无键按下。

（2）再送第 1 列为低电平，其他列为高电平，读入的行的电平状态则显示了第 1 列的 4 个键的情况，若读入的行值全为高电平，则表示无键按下。

（3）然后依次轮流给各列送出低电平，直至 4 列全部送完，再从第 0 列开始。依此循环。

采用键盘扫描，我们再来观察第 2 行与第 2 列交叉点的键按下时的判断过程。当第 2 列送出低电平时，读第 2 行为低电平，而其他列送出低电平时，读第 2 行却为高电平，由此即可断定按下的键应是第 2 行与第 2 列交叉点的键。

4. 按键编码

由于矩阵式键盘的按键较多,按键的位置又是由行号和列号唯一确定的,因此可以对按键进行编码,得到的编码称为键值。键值=列号+行号×4。例如:第 2 行与第 2 列交叉点的键的键值为 0AH(00001010b)。注意:行和列的编号都是从 0 开始,例如 4×4 键盘,行号为 0~3,列号为 0~3。

由以上分析,可以得到矩阵式键盘的编程方法:先判断是否有键按下,若有键按下再判断是哪一个按键按下,然后查表或计算得到键值,最后根据键值转向不同的功能程序。

4.2.2 矩阵式键盘电路设计

按照任务要求,矩阵式键盘电路由单片机最小系统、4×4 矩阵式键盘电路和 1 个共阴极 LED 数码管电路构成。矩阵式键盘电路如图 4-8 所示。P0 口的 P0.0~P0.3 接 4×4 矩阵式键盘的各行,P0.4~P0.7 接矩阵式键盘的各列,P1.0~P1.6 通过 74LS245 接数码管的段选端。

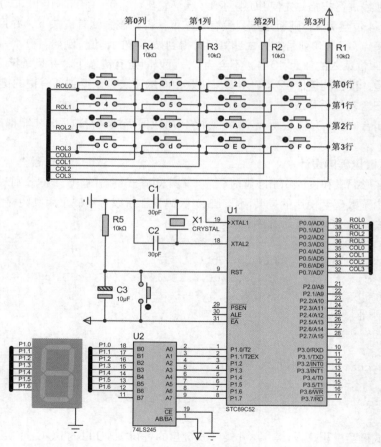

图4-8 矩阵式键盘电路

运行 Proteus 软件,新建“矩阵式键盘” 设计文件。按图 4-8 所示放置并编辑 STC89C52、CRYSTAL、CAP、CAP-ELEC、RES、74LS245、7SEG-COM-CATHODE 和 BUTTON 等元器件。完成矩阵式键盘电路设计后,进行电气规则检测。

4.2.3 矩阵式键盘程序设计

1. 矩阵式键盘扫描程序具体实现方法

按照任务的要求，程序设计的关键是设计键盘扫描程序。本任务采用常见的按键识别的扫描方法。键盘扫描程序包括以下内容。

（1）判断有无键按下

P0 口输出 0x0f，即 P0.4～P0.7 输出低电平、P0.0～P0.3 输出高电平；然后读 P0 口，若低 4 位 P0.0～P0.3 全为 1，则键盘上没有键按下，若 P0.0～P0.3 不全为 1，则有键按下。

（2）消除按键的抖动

当判断到有键按下后，先延时一段时间，再判断键盘的状态，若仍为有键按下状态，则认为有一个键按下，否则当作按键抖动来处理。

（3）求按键的键值

对键盘的列线进行扫描，先使 P0.4～P0.7 循环输出 1110、1101、1011 和 0111，然后依次读 P0 口，若低 4 位全为 1，则断定该列没有键按下，否则该列就有键按下，并且就是行线为 0，列线为 0 的交叉点，行号和列号按公式计算即可得到按下键的键值。例如：P0.4～P0.7 输出 1101 时，P0 口的低四位读入的值为 1011，不全为 1，可以断定有键按下，并且是第 2 行和第 1 列交叉点的键。于是，该键的键值=2×4+1=9。按照相同的方法可以得到所有键的键值。

（4）判断闭合键是否释放

由于按键闭合一次，只能进行一次功能操作。所以要等按键释放后，才能根据键号执行相应的功能键操作。

2. 矩阵式键盘程序设计

（1）定义字形码表和设计 10ms 延时程序。4×4 矩阵式键盘的 16 个键分别对应 0～9、A～F 十六个字符，由于数码管使用的是共阴极 LED 数码管，所以字形码采用共阴极字形码。定义字形码表和软件去抖的 10ms 延时程序如下：

```
#include <AT89X52.H>     //包含 AT89X52.H 头文件
/*定义 0～9,A～F 十六个字符的字形码表*/
unsigned char table[]={0x3F,0x06,0x5B,0x4F,0x66,0x6D,0x7D,0x07,
0x7F,0x6F,0x77,0x7C, 0x39,0x5E,0x79,0x71};
/*10ms 延时程序*/
void delay10ms(void)
{
unsigned char i,j;
    for(i=20;i>0;i--)
        for(j=248;j>0;j--);
}
```

（2）矩阵式键盘主程序设计。4×4 矩阵式键盘的各行接 P0 口的 P0.0～P0.3，各列接 P0 口的 P0.4～P0.7，P1 口的 P1.0～P1.7 接数码管的各段。矩阵式键盘主程序如下：

```
void main()
{
    unsigned char tmp,key;
```

```
    P1=0x00;                        //数码管初始状态：熄灭
    while(1)
    {
        while(tmp==0x0f)            //循环判断是否有键按下，若有键按下 f 值会变
        {
            P0=0x0f;                //列（高 4 位）输出低电平，行（低 4 位）输出高电平
            tmp=P0;                 //读取键盘的按键状态，主要是读行数据
        }
        delay10ms();                //延时 10ms 去抖
        P0=0x0f;                    //列输出低电平，行输出高电平
        tmp=P0;                     //再次读键盘状态
        if(tmp==0x0f) continue;     //无键按下是按键抖动造成的，跳过下面的语句重新扫描
                                    //键盘
        key=scan_key( );            //有键按下，调用键盘扫描程序，并把键值送 key
        P1=table[key];              //查表或字形编码送 P1 口，数码管显示按下的按键值
    }
}
```

（3）矩阵式键盘扫描程序设计。

```
unsigned char scan_key(void)        //键盘扫描子程序
{
    unsigned char scan,col,rol,tmp;
    bit flag=0;                     //按键按下标志位，flag=1 键按下，flag=0 键未按下
    scan=0xef;                      //键盘列扫描初始码，扫描第 0 列
    for(col=0;col<4;col++)          //键盘扫描子程序是从 0 列扫描到 3 列
    {
        P0=scan;                    //向 P0 口（高 4 位）送列的扫描码，扫描列为低电平
        tmp=P0;                     //读取键盘的按键状态
        switch(tmp&0x0f)            //高 4 位清零，保留低 4 位（即键盘的行数据）
        {
            Case  0x0e: rol=0;flag=1;break;     //第 0 行有键按下，退出 switch
            Case  0x0d: rol=1;flag=1;break;     //第 1 行有键按下，退出 switch
            Case  0x0b: rol=2;flag=1;break;     //第 2 行有键按下，退出 switch
            Case  0x07: rol=3;flag=1;break;     //第 3 行有键按下，退出 switch
        }
        if(flag==1) break;          //flag=1 表示有键按下，退出 for 循环
        scan=(scan<<1)+1;           //若该列 4 个按键都没有按下，取下一个列扫描码
    }
    while(tmp!=0x0f)                //判断按下的键是否释放，直到其释放
    {
        P0=0x0f;
        tmp=P0;
    }
    return(rol*4+col);              //返回按下的按键值
}
```

矩阵式键盘程序设计好以后，打开"矩阵式键盘"Proteus 电路，加载 "矩阵式键盘.hex"文件，进行仿真运行，观察矩阵式键盘是否与设计要求相符。

独立式键盘识别比较容易，编程也比较简单，适合功能键较少的单片机应用系统。独立式键盘每一个按键占用一根 I/O 口线，当按键较多时（超过 8 个）应采用矩阵式键盘。

4.3 任务 12　中断方式矩阵式键盘

设计一个 4×4 中断方式矩阵式键盘，当键盘无键按下时，CPU 正常工作，不执行键盘扫描程序；当有键按下时，产生中断申请，CPU 转去执行键盘扫描程序。其他功能同任务 11 的 4×4矩阵式键盘。

4.3.1　中断概念

中断系统在计算机系统中起着十分重要的作用。一个功能强大的中断系统，能大大提高计算机处理事件的能力，提高效率，增强实时性。

任务 11 中采用的键盘扫描方法，无论是否有键按下，CPU 都要按时扫描键盘，而单片机应用系统实际工作时，并非经常进行键盘输入。因此，CPU 常处于空扫描状态，浪费了 CPU 的时间。为了提高 CPU 的工作效率，键盘可以采用中断扫描工作方式：当键盘无键按下时，CPU 正常工作，不执行键盘扫描程序；当有键按下时，产生中断申请，CPU 转去执行键盘扫描程序，并识别按键，然后返回键值。这样就充分利用了中断的实时处理功能，提高了 CPU 的工作效率。

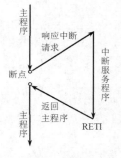

图4-9　中断过程

1. 中断

当 CPU 正在执行某个程序时，由计算机内部或外部的原因引起的紧急事件向 CPU 发出请求处理的信号，CPU 在允许的情况下响应请求处理信号，暂时停止正在执行的程序，保护好断点处的现场，转向执行一个用于处理该紧急事件的程序，处理完后又返回被中止的程序断点处，继续执行原程序，这一过程就称为中断。中断过程如图 4-9 所示。

在日常生活中，"中断"的现象也比较普遍。例如，我正在打扫卫生，突然电话铃响了，我立即"中断"正在做的事转去接电话，接完电话，回头接着打扫卫生。在这里，接电话就是随机而又紧急的事件，必须要去处理。

针对图 4-9，我们给出几个与中断有关的基本概念。

（1）主程序：原来正在运行的程序。

（2）断点：主程序被中断的位置（或地址）。

（3）中断源：向 CPU 发出中断请求的来源，或引起中断的原因。

（4）中断请求：中断源要求服务的请求。

（5）中断服务程序：CPU 响应中断之后，转去执行的处理程序。

（6）中断系统：实现中断功能的硬件和软件。

2. 中断的特点

（1）分时操作，提高 CPU 的工作效率。中断技术可以解决快速工作的 CPU 和慢速工作的外设之间的矛盾，使多个外设和 CPU 能够同时工作，大大提高了 CPU 的工作效率。CPU 可以通过分时操作，同时启动多个外设工作，CPU 仍可继续执行主程序，某个外设做完一件事，就可以向 CPU 发出中断请求，请求 CPU 中断正在执行的主程序，转去执行相应的中断服务程序，中断服务完后，CPU 返回接着执行被中断的主程序。

（2）实时处理。在实时控制系统中，现场的各种实时参数和信息均会随时间不断变化。这些外界的变化要能及时反馈给 CPU，以保证 CPU 对系统实施正确的调节和控制。引入中断技术之后，被控对象就可以向 CPU 发出中断申请，请求 CPU 处理，当满足中断响应条件时，CPU 就会及时进行相应的处理，从而实现实时处理。

（3）异常处理。控制系统随时都可能发生故障，如掉电、运算溢出等，故障信号可以通过中断向 CPU 发出中断请求，再由 CPU 转向相应的故障处理程序对系统做出紧急的处理。

由于中断技术的采用，大大推动了计算机科学和技术的发展，大大扩展了计算机的应用以及各应用领域的自动化和智能化。

4.3.2　中断方式矩阵式键盘电路设计

按照任务的要求，在任务 11 电路的基础上，增加了一个 4 输入与门 74LS21 电路，用于产生按键中断，其输入端与 4×4 键盘的行线相连，输出端接至单片机的外部中断输入端 $\overline{INT0}$。中断方式矩阵式键盘电路如图 4-10 所示。

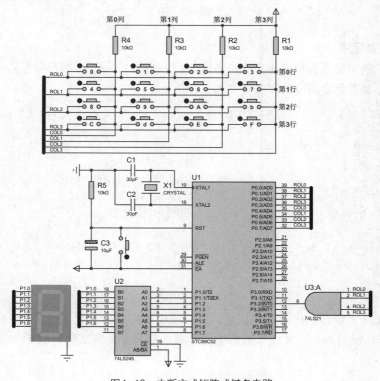

图4-10　中断方式矩阵式键盘电路

运行 Proteus 软件，新建"中断方式矩阵式键盘"设计文件。按图 4-10 所示放置并编辑 STC89C52、CRYSTAL、CAP、CAP-ELEC、RES、74LS245、74LS21、7SEG-COM-CATHODE 和 BUTTON 等元器件。完成中断方式矩阵式键盘电路设计后，进行电气规则检测。

4.3.3　中断方式矩阵式键盘程序设计

根据图 4-10 所示，当键盘无键按下时，"与"门各输入端均为高电平，输出高电平，不产生中断，不执行键盘扫描程序；当键盘有键按下时，"与"门输入端不全为高电平，输出低电平，在 $\overline{\text{INT0}}$ 引脚上产生一个下降沿跳变，向 CPU 发出中断请求，CPU 响应中断，执行能完成键盘扫描及显示的中断服务程序。

下面给出主程序和中断服务程序，其他代码见任务 11。

1. 主程序

在主程序中，要开单片机的总中断和外部中断 0 中断，设定外部中断 0 为边沿触发方式。中断方式矩阵式键盘主程序如下：

```
void main()
{
    P1=0x00;
    EA=1;                          //开总中断
    EX0=1;                         //开外部中断 0 中断
    IT0=1;                         //设定外部中断 0 为边沿触发方式
    P0=0x0f;                       //P0 口高四位为 0，用于检测是否有键按下
    while(1);                      //等待外部中断 0 中断
}
```

2. 中断服务程序

外部中断 0 的中断服务程序能完成扫描键盘、识别按键，以及在数码管显示被按下键对应的字符等功能。外部中断 0 的中断服务程序如下：

```
void key_led(void) interrupt 0
{
    unsigned char key,tmp;
    delay10ms();                   //延时 10ms 去抖
    P0=0x0f;                       //列输出低电平，行输出高电平
    tmp=P0;                        //再次读键盘状态
    if(tmp!=0x0f)                  //判断是否有键按下
    {
        key=scan_key();            //有键按下，调用键盘扫描程序，并把键值送 key
        P1=table[key];             //查表或字形编码送 P1 口，数码管显示按下的按键值
    }
}
```

中断方式矩阵式键盘程序设计好以后，打开"中断方式矩阵式键盘"Proteus 电路，加载"中断方式矩阵式键盘.hex"文件。进行仿真运行，观察中断方式矩阵式键盘是否与设计要求相符。

4.4 MCS-51 单片机中断系统

在 MCS-51 单片机的中断系统中，51 子系列单片机有 5 个中断源，52 子系列单片机有 6 个中断源，比 51 子系列多一个定时器/计数器 2。本节主要介绍 51 子系列单片机的中断源及中断系统结构。

4.4.1 单片机中断源

在 51 系列单片机提供的 5 个中断源中，有 2 个外部中断，其余的均为内部中断。这些中断源可以分为 3 类，分别是外部中断、定时器溢出中断和串行口中断。

1. 外部中断

（1）外部中断 0——$\overline{INT0}$

外部中断 0 中断请求由 P3.2 引脚输入，由定时器控制寄存器 TCON 中的 IT0 位决定中断请求信号是低电平有效还是下降沿有效。一旦输入信号有效，即向 CPU 申请中断，并且硬件自动使 IE0 置 1。

（2）外部中断 1——$\overline{INT1}$

外部中断 1 中断请求由 P3.3 引脚输入，由定时器控制寄存器 TCON 中的 IT1 位决定中断请求信号是低电平有效还是下降沿有效。一旦输入信号有效，即向 CPU 申请中断，并且硬件自动使 IE1 置 1。

2. 定时器溢出中断

（1）定时器/计数器 0——TF0

定时器/计数器 0 溢出中断请求是当定时器 0 产生溢出时，将定时器 0 中断请求标志位（TCON.5）置位（由硬件自动执行），请求中断处理。

（2）定时器/计数器 1——TF1

定时器/计数器 1 溢出中断请求是当定时器 1 产生溢出时，将定时器 1 中断请求标志位（TCON.7）置位（由硬件自动执行），请求中断处理。

3. 串行口中断——TI 或 RI

串行口中断请求是为接收或发送串行数据而设置的。当串行口完成一帧数据发送或接收时，内部串行口中断请求标志 TI（SCON.1）或 RI（SCON.0）置位（由硬件自动执行），请求中断处理。

计算机中断系统有两种不同类型的中断：一类为非屏蔽中断，另一类为可屏蔽中断。对于非屏蔽中断，用户不能用软件的方法加以禁止，一旦有中断请求，CPU 必须予以响应。对于可屏蔽中断，用户可以通过软件的方法来控制 CPU 是否响应该中断源的中断请求，允许中断称为中断开放，不允许中断称为中断屏蔽。MCS-51 系列单片机的 5 个中断源均为可屏蔽中断。

4.4.2 中断系统结构

MCS-51 中断系统的结构如图 4-11 所示。

MCS-51 单片机的中断系统主要由与中断相关的 4 个特殊功能寄存器和硬件查询电路等组成。

4 个特殊功能寄存器分别为定时器/计数器控制寄存器 TCON、串行口控制寄存器 SCON、中断允许控制寄存器 IE 和中断优先级控制寄存器 IP。

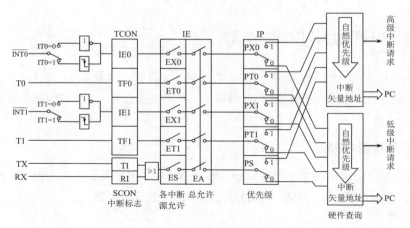

图4-11　MCS-51中断系统的结构

硬件查询电路和中断优先级控制寄存器共同决定了5个中断源的自然优先级别。

4.4.3　与中断有关的4个特殊功能寄存器

1. 定时器/计数器控制寄存器TCON

在 MCS-51 单片机中，5 个中断源的中断请求信号并不是存放在一个独立的寄存器中，而是分别存放在两个不同的寄存器中。外部中断0/1和定时器0/1的中断请求信号存放在 TCON 中，串行口中断请求信号存放在 SCON 中。

定时器/计数器控制寄存器 TCON 的作用是：控制定时器的启动与停止，保存定时器 0、定时器 1 的溢出中断标志和外部中断 $\overline{INT0}$ 和 $\overline{INT1}$ 的中断标志等。

TCON 的格式：

TCON	8FH	8EH	8DH	8CH	8BH	8AH	89H	88H
	TF1	TR1	TF0	TR0	IE1	IT1	IE0	IT0

（88H）

各位的功能说明如下。

（1）TF1（TCON.7）：定时器 1（T1）溢出标志位。定时器 1 被启动计数后，从初始值开始进行加 1 计数，当定时器 1 计满溢出时，由硬件自动使 TF1 置位，并向 CPU 发出中断请求，一直保持到 CPU 响应此中断时，才由硬件自动清零。注意：也可用软件查询该标志，并由软件清零。

（2）TR1（TCON.6）：定时器 1 启/停控制位。该位通过软件置位或清零，用于控制定时器 1 的启动或停止。

（3）TF0（TCON.5）：定时器 0（T0）溢出标志位。其功能同 TF1。

（4）TR0（TCON.4）：定时器 0 启/停控制位。其功能同 TR1。

（5）IE1（TCON.3）：外部中断 1（$\overline{INT1}$）请求标志位。IE1=1，表示外部中断 1 向 CPU 申请中断。当 CPU 响应外部中断 1 的中断请求时，由硬件自动使 IE1 清零（在边沿触发方式时）。

（6）IT1（TCON.2）：外部中断 1 触发方式选择位。

① 当 IT1 取 0 时，表示外部中断 1 为电平触发方式。CPU 在每个机器周期的 S5P2 期间，采样 $\overline{INT1}$（P3.3）引脚。

当采样到低电平时，硬件自动使 IE1 置位，向 CPU 提出中断申请；若为高电平，认为无中断申请或中断申请已撤销，硬件自动使 IE1 清零。

 注意

> 在电平触发方式，外部中断源必须保持低电平有效，直到该中断被 CPU 响应。同时 CPU 响应中断后硬件不能自动使 IE1 清零，也不能由软件使 IE1 清零，所以在中断返回前必须撤销 $\overline{INT1}$ 引脚上的低电平，使 IE1 置零，否则将产生另一次中断请求，造成错误。

② 当 IT1 取 1 时，表示外部中断 1 为边沿触发方式。CPU 在每个机器周期的 S5P2 期间，采样 $\overline{INT1}$（P3.3）引脚。

若在连续两个机器周期采样，前一次采样为高电平，后一次采样为低电平，则硬件自动使 IE1 置 1，向 CPU 提出中断申请，直到该中断被 CPU 响应，才由硬件自动使 IE1 清零。

在边沿触发方式，为保证 CPU 在两个机器周期内检测到先高后低的负跳变，输入高低电平的持续时间至少要保持 12 个时钟周期。

（7）IE0（TCON.1）：外部中断 0（$\overline{INT0}$）请求标志位。其功能同 IE1。

（8）IT0（TCON.0）：外部中断 0 触发方式选择位。其功能同 IT1。

2. 串行口控制寄存器 SCON

SCON 为串行口控制寄存器，字节地址是 98H。SCON 的低 2 位 TI 和 RI 锁存串行口的接收中断和发送中断标志。

SCON 的格式：

SCON	9FH	9EH	9DH	9CH	9BH	9AH	99H	98H
	SM0	SM1	SM2	REN	TB8	RB8	TI	RI

（98H）

中断标志位功能说明如下。

（1）TI（SCON.1）：串行口发送中断标志位。CPU 将一个字节数据写入发送缓冲器 SBUF 后启动发送，每发送完一帧数据，硬件自动使 TI 置位。但 CPU 响应中断后，硬件并不能自动清除 TI，必须由软件使 TI 清零。

（2）RI（SCON.0）：串行口接收中断标志位。在串行口允许接收时，每接收完一个串行帧，硬件自动使 RI 置位。同样，CPU 响应中断后，硬件并不能自动使 RI 清零，必须由软件使 RI 清零。

3. 中断允许寄存器 IE

MCS-51 单片机的中断源均属于可屏蔽中断。中断允许寄存器 IE 就是用于控制 CPU 对中断的开放或屏蔽，也就是控制每个中断源是否允许中断的。

IE 的格式：

IE	AFH			ACH	ABH	AAH	A9H	A8H
	EA	—	—	ES	ET1	EX1	ET0	EX0

（A8H）

各位的功能说明如下。

（1）EA（IE.7）：CPU 的中断总允许标志位。EA=1，CPU 允许中断，即开总中断，但每个中断源是被允许还是被禁止，分别由各中断源的中断允许位确定；EA=0，CPU 屏蔽所有的中断要求，即关中断。

（2）ES（IE.4）：串行口中断允许位。ES=1，允许串行口中断；ES=0，禁止串行口中断。

（3）ET1（IE.3）：定时器 1（T1）中断允许位。ET1=1，允许定时器 1 中断；ET1=0，禁止定时器 1 中断。

（4）EX1（IE.2）：外部中断 1（$\overline{INT1}$）中断允许位。EX1=1，允许外部中断 1 中断；EX1=0，禁止外部中断 1 中断。

（5）ET0（IE.1）：定时器 0（T0）中断允许位。ET0=1，允许定时器 0 中断；ET0=0，禁止定时器 0 中断。

（6）EX0（IE.0）：外部中断 0（$\overline{INT0}$）中断允许位。EX0=1，允许外部中断 0 中断；EX0=0，禁止外部中断 0 中断。

由上可见，MCS-51 的中断响应分为两级控制，EA 为总的中断响应控制位，各中断源还有相应的中断响应控制位。单片机系统复位后，IE 寄存器中各中断允许位均被清零，即禁止所有中断。开放中断只要置相应的中断允许位为 1 即可，开放中断可以采用如下 C 语言语句：

```
EA=1;        //开放总允许中断
EXI=1;       //开放外部中断 1
ET1=1;       //开放定时器 1 溢出中断
```

开放中断也可以用下面这条语句来实现：

```
IE=0x8C;     //IE=10001100B，同时开放总允许中断、外部中断 1 中断和定时器 1 溢出中断
```

同理，若要关中断，就要用语句将相应的中断允许位清零。

4．中断优先级寄存器 IP

MCS-51 单片机有两个中断优先级，分别为高优先级和低优先级。这两个中断优先级可由软件设定。由于单片机有两个中断优先级，因此可实现两级中断嵌套。

（1）正在执行的低优先级中断服务程序可被高优先级的中断源中断，但不能被同级或低级别的中断源中断。

（2）正在执行的高优先级的中断服务程序不能被任何中断源中断。

每一个中断源均可以通过软件对中断优先级寄存器 IP 中的相应位进行设置，置位为高优先级，清零为低优先级。

中断优先级寄存器 IP 的作用是设定各中断源的优先级别，IP 的每一位均可以由软件来置位或清零。

IP 的格式：

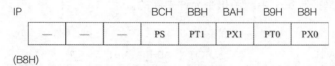

IP			BCH	BBH	BAH	B9H	B8H
—	—	—	PS	PT1	PX1	PT0	PX0

(B8H)

各位的含义说明如下。

（1）PS（IP.4）：串行口中断优先级控制位。PS=1，设置串行口为高优先级中断；PS=0，设置串行口为低优先级中断。

（2）PT1（IP.3）：定时器/计数器 1 中断优先级控制位。PT1=1，设置定时器 1 中断为高优先级中断；PT1=0，设置定时器 1 中断为低优先级中断。

（3）PX1（IP.2）：外部中断 1（$\overline{INT1}$）中断优先级控制位。PX1=1，设置外部中断 1 为高优先级中断；PX1=0，设置外部中断 1 为低优先级中断。

（4）PT0（IP.1）：定时器/计数器 0 中断优先级控制位。PT0=1，设置定时器 0 中断为高优先级中断；PT0=0，设置定时器 0 中断为低优先级中断。

（5）PX0（IP.0）：外部中断 0（$\overline{INT0}$）中断优先级控制位。PX0=1，设置外部中断 0 为高优先级中断；PX0=0，设置外部中断 0 为低优先级中断。

当系统复位后，IP 低 5 位全部清零，所有中断源均设定为低优先级中断。

如果几个同一优先级的中断源同时向 CPU 请求中断，CPU 将通过单片机内部的硬件查询逻辑，首先响应自然优先级较高的中断源的中断请求。自然优先级由硬件形成，排列如下：

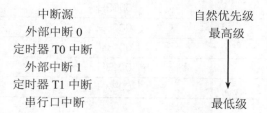

4.4.4　中断处理过程

中断处理过程可以分为三个阶段：中断响应、中断处理、中断返回。不同的计算机因中断系统的硬件结构不完全相同，因而中断响应的方式也有所不同。在这里，我们主要介绍 MCS-51 系列单片机的中断处理过程。

1. 中断响应

中断响应是 CPU 对中断源发出的中断请求进行的响应，包括保护断点和把程序转向中断服务函数的入口地址。

（1）响应中断的条件

CPU 并非在任何时刻都会响应中断请求，而是在条件满足之后才会响应。响应中断的条件如下。

① 有中断源发出中断请求。

② 总中断开启，即中断总允许位 EA=1。

③ 申请中断的中断源的中断允许位为 1。

在满足以上条件的基础上，CPU 一般都会响应中断。但若有下列任何一种情况存在，中断响应都会被阻断。

① CPU 正在响应一个同级或更高优先级的中断。

② 当前指令尚未执行完。

③ 正在执行中断返回或访问专用寄存器 IE、IP 的指令。CPU 在执行完上述指令之后，要再执行一条指令，才能响应中断请求。

若上述任何一种情况存在，中断查询结果即被取消，CPU 不会响应中断，而在下一个机器周期继续查询各标志位。

（2）中断响应过程

在满足中断响应条件时，CPU 响应中断，自动执行下列操作。

① 中断系统通过硬件自动生成指令，把断点地址压入堆栈保护（不保护状态寄存器 PSW 及其他寄存器内容）。

② 将中断源对应的中断服务函数的入口地址装入程序计数器 PC，使程序转向该中断入口地址，找到并执行中断服务函数。

单片机中断服务函数的入口地址（称为中断矢量）由单片机硬件电路决定，5 个中断源分别对应 5 个固定的中断入口地址，如表 4-2 所示。

表 4-2　中断入口地址

中断源	中断入口地址
外部中断 0	0003H
定时器 T0 中断	000BH
外部中断 1	0013H
定时器 T1 中断	001BH
串行口中断	0023H

2. 中断处理

中断处理就是执行中断服务函数。中断服务函数从中断入口地址开始执行，直到函数结束为止。中断处理一般包括 3 部分内容：一是保护现场，二是完成中断源请求的服务，三是恢复现场。

通常，主程序和中断服务函数都会用到累加器 A、状态寄存器 PSW 及其他一些寄存器。在 CPU 执行中断服务程序时，若用到上述寄存器，会破坏原先存储在这些寄存器中的内容，一旦中断返回，将会造成主程序的混乱。因此，在进入中断服务函数后，一般要先保护现场，然后再执行中断服务函数，在返回主程序之前，再恢复现场。

在编写中断服务函数时要注意以下几个方面。

（1）若要在执行当前中断服务程序时，禁止其他更高优先级中断请求，应先用软件关闭 CPU 中断或禁止更高优先级的中断，在中断返回前再开放中断。

（2）在保护现场和恢复现场时，为了不使现场数据受到破坏或造成混乱，一般要求 CPU 不再响应新的中断请求。因此，在保护现场之前要关中断，在保护现场之后再开中断；同样在恢复现场之前关中断，在恢复现场之后再开中断。

（3）中断服务函数的调用过程类似于一般的函数调用，但它们也是有区别的，区别在于一般函数的调用在程序中是事先安排好的，而何时调用中断服务函数事先却无法确定，因为中断的发生是由外部因素决定的，程序中无法事先安排调用语句。因此，调用中断服务函数的过程是由硬件自动完成的。

3. 中断返回

中断返回是指中断服务函数执行完之后，CPU 返回到原来程序的断点（即原来断开的位置），继续执行原来的程序。

4. 中断请求的撤销

中断响应后，TCON 和 SCON 的中断请求标志位应及时撤销；否则中断请求一直存在，有可能造成中断的重复查询和响应，因此需要在中断响应完成后，撤销其中断标志。

（1）定时中断请求的撤销。硬件自动把 TF0（TF1）清零，不需要用户参与。

（2）串行中断请求的撤销。CPU 响应中断后，硬件不能自动清除串行中断标志，需要在中断服务函数中用软件清零。

（3）外部中断请求的撤销。

① 边沿触发方式的外部中断请求撤销。中断标志位的清零是由硬件自动完成的，边沿脉冲信号之后就不存在了，因此撤销也是自动的。

② 电平触发方式的外部中断请求撤销。中断标志位的清零是自动完成的，但如果低电平持续存在，在以后的机器周期采样时，又会把中断请求标志位（IE0/IE1）置位。所以，在 CPU 响应中断后，应立即撤除外部中断请求引脚上的低电平，否则会引起重复中断而导致错误。由于 CPU 无法控制外部中断请求引脚上的信号，为此，需要外加电路，把中断请求信号从低电平强制变为高电平。电路如图 4-12 所示。

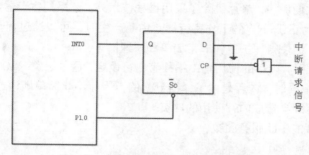

图4-12　电平触发方式的外部中断请求撤销

由图 4-12 可知，外部中断请求信号不直接加在 $\overline{INT0}$ 引脚上，而是通过非门取反后加在 D 触发器的 CP 端。触发器 D 端接地，当外部中断请求信号的负脉冲信号出现时，非门直接使中断请求信号强制从低电平变为高电平，Q 端输出为 0，$\overline{INT0}$ 为低电平，向单片机发出中断请求。再利用 P1 口的 P1.0 作为应答线，当 CPU 响应中断后，可在中断服务函数中采用以下两条语句来撤销外部中断请求。

```
P1=P1&0xfe;
P1=P1|0x01;
```

5. 中断初始化

在使用中断之前，一般都要对中断进行初始化，中断初始化有如下步骤。

（1）开放 CPU 中断和有关中断源的中断允许，设置中断允许寄存器 IE 中相应的位。

（2）根据需要确定各中断源的优先级别，设置中断优先级寄存器 IP 中相应的位。

（3）根据需要确定外部中断的触发方式，设置定时器控制寄存器 TCON 中相应的位。

4.4.5　C51 中断服务函数

在 C51 的程序设计中，C51 编译器支持对中断服务函数进行编程。

1. 中断服务函数

定义中断服务函数的语法如下：

```
void 函数名(void) [interrupt n] [using m]
```

其中，n 对应中断源的编号，C51 编译器允许有 0~31 个中断，故 n 的取值范围为 0~31；m 对应寄存器组号，取值范围是 0~3。

MCS-51 单片机所提供的 5 个中断源对应的中断源编号，如表 4-3 所示。

表 4-3　中断源编号

中断编号	中断源
0	外部中断 0
1	定时器/计数器 0 溢出中断
2	外部中断 1
3	定时器/计数器 1 溢出中断
4	串行口中断

2. 寄存器组切换

为了进行中断的现场保护，单片机除了采用堆栈技术外，还采用寄存器组的方式。在单片机中一共有 4 组名称均为 R0~R7 的工作寄存器。中断产生时，可以通过简单地设置 RS0、RS1 来切换工作寄存器组，这使得保护工作非常简单和快速。

使用汇编语言编程时，内存的使用均由编程者自行设定，通过设置 RS0、RS1 来切换工作寄存器组。使用 C 语言编程时，内存是由编译器分配的，因此不能简单地通过设置 RS0、RS1 来切换工作寄存器组，否则会造成内存使用的冲突。

例如：外部中断 0 的中断服务函数：

```
void intersvr0(void) interrupt 0 using 1
```

中断编号为 0，是外部中断 0；寄存器组号为 1，使用第 1 组工作寄存器。

又如：外部中断 1 的中断服务函数：

```
void intersvr1(void) interrupt 2 using 2
```

中断编号为 2，是外部中断 1；寄存器组号为 2，使用第 2 组工作寄存器。

3. 中断服务函数编写应遵循的原则

（1）无返回值。如果定义返回值为整型值，编译器不会产生错误信息，因为整型值是默认的类型，编译器不能清楚地识别；如果定义为其他类型的返回值，将产生错误。所以，一般用 void 声明中断服务函数的类型。

（2）无参数传递。如果定义中断服务函数时，有形式参数，编译器将产生一个错误信息。

（3）在任何情况下都不能直接调用中断函数，否则会出错。

（4）在中断服务函数中调用的函数所使用的寄存器组必须与中断服务函数是同一组。由于 C 语言编译器不会检查二者是否相同，因而当函数中没有使用 using 时，编译器会自动选择一个寄存器组来使用，因此在编程时必须保证按要求使用相应的寄存器组。

【技能训练 4-2】8 路抢答器设计与实现

前面介绍了 MCS-51 系列的单片机，仅有两个外部中断请求输入端 $\overline{INT0}$ 和 $\overline{INT1}$。在 8 路抢答器设计中，使用的外部中断源超过了两个。我们该如何扩展外部中断源来实现 8 路抢答器设计呢？

1. 外部中断源的扩展方法

在实际应用中，若外部中断源超过两个，则需要扩展外部中断源。常用的扩展方法有定时器扩展法和中断加查询扩展法。

（1）定时器扩展法

51 单片机内部设有两个 16 位可编程定时器/计数器。工作于计数方式时，定时器 0 外部输入端（P3.4）或定时器 1 外部输入端（P3.5）作为计数脉冲输入端，在计数输入脉冲的下降沿到来时进行加 1 计数。定时器/计数器计满后，若再有脉冲到来，定时器/计数器将产生溢出中断。

在外部中断源个数不太多，并且定时器的两个中断标志 TF0 或 TF1、外部计数引脚 T0(P3.4) 或 T1（P3.5）没有被使用的情况下，一般可采用定时器扩展法进行外部中断源的扩展。方法如下：将定时器/计数器设置为计数方式，计数初值设置为满量程，当外部计数输入端 T0（P3.4）或 T1（P3.5）引脚发生下降沿跳变时，计数器将加 1 产生溢出中断，并立即向 CPU 发出中断请求，在满足 CPU 的中断响应条件的情况下，CPU 将执行相应的中断服务程序。利用此特性，可把 T0 或 T1 引脚作为外部中断请求信号输入端，把计数器的溢出中断标志作为外部中断请求标志。

例如：将定时器 0 扩展为外部中断源。

分析如下：将定时器 0 设定为方式 2（初值自动重载工作方式），TH0 和 TL0 的初值均设为 0FFH，允许定时器 0 中断，CPU 开放中断。

源程序如下：

```
TMOD=0x06;         //设定定时器的工作方式为方式 2，计数方式
TH0=0xff;          //送计数初值为满量程
TL0=0xff;
TR0=1;             //启动定时器 0
ET0=1;             //定时器 0 中断允许
EA=1;              //CPU 总中断允许
```

（2）中断加查询扩展法

利用单片机的两个外部中断请求信号输入引脚，每个外部中断源都可以通过或非门（或通过与门）连接多个外部中断源；同时，利用 I/O 端口作为多个外部中断源的识别线，以达到扩展外部中断源的目的。

例如：现有 4 个外部中断源（高电平有效），扩展中断源电路应该怎么设计呢？我们可以将4 输入或非门的输入端连接 4 个外部中断源，同时接到单片机 P2 口的 P2.0 ~ P2.3 引脚；其输入端连接单片机的外部中断 0 $\overline{INT0}$（P3.2）引脚，如图 4-13 所示。

从图 4-13 可以看出，4 个外部扩展中断源中若有 1 个或几个为高电平，则输出为 0，使 $\overline{INT0}$（P3.2）为低电平，从而向 CPU 发出中断请求。

中断加查询扩展法比较简单，可以用于外部中断源较多的场合。缺点是：因查询时间较长，不能满足实时控制的要求。

2. 8 路抢答器电路设计

8 路抢答器有 8 个抢答按键，构成 8 个低电平有效的外部中断源。我们可以把 8 输入与门的输入端连接 8 个外部中断源（抢答按键），同时接到单片机的 P0 口；其输出端连接到单片机的外部中断 0 $\overline{INT0}$（P3.2）引脚，如图 4-14 所示。

在 8 路抢答器中，只要 8 个抢答按键（即 8 个外部扩展中断源）有 1 个抢答成功，与门就会输出低电平到 $\overline{INT0}$（P3.2）引脚，从而向 CPU 发出中断请求。可以看出，这些扩充的外部中断源都是电平触发方式的。

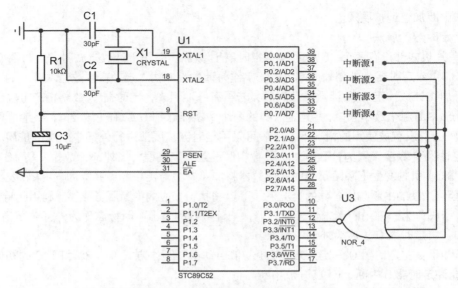

图4-13　1个外部中断扩展成4个外部中断电路

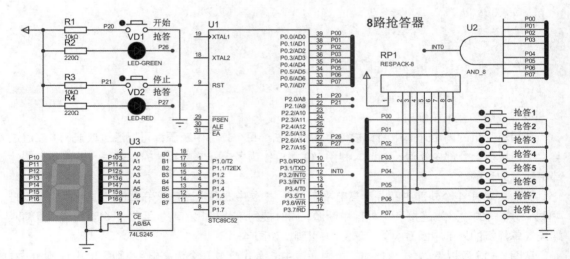

图4-14　8路抢答器电路

3. 8路抢答器程序设计

8路抢答器的工作过程如下。

（1）主持人按下"开始抢答"按键后，允许抢答开始，同时允许抢答的绿色LED指示灯点亮。

（2）抢答按键按下后，执行外部中断0的中断服务函数，数码管显示第一个抢答人的号码，并禁止其他人抢答。

（3）主持人按下"停止抢答"按键后，禁止所有人抢答，同时禁止抢答的红色LED指示灯点亮。

8路抢答器的程序如下：

```c
#include <reg52.h>
/*定义0～9,A～F十六个字符的字形码表*/
unsigned char table[]=
{0x3F,0x06,0x5B,0x4F,0x66,0x6D,0x7D,0x07,0x7F,0x6F,0x77,0x7C,0x39,0x5E,0x
79,0x71};
sbit sartkey=P2^0;
sbit stopkey=P2^1;
sbit sartled=P2^6;
sbit stopled=P2^7;
void delay10ms(void)                //10ms 延时子程序
{
    unsigned char i,j;
    for(i=20;i>0;i--)
      for(j=248;j>0;j--);
}


void main()
{
    P1=0x0;
    EA=0;                           //关总中断
    EX0=0;                          //关外部中断 0 中断
    IT0=0;                          //设定外部中断 0 为电平触发方式
    while(1)                        //等待按键按下（外部中断 0 中断）
    {
        if(sartkey==0)              //按下开始键
        {
            sartled=0;              //点亮开始 LED，熄灭停止 LED
            stopled=1;
            EA=1; EX0=1;            //开总中断和外部中断 0 中断，允许抢答
            P1=0x0;                 //数码管清屏
        }
        if(stopkey==0)              //按下停止键
        {
            sartled=1;              //熄灭开始 LED，点亮停止 LED
            stopled=0;
            EA=0; EX0=0;            //关总中断和外部中断 0 中断，停止抢答
        }
    }
}
void key_led(void) interrupt 0
{
    unsigned char temp;
    delay10ms();                    //延时 10ms 去抖
    if(P0!=0xff)                    //判断是否有键按下
```

```
        {
            EA=0; EX0=0;                    //关外部中断 0 中断，禁止其他人抢答
            temp=P0;
            switch(~temp)                   //根据键值显示抢答的数字
        {
                case 0x01: P1=table[1]; break;  //显示"1"
                case 0x02: P1=table[2]; break;  //显示"2"
                case 0x04: P1=table[3]; break;  //显示"3"
                case 0x08: P1=table[4]; break;  //显示"4"
                case 0x10: P1=table[5]; break;  //显示"5"
                case 0x20: P1=table[6]; break;  //显示"6"
                case 0x40: P1=table[7]; break;  //显示"7"
                case 0x80: P1=table[8]; break;  //显示"8"
                default: break;
            }
        }
    }
```

其中，外部中断 0 中断函数的主要功能是禁止其他人抢答、数码管显示第一个抢答人的号码。

 关键知识点小结

1. 键盘

一个按键实际上就是一个开关，多个按键的组合就构成了键盘，键盘分为独立式键盘和矩阵式键盘两种。

使用机械式按键时应注意去抖。消除抖动常用的方法有两种，即硬件去抖和软件去抖。在键数较少时，可采用硬件去抖，在键数较多时，可采用软件去抖。

2. MCS-51 单片机的中断源

MCS-51 单片机共有 5 个中断源，分别是外部中断 2 个、定时中断 2 个和串行中断 1 个，它们是：

外部中断 0——$\overline{INT0}$：由 P3.2 提供；

外部中断 1——$\overline{INT1}$：由 P3.3 提供，外部中断有两种信号方式，即电平方式和脉冲方式。

T0 溢出中断：由片内定时器/计数器 0 提供；

T1 溢出中断：由片内定时器/计数器 1 提供；

串行口中断 RI/TI：由片内串行口提供。

3. MCS-51 单片机的中断系统

MCS-51 单片机的中断系统主要由与中断相关的 4 个特殊功能寄存器和硬件查询电路等组成。

4 个特殊功能寄存器分别为定时器/计数器控制寄存器 TCON、串行口控制寄存器 SCON、中断允许控制寄存器 IE 和中断优先级控制寄存器 IP。

硬件查询电路和中断优先级控制寄存器共同决定了 5 个中断源的自然优先级别。

4. 与中断有关的 4 个特殊功能寄存器

（1）与中断源标志有关的寄存器 TCON 和 SCON。在 MCS-51 单片机中，5 个中断源的中断请求信号并不是存放在一个独立的寄存器中，而是分别存放在两个不同的寄存器中。外部中断 0/1 和定时器 0/1 的中断请求信号存放在 TCON 中，串行口中断请求信号存放在 SCON 中。

（2）中断允许寄存器 IE。MCS-51 单片机的中断源均属于可屏蔽中断。中断允许寄存器 IE 就是用于控制 CPU 对中断的开放或屏蔽、每个中断源是否允许中断的。单片机系统复位后，IE 寄存器中各中断允许位均被清零，即禁止所有中断。

（3）中断优先级寄存器 IP。MCS-51 单片机有两个中断优先级：高优先级和低优先级。中断优先级寄存器 IP 的作用是设定各中断源的优先级别，IP 的每一位均可以由软件来置位或清零。当系统复位后，IP 低 5 位全部清零，所有中断源均设定为低优先级中断。

如果几个同一优先级的中断源同时向 CPU 请求中断，CPU 将通过单片机内部的硬件查询逻辑，首先响应自然优先级较高的中断源的中断请求。自然优先级由硬件形成，排列如下：

5. 中断处理过程

中断处理过程包括中断响应、中断处理和中断返回 3 个阶段。中断响应是在满足 CPU 的中断响应条件之后，CPU 对中断源中断请求的回答。由于设置了优先级，中断可实现两级中断嵌套。中断处理就是执行中断服务程序，包括保护现场、处理中断源的请求和恢复现场 3 部分内容。中断返回是指中断服务完成后，返回到原程序的断点，继续执行原来的程序；在返回前，要撤销中断请求，不同中断源中断请求的撤销方法不一样。

6. C 语言中断服务函数

定义中断服务函数的语法如下：

函数类型 函数名 （形式参数）[interrupt n] [using m]

其中，n 对应中断源的编号，C51 编译器允许有 0~31 个中断，故 n 的取值范围为 0~31，m 对应寄存器组号，取值范围 0~3。

问题与讨论

4-1 填空题

（1）消除键盘抖动有两种方法，一是采用硬件去抖电路，由基本 RS 触发器构成；二是采用软件去抖程序，即测试有键输入时需延时＿＿＿＿秒后再测试是否有键输入，此方法可判断是否有键抖动。

（2）MCS-51 单片机系列有＿＿＿＿个中断源，可分为＿＿＿＿个优先级。中断源的允许是由＿＿＿＿寄存器决定的，＿＿＿＿寄存器决定中断源的优先级别。上电复位时，＿＿＿＿中断源的优先级别最高。

（3）当单片机的 CPU 响应中断后，程序将自动转移到该中断源对应的入口地址处，并从该地址开始继续执行程序。其中，INT0 的入口地址为_____，T1 的入口地址为_____。

（4）单片机的外部中断请求有两种触发方式，一种是_____触发，另一种是_____触发。

4-2　选择题

（1）在 5 个中断源中，可通过软件确定各中断源中断级别的高或低，但在同一级别中，按硬件排队的优先级别最高的是（　　）中断。

　　　A．定时器 T0　　　　B．定时器 T1　　　　　C．外部中断 INT0

　　　D．外部中断 INT1　E．串行口

（2）在中断允许寄存器中，中断控制寄存器 EA 位的作用是（　　　　）

　　　A．CPU 总中断允许控制位　　　　　　　B．中断请求总标志位

　　　C．各中断源允许控制位　　　　　　　　D．串行口中断允许位

（3）当计数器 T0 向单片机的 CPU 发出中断请求时，若 CPU 允许并接受中断，程序计数器 PC 的内容将被自动修改为（　　　　）。

　　　A．0003H　　　　　B．000B　　　　　　　C．0013H

　　　D．001BH　　　　　E．0023H

（4）不是 MCS-51 单片机响应中断的必要条件的是（　　　　）。

　　　A．TCON 或 SCON 寄存器内的有关中断标志位为 1

　　　B．IE 中断允许寄存器内的有关中断允许位置 1

　　　C．IP 中断优先级寄存器内的有关位置 1

　　　D．前一条指令执行完

（5）某一应用系统需要扩展 12 个功能键，采用（　　　　）方式更好。

　　　A．独立式按键　　　B．矩阵式键盘　　　　C．动态键盘　　　　　D．静态键盘

4-3　什么是中断？中断有什么优点？

4-4　什么是中断源？MCS-51 系列单片机有几个中断源？各中断标志是如何产生的，又是如何清零的？CPU 响应中断时，它们的中断矢量地址分别是多少？

4-5　外部中断有哪两种触发方式？对触发脉冲或电平有什么要求？如何选择和设定？

4-6　MCS-51 系列单片机的中断系统有几个优先级？如何设定？

4-7　CPU 响应中断有哪些条件？在什么情况下中断响应会受阻？

4-8　MCS-51 单片机中断处理的过程如何？

4-9　由机械式按键组成的键盘，如何消除按键抖动？独立式按键和矩阵式按键分别有什么特点？适用于什么场合？

4-10　如何使用 C 语言书写定时器 1 中断的中断服务程序的首部？要求使用寄存器组 2。

5 Chapter

项目五
电子钟设计与实现

项目导读

本项目从生产线自动打包系统设计入手，首先让读者对定时器/计数器有一个初步了解；然后介绍定时器/计数器结构以及相关寄存器的设置方法，并介绍定时器/计数器的相关电路和程序设计方法。通过电子钟焊接制作，读者将进一步了解定时器/计数器的应用。

知识目标	1. 了解定时器/计数器的基本结构及功能； 2. 掌握定时器/计数器的 4 种工作方式以及相关寄存器； 3. 会利用单片机的定时器/计数器实现定时和计数功能
技能目标	能完成电子钟电路设计与焊接制作，能应用 C 语言程序完成单片机定时器初始化及相关编程控制，实现电子钟的设计、运行及调试
素养目标	提高读者的团队合作意识、团队沟通能力，培养读者的职业素养和团队协作精神
教学重点	1. 定时器/计数器的工作方式以及相关寄存器设置； 2. 定时器/计数器的编程方法
教学难点	定时器/计数器的初值计算、初始化及中断服务程序设计
建议学时	8 学时
推荐教学方法	从任务入手，通过定时器/计数器的基本应用设计，让学生了解单片机定时器/计数器的基本结构，进而通过生产线自动打包系统设计和电子钟设计与焊接制作，熟悉单片机定时器/计数器的应用
推荐学习方法	勤学勤练、动手操作是学好单片机定时器/计数器应用设计的关键，动手完成一个电子钟焊接制作，通过"边做边学"达到学习的目的

5.1　任务 13　生产线自动打包系统

如图 5-1 所示，由单片机控制系统通过光电传感器对传送带上的零件进行统计，每计数到 100 个零件时，单片机发出控制信号，对 100 个零件进行打包处理。

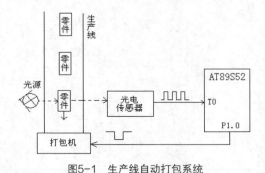

图5-1　生产线自动打包系统

5.1.1　认识定时器/计数器

一般单片机内部设有两个 16 位可编程定时器/计数器，简称定时器 0（T0）和定时器 1（T1）。16 位的定时器/计数器实质上是一个加 1 计数器，可实现定时和计数两种功能，由软件控制和切换。定时器/计数器属硬件定时和计数，是单片机中效率高且工作灵活的部件。

1. 定时功能

计数器的加 1 信号由振荡器的 12 分频信号产生，每过 1 个机器周期，计数器加 1，直至计满溢出，即对机器周期数进行统计。因此，计数器每加 1 就代表 1 个机器周期的时间长短。

定时器的定时时间与系统的时钟频率有关。因 1 个机器周期等于 12 个时钟周期，所以计数频率应为系统时钟频率的十二分之一（即机器周期）。如晶振频率为 12MHz，则机器周期为 1μS。通过改变定时器的定时初值，并适当选择定时器的长度（8 位、13 位或 16 位），可以调整定时时间长短。

2. 计数功能

计数就是对来自单片机外部的事件进行计数，为了与请求中断的外部事件区分开，称这种外部事件为外部计数事件。外部计数事件由脉冲引入，单片机的 P3.4（T0）和 P3.5（T1）引脚为外部计数脉冲输入端。也就是说，计数是对外部的有效计数脉冲进行计数。

外部的有效计数脉冲指的是：单片机在每个机器周期的 S5P2 状态下，对 P3.4（T0）引脚进行采样，若在一个机器周期采样到高电平，在连续的下一个机器周期采样到低电平，即得到一个有效的计数脉冲，计数寄存器在下一个机器周期自动加 1。为了确保给定电平在变化前至少被采样一次，外部计数脉冲的高电平与低电平保持时间均需在 1 个机器周期以上。也就是说，单片机要想识别 1 个计数脉冲，至少需要 2 个机器周期的时间；因此外部计数脉冲的频率不能高于晶振频率的 1/24。

3. 定时器/计数器结构

MCS-51 系列单片机内设 2 个 16 位可编程定时器/计数器 T0 和 T1，其逻辑结构如图 5-2 所示。

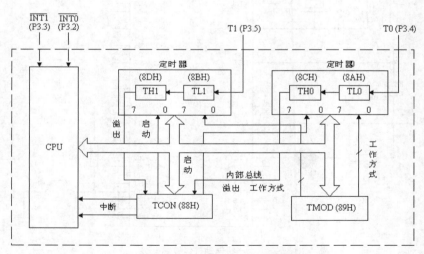

图5-2　MCS-51系列单片机逻辑结构

由图 5-2 可知，定时器/计数器主要有以下几个部件。

（1）两个 16 位可编程定时器/计数器 T0 和 T1。它们分别由两个 8 位特殊功能寄存器组成，即 T0 由 TH0 和 TL0 组成，T1 由 TH1 和 TL1 组成，用于存放定时或计数初始设定值。

（2）工作方式控制寄存器 TMOD。每个定时器都可由软件设置成定时器模式或计数器模式，在这两种模式下，又可单独设定为方式 0、方式 1、方式 2、方式 3 四种工作方式。

（3）控制寄存器 TCON。由软件通过 TCON 来控制定时器/计数器的启动/停止。定时器/计数器的实质是一个二进制的加 1 寄存器，启动后就开始从设定的计数初始值进行加 1 计数，寄存器计满回零时能够自动产生溢出中断请求。但是定时与计数两种模式下的计数方式不相同。

4. 定时器/计数器的应用场合

（1）定时与延时控制。一是用于产生定时中断信号，以设计出不同频率的信号源；二是用于产生定时扫描信号，对键盘进行扫描以获得控制信号，对显示器进行扫描以不间断地显示数据。

（2）测量外部脉冲。对外部脉冲信号进行计数可测量脉冲信号的宽度、周期，也可实现自动计数。

（3）监控系统工作。对系统进行定时扫描，当系统工作异常时，使系统自动复位，重新启动以恢复正常工作。

5.1.2 生产线自动打包控制电路

如图 5-1 所示，在一个工业生产线上，零件通过一个装有光电传感器的传输带传送，每当零件通过传感器时，传感器向单片机发出一个脉冲信号，每通过 100 个零件，单片机发出控制信号，生产线自动将 100 个零件打包。

生产线自动打包控制电路如图 5-3 所示。电路中用 LED 模拟打包机；用按键模拟零件通过一个装有光电传感器的传输带传送，每产生一个脉冲信号，就向单片机发出一个计数脉冲信号。

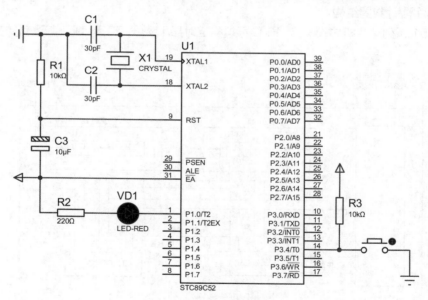

图5-3　生产线自动打包控制电路

通过与定时器 T0 计数输入端（P3.4）相连的按键电路，为单片机控制系统模拟光电传感器对传送带上零件的监测信号。用按键按下时产生的负脉冲来模拟零件从光源与传感器之间通过。当达到规定的零件数（100 个）时，通过 P1.0 送出低电平，让 LED 点亮一段时间，表示对 100 个零件进行打包处理。

运行 Proteus 软件，新建"生产线自动打包"设计文件。如图 5-3 所示，放置并编辑 STC89C52、CRYSTAL、CAP、CAP-ELEC、RES、LED-RED 和 BUTTON 等元器件。完成生产线自动打包电路设计后，进行电气规则检测。

5.1.3 生产线自动打包控制程序

生产线自动打包电路设计完成以后,还不能看到生产线自动打包模拟效果,还需要编写程序,使得按键按到一定次数(100 个零件)时,LED 点亮 1 次(即 1 次打包过程)。

1. 生产线自动打包功能实现分析

按键每按一次,都会在定时器 T0 的引脚 P3.4 产生一个下降沿,由于 T0 工作于计数方式,每接收到一个下降沿,计数器就加 1;

当加到一定次数时,就会产生计数溢出向单片机申请中断(需要打包);

在中断服务函数里,将 LED 点亮一段时间(即打包)。

2. 生产线自动打包控制程序设计

程序一开始,先进行定时器 T0 和中断的初始化操作,启动定时器后就开始从 P3.4 引脚接收按钮产生的下降沿,每接收到一个下降沿,计数器加 1,当加满溢出时;单片机将执行中断服务程序,开始打包、延时、结束打包,中断返回主程序继续等待下一次中断处理。

生产线自动打包控制的 C 语言程序如下:

```
/*******************************************************
自动打包主程序
*******************************************************/
#include <reg52.h>
sbit P10=P1^0;
void main(void)
{
    TMOD=0x06;                  //设置 T0 方式 2,计数功能
    TH0=156;                    //送计数 100 的初值
    TL0=156;
    IE=0x82;                    //允许 T0 中断
    P10=1;                      //设置打包信号无效
    TR0=1;                      //启动 T0 计数
    while(1);                   //等待中断
}
/*******************************************************
T0 中断服务程序(打包控制程序)
*******************************************************/
void timer0(void)  interrupt 1 using 1
{
    unsigned char i,j;
    P10=0;                      //输出打包控制信号,启动打包机
    for(i=0;i<200;i++)          //软件延时约 0.1s
        for(j=0;j<248;j++);
    P10=1;                      //打包控制信号无效
}
```

生产线自动打包程序设计好以后,打开"生产线自动打包" Proteus 电路,加载 "生产线自动打包.hex"文件,进行仿真运行,观察按钮控制 LED 亮灭规律是否与设计要求相符。

5.2 任务 14 霓虹灯控制系统

由 P1 口输出控制 8 个 LED（模拟霓虹灯）的亮灭：逐个点亮 1s 后熄灭，然后间隔闪烁 3 次，循环上述过程（晶振频率为 6MHz）。

5.2.1 定时器/计数器工作方式

定时器/计数器 T0 和 T1 通过 $C/\overline{T}$ 可设置成定时或计数两种工作模式。在每种模式下，通过对 M1、M0 的设置又有 4 种不同的工作方式，T0 和 T1 在方式 0、方式 1、方式 2 下工作的情况是相同的，只有在方式 3 下工作时，两者情况不同。

下面将详细介绍 4 种工作方式下的定时器/计数器逻辑结构及工作情况。

1. 工作方式 0

定时器/计数器的工作方式 0 称为 13 位定时器/计数器方式，是由 TL（0/1）的低 5 位和 TH（0/1）的 8 位构成的 13 位计数器，此时 TL（0/1）的高 3 位未用。以 T0 为例，工作方式 0 下的逻辑结构如图 5-4 所示。

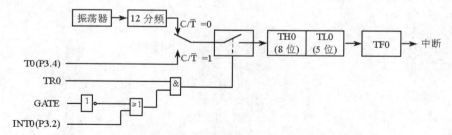

图5-4　定时器/计数器T0在工作方式0下的逻辑结构

当门选通位 GATE=0 时，或门输出始终为 1，与门被打开，由 TR0 控制定时器/计数器的启动和停止。

定时器/计数器 T0 在工作方式 0 下的工作过程如下。

（1）软件使 TR0 置 1，接通控制开关，启动定时器 0，13 位加 1 计数器在定时初值或计数初值的基础上进行加 1 计数。

（2）软件使 TR0 清 0，关断控制开关，停止定时器 0，加 1 计数器停止计数。

（3）计数溢出时，13 位加 1 计数器为 0，TF0 由硬件自动置 1，并申请中断，同时 13 位加 1 计数器继续从 0 开始计数。

2. 工作方式 1

定时器/计数器的工作方式 1 是一个由 TH0 中的 8 位和 TL0 中的 8 位组成的 16 位加 1 计数器。

定时器/计数器 T0 在工作方式 1 下的逻辑结构如图 5-5 所示。

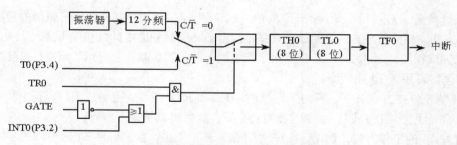

图5-5 定时器/计数器T0在工作方式1下的逻辑结构

方式 1 与方式 0 的工作情况基本相似，最大的区别是方式 1 的加 1 计数器位数是 16 位。

3. 工作方式 2

定时器/计数器的工作方式 2 是一个能自动装入初值的 8 位加 1 计数器，TH0 中的 8 位用于存放定时初值或计数初值，TL0 中的 8 位用于加 1 计数器。

定时器/计数器 T0 在工作方式 2 下的逻辑结构如图 5-6 所示。

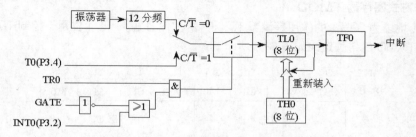

图5-6 定时器/计数器T0在工作方式2下的逻辑结构

加 1 计数器溢出后，硬件使 TF0 自动置 1，同时自动将 TH0 中存放的定时初值或计数初值再装入 TL0，继续计数。

4. 工作方式 3

定时器/计数器的工作方式 3 分为两个独立的 8 位加 1 计数器 TH0 和 TL0。TL0 既可用于定时，也能用于计数；TH0 只能用于定时。

定时器/计数器 T0 在工作方式 3 下的逻辑结构如图 5-7 所示。

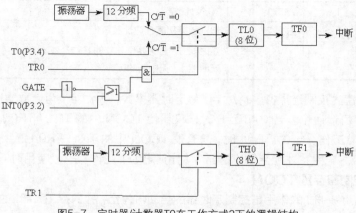

图5-7 定时器/计数器T0在工作方式3下的逻辑结构

　　加 1 计数器 TL0 占用了 T0 除 TH0 外的全部资源，原 T0 的控制位和信号引脚的控制功能与方式 0、方式 1 相同；与方式 2 相比，只是不能自动将定时初值或计数初值再装入 TL0，而必须由程序来完成；加 1 计数器 TH0 只能用于简单的内部定时功能，它占用了原 T1 的控制位 TR1 和 TF1，同时占用了 T1 中断源。

　　T1 不能工作在方式 3 下，因为 T0 工作在方式 3 下时，T1 的控制位 TR1、TF1 和中断源被 T0 占用；T1 可工作在方式 0、方式 1、方式 2 下，其输出直接送入串行口。

　　设置好 T1 的工作方式，T1 就自动开始计数；若要停止计数，可将 T1 设为方式 3；T1 通常用作串行口波特率发生器，以方式 2 工作会使程序简单一些。

5.2.2　定时器/计数器相关寄存器

　　T0 和 T1 工作于计数器模式还是定时器模式，以何种方式工作，以及工作的启/停，都是由软件控制的。由图 5-3 可知，用于控制的专用寄存器是 TMOD 和 TCON。我们对定时器/计数器进行控制的实质就是通过软件编程读/写这些专用寄存器。

1．工作方式寄存器 TMOD

　　TMOD（地址为 89H）的作用是设置 T0、T1 的工作方式。低 4 位用于控制 T0，高 4 位用于控制 T1，TMOD 的各位定义如图 5-8 所示。

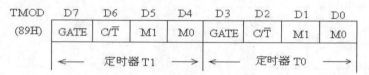

图5-8　工作方式寄存器TMOD格式

　　TMOD 各位的控制功能说明如下。

　　（1）M0、M1：工作方式控制位。2 位可形成 4 种组合，用于控制产生 4 种工作方式，如表 5-1 所示。

表 5-1　T0、T1 工作方式选择

M1	M0	工作方式	功能描述
0	0	方式 0	13 位计数器
0	1	方式 1	16 位计数器
1	0	方式 2	自动重装初值 8 位计数器
1	1	方式 3	定时器 0：分为两个独立的 8 位计数器 定时器 1：无中断的计数器

　　（2）$C/\overline{T}$：模式控制选择位。$C/\overline{T}=0$ 为定时器模式，$C/\overline{T}=1$ 为计数器模式。

　　（3）GATE：门选通位。当 GATE=0 时，只要使 TCON 中的 TR1（TR0）置 1 即可启动定时器 1（定时器 0）工作。当 GATE=1 时，只有使 TCON 中的 TR1（TR0）置 1 且外部中断 $\overline{INT0}$（$\overline{INT1}$）引脚输入高电平，才能启动定时器 1（定时器 0）工作。一般使用时 GATE=0 即可。

2．定时器控制寄存器 TCON

　　TCON（地址为 88H）的作用是控制定时器的启动与停止，并保存 T0、T1 的溢出和中断标志。

TCON 的各位定义如图 5-9 所示。

TCON	8FH	8EH	8DH	8CH	8BH	8AH	89H	88H
(88H)	TF1	TR1	TF0	TR0	IE1	IT1	IE0	IT0

图5-9　定时器控制寄存器TCON格式

TCON 各位的作用如下。

（1）TF1（TCON.7）——T1 溢出标志位。0：T1 无溢出，1：T1 溢出中断。

（2）TF0（TCON.5）——T0 溢出标志位。0：T0 无溢出，1：T0 溢出中断。

（3）TR1（TCON.6）——T1 运行控制位。0：停 T1 计数，1：T1 启动。

（4）TR0（TCON.4）——T0 运行控制位。0：停 T0 计数，1：T0 启动。

（5）IE1、IT1、IE0 和 IT0（TCON.3～TCON.0）——外部中断 $\overline{INT1}$、$\overline{INT0}$ 请求标志位及触发方式选择位，这几位在项目四中都有详细介绍。

MCS-51 系列单片机复位后，TCON 的所有位被清零。

3. 定时器/计数器的初始化步骤

定时器/计数器是一种可编程部件，在使用定时器/计数器前，一般都要进行初始化，以确定其特定的功能等。初始化的步骤如下所述。

（1）确定定时器/计数器的工作方式：确定方式控制字，并写入 TMOD。

（2）预置定时初值或计数初值：根据定时时间或计数次数，计算定时初值或计数初值，并写入 TH0、TL0 或 TH1、TL1。

（3）根据需要开放定时器/计数器的中断：给 IE 中的相关位赋值。

（4）启动定时器/计数器：给 TCON 中的 TR1 或 TR0 置 1。

4. 定时初值或计数初值的计算方法

不同工作方式的定时初值或计数初值的计算方法如表 5-2 所示。

表 5-2　定时初值或计数初值的计算方法

工作方式	计数位数	最大计数值	最大定时时间	定时初值计算公式	计数初值计算公式
方式 0	13	$2^{13}=8192$	$2^{13}\times T_{机}$	$X=2^{13}-T/T_{机}$	$X=2^{13}-$计数值
方式 1	16	$2^{16}=65536$	$2^{16}\times T_{机}$	$X=2^{16}-T/T_{机}$	$X=2^{16}-$计数值
方式 2	8	$2^{8}=256$	$2^{8}\times T_{机}$	$X=2^{8}-T/T_{机}$	$X=2^{8}-$计数值

注：T 表示定时时间，$T_{机}$ 表示机器周期。

5.2.3　霓虹灯控制系统设计与实现

设计具体要求：由 P1 口输出控制 8 个 LED（模拟霓虹灯）的亮灭。首先从灯 D1 开始，8 个灯循环点亮一次，即 D1 点亮 1s 后熄灭，D2 点亮 1s 后熄灭，……，D8 点亮 1s 后熄灭；然后间隔闪烁 3 次，即 D1、D3、D5、D7 点亮 1s 后熄灭，D2、D4、D6、D8 点亮 1s 后熄灭，重复 3 次；循环上述过程（晶振频率为 6MHz）。

1. 霓虹灯控制系统电路设计

霓虹灯控制系统电路如图 5-10 所示。根据设计要求，霓虹灯控制系统电路由单片机最小系统和 8 个 LED 电路组成。8 个 LED 采用共阳极接法，LED 的阳极通过 220Ω 限流电阻后连接到

5V 电源上，限流电阻在这里起到了限流的作用，使通过 LED 的电流被限制在十几个毫安左右。P1口接 LED 的阴极，P1 口的引脚输出低电平时对应的 LED 点亮，输出高电平时对应的 LED 熄灭。

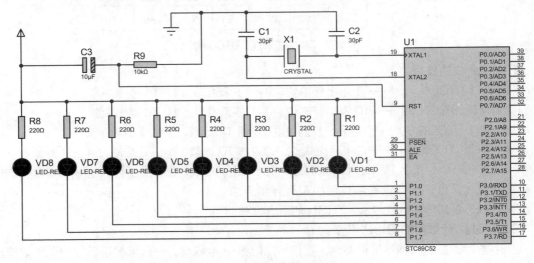

图5-10　霓虹灯控制系统电路设计

运行 Proteus 软件，新建"霓虹灯控制系统"设计文件。如图 5-10 所示放置并编辑 STC89C52、CRYSTAL、CAP、CAP-ELEC、RES、LED-RED 等元器件。完成霓虹灯控制系统电路设计后，进行电气规则检测。

2. 霓虹灯控制系统程序设计

```
/***************************************************
 霓虹灯模拟控制主程序
 ***************************************************/
#include <reg52.h>
unsigned char i10,i8,i6;
unsigned char mod1,mod2;
bit F;
void main(void)
{
    i10=10;              //设置软件计数 10 次，每次 100ms
    i8=8;                //设置循环点亮阶段输出次数
    i6=6;                //设置间隔闪烁阶段输出次数
    mod1=0x01;           //设置循环点亮阶段控制码初值
    mod2=0xAA;           //设置间隔闪烁阶段控制码初值
    F0=0;                //设置循环点亮阶段标志，F0=0 为循环点亮阶段
    TMOD=0x10;           //设置 T1 方式 1 定时
    TH1=0x3C;            //送 100ms 定时初值
    TL1=0xB0;
    IE=0x88;             //允许 T1 中断
    TR1=1;               //启动 T1 定时
    while(1);            //等待中断
```

```
}
/**************************************************************
T1 中断服务程序
**************************************************************/
void timer0(void)  interrupt 3 using 1
{
    TH1=0x3C;                    //100ms 时间到，重装定时初值
    TL1=0xB0;
    i10--;
    if(i10==0)
    {
        i10=10;                  //1s 到，重设软件计数器
        if(F==0)
        {
            P1=~mod1;            //循环点亮阶段控制码取反送 P1 口
            mod1= mod1<<1;       //mod1 值左移一位
            i8--;
            if(i8==0)
            {
                i8=8;            //完成重设循环点亮阶段输出次数
                F=1;             //设置间隔闪烁阶段标志
                mod1=0x01;
            }
        }
        else
        {
            P1=mod2;             //输出间隔闪烁阶段控制码
            mod2=~mod2;          //控制码取反
            i6--;
            if(i6==0)
            {
                i6=6;            //完成重设间隔闪烁阶段输出次数
                F=0;             //设置循环点亮阶段标志
            }
        }
    }
}
```

霓虹灯控制系统程序设计好以后，打开"霓虹灯控制系统"Proteus 电路，加载"霓虹灯控制系统.hex"文件，进行仿真运行，观察 LED-RED 数码管的亮灭规律是否与设计要求相符。

【技能训练 5-1】0~59 秒数码显示（定时器）

1．0~59 秒数码显示电路设计

利用 LED 数码管动态扫描显示和定时器的定时功能，完成 0~59 秒数码显示（定时器）设

计与实现。

LED 动态扫描显示电路的两个共阴极数码管的 a~g 七个位段控制引脚经过 74LS245 芯片，分别接在单片机 P0 口的 P0.0~P0.6 七个引脚上，数码管的公共端分别接在 P1 口的 P1.0 和 P1.1 引脚上，电路设计如图 5-11 所示。

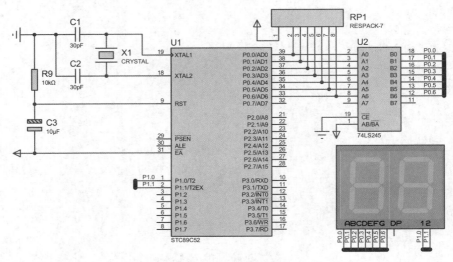

图5-11　0~59秒数码显示

2. 0~59 秒数码显示程序设计

0~59 秒数码显示的格式为：XX 由左向右分别为十位和个位。0~59 秒数码显示程序如下：

```c
#include <AT89X52.h>
unsigned char code
Tab[]={0x3F,0x06,0x5B,0x4F,0x66,0x6D,0x7D,0x07,0x7F,0x6F};
unsigned char Dat[]={0,0,0,0,0,0};
unsigned char Second,t;
void Delay()
{
    unsigned char i;
    for(i=0;i<250;i++);
}
void main()
{
    EA = 1;                       //允许所有中断
    ET0 = 1;                      //允许 T0 中断
    TMOD =0x01;                   //T0 方式 1 计时 0.05s
    TH0 = (65536-50000)/256;      //fosc=12MHz
    TL0 = (65536-50000)%256;
    TR0 = 1;
    while(1)
    {
        Dat[0]=Second/10;          //获取秒数的十位数
```

```
        Dat[1]=Second%10;              //获取秒数的个位数
        P0=Tab[Dat[0]];
        P1=0xfe;
        Delay();
        P1=0xff;
        P0=Tab[Dat[1]];
        P1=0xfd;
        Delay();
        P1=0xff;
    }
}
/* 定时器 0 中断服务子程序 */
void intserv1 (void) interrupt 1 using 1
{
    TH0= (65536-50000)/256;
    TL0= (65536-50000)%256;
    t++;
    if(t==20)
    {
        t=0;
        Second++;
        if(Second>=60) Second=0;
    }
}
```

5.3　任务 15　基于 LCD 液晶显示的电子钟设计

为了进一步掌握定时器的使用和编程方法，以及掌握中断处理程序的编程方法，利用 CPU 的定时器和 LCD1602 液晶显示模块，设计一个电子时钟。要求电子时钟显示的格式如下。

第 1 行显示：Electronic Clock

第 2 行显示：XX:XX:XX（由左向右分别为时、分、秒）

5.3.1　认识 LCD1602 液晶显示模块

液晶显示器已作为很多智能电子产品和家用电子产品的显示器件，如在智能仪表、计算器、万用表、电子表等电子产品中都可以看到，显示的主要是数字、专用符号和图形。在智能电子产品的人机交互界面中，一般的输出方式有 LED、数码管、液晶显示模块等几种。液晶显示模块具有以下特点。

（1）显示质量高。由于液晶显示器的每一个点在收到信号后，就一直保持那种色彩和亮度，恒定发光，显示的画质高且不会闪烁。

（2）数字式接口。液晶显示器都是数字式的，和单片机的接口更加简单可靠，操作更加方便。

（3）体积小、重量轻。液晶显示器是通过显示屏上的电极来控制液晶分子状态，达到显示的目的，在重量上比相同显示面积的传统显示器要轻得多。

（4）功耗低。相对而言，液晶显示器的功耗主要消耗在其内部的电极和驱动 IC 上，因而耗电量比其他显示器要少得多。

1. LCD1602 液晶显示模块

LCD1602 液晶显示模块是一个字符型液晶显示模块，能够同时显示 16×2（16 列×2 行）个字符，即可以显示两行，每行 16 个字符，共显示 32 个字符。

LCD1602 是一种专门用来显示字母、数字、符号等的点阵型液晶模块。它由若干个 5×7 或者 5×11 的点阵字符位组成，每个点阵字符位都可以显示一个字符，每位之间有一个点距的间隔，每行之间也有间隔，起到了字符间距和行间距的作用。

LCD1602 液晶显示模块实物如图 5-12 所示。

图5-12　LCD1602液晶显示模块

LCD1602 液晶显示模块分为带背光和不带背光两种，控制驱动主电路为 HD44780，带背光的比不带背光的厚，是否带背光在应用中并无差别。其主要技术参数如下所述。

（1）显示容量：16×2 个字符。

（2）芯片工作电压：4.5V~5.5V。

（3）工作电流：2.0mA（5.0V）。

（4）模块最佳工作电压：5.0V。

（5）字符尺寸：2.95×4.35（W×H）mm。

目前，市面上字符型液晶显示器大多数是基于 HD44780 液晶芯片的，控制原理也完全相同，因此基于 HD44780 写的控制程序，可以很方便地应用于市面上大部分字符型液晶显示器。

2. LCD1602 的 RAM 地址及标准字库

（1）LCD1602 的内部显示地址

显示字符时，要先输入显示字符地址，也就是先通知模块在哪里显示字符。LCD1602 液晶显示可分为上下两行各 16 位，其内部的显示地址如图 5-13 所示。

从图 5-13 可以看出，第 1 行第 1 个字符的显示地址是 00H，第 2 行第 1 个字符的显示地址是 40H。那么是否直接写入显示地址 40H，就可以将光标定位在第 2 行第 1 个字符的位置呢？

这样肯定不行。因为在写入显示地址时，要求最高位 D7 恒定为高电平"1"，所以写入的数据应该是：01000000B（40H）+10000000B（80H）=11000000B（C0H）。

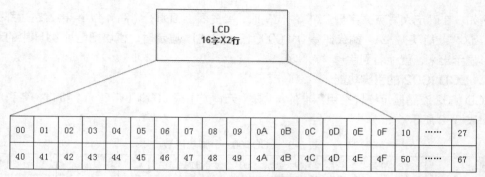

图5-13 LCD1602内部显示地址

（2）LCD1602 的标准字库

LCD1602 液晶显示模块内部的字符发生存储器（CGROM）已经存储了 160 个不同的点阵字符图形，如图 5-14 所示。

图5-14 LCD1602的标准字库

从图 5-14 可以看出，这些字符有阿拉伯数字、英文字母的大小写、常用的符号和日文假名等，每一个字符都有一个固定的代码。

例如：在确定大写英文字母"A"的代码时，要先看上面那行（高 4 位），再看左边那列（低4 位），这样就能获得"A"的代码是 01000001B（41H）。显示时，模块把地址 41H 中的点阵字符图形显示出来，就能看到字母"A"了。

3. LCD1602 的引脚功能

LCD1602 液晶显示模块采用标准的 14 脚（无背光）或 16 脚（带背光）接口，各引脚接口说明如表 5-3 所示。

表 5-3 LCD1602 引脚功能表

引脚号	符号	引脚说明	引脚号	符号	引脚说明
1	V_{SS}	电源地	9	D2	数据
2	V_{DD}	电源正极	10	D3	数据
3	VL	液晶显示偏压	11	D4	数据
4	RS	数据/命令选择	12	D5	数据
5	R/W	读/写选择	13	D6	数据
6	E	使能信号	14	D7	数据
7	D0	数据	15	BLA	背光源正极
8	D1	数据	16	BLK	背光源负极

LCD1602 液晶显示模块的主要引脚功能如下。

（1）VL 为液晶显示器对比度调整端。VL 接正电源时对比度最弱，接地时对比度最高。对比度过高时会产生"鬼影"，可以通过一个 10kΩ 的电位器来调整对比度。

（2）RS 为寄存器选择。RS 为高电平"1"（RS=1）时选择数据寄存器，为低电平"0"（RS=0）时选择指令寄存器。

（3）R/W 为读写信号线。R/W 为高电平"1"（R/W=1）时进行读操作，为低电平"0"（R/W=0）时进行写操作。

（4）E（或 EN）端为使能端。当 E 端由高电平跳变成低电平时，液晶模块执行命令。

（5）D0~D7 为 8 位双向数据线。其中，D7 还作为 LCD1602 液晶显示模块的 BF 忙标志位。

5.3.2 电子钟电路设计

1. 进一步了解 74LS245

74LS245 是常用的芯片，用来驱动 LED 或者其他的设备，它是 8 路同相三态双向总线收发器，可双向传输数据。

74LS245 还具有双向三态功能，既可以输出数据，也可以输入数据。74LS245 的引脚排列如图 5-15 所示。

当单片机的 P0 口总线负载达到或超过 P0 最大负载能力时，必须接入 74LS245 等总线驱动器。

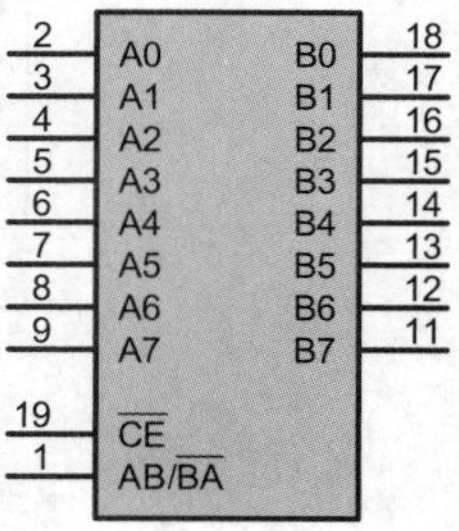

各引脚定义如下。

A0~A7：双向输入/输出管脚；

B0~B7：双向输入/输出管脚；

$\overline{CE}$：片选端，低电平有效；

图5-15 74LS245引脚排列

$AB/\overline{BA}$：数据传输方向选择端。

74LS245 的工作方式如表 5-4 所示。

表 5-4　74LS245 工作方式

使能端 $\overline{CE}$	方向控制 $AB/\overline{BA}$	功能
L	L	B→A
L	H	A→B
H	X	高阻态

2. 电子钟电路设计

按照设计任务，电子钟电路由 LCD1602 液晶显示模块来分别显示时、分、秒；同时，考虑到 P0 口的驱动能力，在 P0 口与 LCD1602 液晶显示模块之间加了一个 8 路双向总线收发器74LS245。电子钟电路设计如图 5-16 所示。

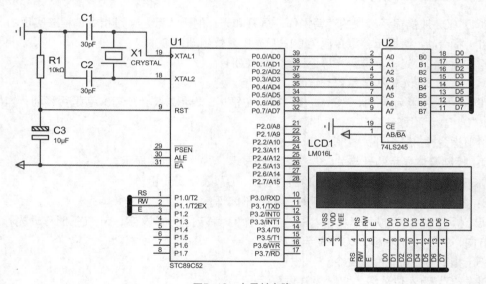

图5-16　电子钟电路

运行 Proteus 软件，新建"电子钟电路"设计文件。按图 5-16 所示放置并编辑 STC89C52、CRYSTAL、CAP、CAP-ELEC、RES、74LS245 和 LM016L（LCD1602 液晶显示模块）等元器件。完成电子钟电路设计后，进行电气规则检测。

5.3.3　LCD1602 指令操作

1. LCD1602 控制指令

LCD1602 液晶显示模块内部的控制器共有 11 条控制指令，如表 5-5 所示。

表 5-5　控制指令一览表

序号	指令	RS	R/W	D7	D6	D5	D4	D3	D2	D1	D0
1	清显示	0	0	0	0	0	0	0	0	0	1
2	光标返回	0	0	0	0	0	0	0	0	1	*

续表

序号	指令	RS	R/W	D7	D6	D5	D4	D3	D2	D1	D0
3	置输入模式	0	0	0	0	0	0	0	1	I/D	S
4	显示开/关控制	0	0	0	0	0	0	1	D	C	B
5	光标或字符移位	0	0	0	0	0	1	S/C	R/L	*	*
6	置功能	0	0	0	0	1	DL	N	F	*	*
7	置字符发生存储器地址	0	0	0	1	字符发生存储器地址					
8	置数据存储器地址	0	0	1	显示数据存储器地址						
9	读忙标志或地址	0	1	BF	计数器地址						
10	写数到 CGRAM 或 DDRAM	1	0	要写的数据内容							
11	从 CGRAM 或 DDRAM 读数	1	1	读出的数据内容							

注：表 5-5 中的"1"为高电平、"0"为低电平。

LCD1602 液晶显示模块的读写操作、屏幕和光标的操作都是通过指令编程来实现的。

（1）指令 1：清显示，指令码为 01H，光标复位到地址 00H。

（2）指令 2：光标复位，光标返回到地址 00H。

（3）指令 3：光标和显示模式设置。

I/D 表示光标移动方向，"1"右移，"0"左移。S 表示屏幕上所有文字是否移动，"1"表示移动，"0"表示不移动。

（4）指令 4：显示开关控制。

D：控制整体显示的开与关，"1"表示开显示，"0"表示关显示；

C：控制光标的开与关，"1"表示有光标，"0"表示无光标；

B：控制光标是否闪烁，"1"闪烁，"0"不闪烁。

（5）指令 5：光标或显示移位。S/C：为"1"时移动显示的文字，为"0"时移动光标。R/L：移位方向，"1"表示右移，"0"表示左移。

（6）指令 6：功能设置命令。

DL："0"为 4 位总线，"1"为 8 位总线；

N："0"为单行显示，"1"为双行显示；

F："0"显示 5×7 的点阵字符，"1"显示 5×10 的点阵字符。

（7）指令 7：字符发生器 RAM 地址设置。

（8）指令 8：DDRAM 地址设置。

（9）指令 9：读忙信号和光标地址。

BF：忙标志位，"1"表示忙，此时模块不能接收命令或者数据；"0"表示不忙，此时模块可以接收命令或者数据。

（10）指令 10：写数据。

（11）指令 11：读数据。

2. LCD1602 指令的基本操作

LCD1602 液晶显示模块指令主要有 4 个基本操作，如表 5-6 所示。

表 5-6 指令基本操作

读状态	输入	RS=L, R/W=H, E=H	输出	D0~D7=状态字
写指令	输入	RS=L, R/W=L, D0~D7=指令码, E= H	输出	无
读数据	输入	RS=H, R/W=H, E=H	输出	D0~D7=数据
写数据	输入	RS=H, R/W=L, D0~D7=数据, E= H	输出	无

针对 4 个基本操作，做如下说明。

（1）E=H（E=高脉冲，即 E=1），开始初始化时 E=0，然后 E=1，最后 E=0。

（2）在读状态时，主要是读取 D7 位（即显示模块的忙标志位 BF）。

由于 LCD1602 液晶显示模块是一个慢显示器件，所以在执行每条指令之前，一定要先确认显示模块是否处于忙的状态。

BF=0，表示不忙，液晶显示模块可以接收单片机发送来的数据或指令；

BF=1，表示忙，液晶显示模块不能接收单片机发送来的数据或指令。

（3）在写指令时，可以写入指令或者显示地址，比如清屏等。

（4）在读数据时，是从数据寄存器读取数据。

（5）在写数据时，是写入数据寄存器（显示各字形等）。

5.3.4 电子钟程序设计

1. 程序设计分析

（1）工作方式选择位设置为方式 2；计数/定时方式选择位设置为定时器工作方式。

（2）定时器每 50ms 中断一次，在中断服务程序中，对中断次数进行计数，50ms 计数 20 次就是 1s。然后再对秒计数得到分和小时值，并送入显示缓冲区。

（3）单片机 P0 口输出字段码，P1 口输出位码。

2. 电子钟控制程序设计

电子钟控制的 C 语言程序如下：

```c
/************************************************************
* 功能：电子钟，LCD1602 液晶显示
************************************************************/
#include<reg52.h>
#define uchar unsigned char
#define uint unsigned int
sbit RS=P1^0;
sbit EN=P1^2;
sbit RW=P1^1;
//uchar count,s1num;
uchar count;
uchar miao,shi,fen;
uchar code tab1[]="Electronic Clock";
uchar code tab2[]="   14:00:00";
void delay(uint t)
{
```

```
    uint x,y;
    for(x=t;x>0;x--)
        for(y=110;y>0;y--);
}
/*******************************************************
* 名称：WrOp()
* 功能：写函数
*******************************************************/
void WrOp(uchar com)
{
    RS=0;               //选择指令寄存器
    P0=com;             //把指令写入 LCD1602 的指令寄存器中
    delay(1);
    EN=1;               //EN 为高电平
    delay(1);
    EN=0;               //EN 为低电平，EN 由高电平跳变成低电平，LCD1602 执行指令
}
/*******************************************************
* 名称：WrDat()
* 功能：写数据函数
*******************************************************/
void WrDat(uchar dat)
{
    RS=1;               //选择数据寄存器
    P0=dat;             //把数据写入 LCD1602 的数据寄存器中
    delay(1);
    EN=1;
    delay(1);
    EN=0;
}
/*******************************************************
* 名称：LCD_Init ()
* 功能：LCD1602 初始化函数
*******************************************************/
void LCD_Init()
{
    uchar num;
    RW=0;                   //写有效
    WrOp(0x38);             //16*2 显示，5*7 点阵，8 位数据接口，见指令 6
    WrOp(0x0c);             //开显示，见指令 4
    WrOp(0x06);             //光标右移（即光标加 1），见指令 3
    WrOp(0x01);             //清显示，见指令 1
    WrOp(0x80);             //第 1 行第 1 个字符的显示地址 00H 开始显示，见指令 8
    for(num=0;num<16;num++)
```

```
        {
            WrDat(tab1[num]);    //第1行显示"Electronic Clock"
            delay(5);
        }
        WrOp(0x80+0x40);            //第2行第1个字符的显示地址40H开始显示
        for(num=0;num<12;num++)
        {
            WrDat(tab2[num]);    //第2行显示"14:00:00"
            delay(5);
        }
}
/***********************************************************
* 名称: Out_Char()
* 功能: 显示时或分或秒函数
***********************************************************/
void Out_Char(uchar add,uchar date)
{
    uchar shi,ge;
    shi=date/10;
    ge=date%10;
    WrOp(0x80+0x40+add);
    WrDat(0x30+shi);           //0x30是高4位, shi是低4位, 合并后就是显示数字
    WrDat(0x30+ge);            //0x30是高4位, ge是低4位
}
/***********************************************************
* 名称: main ()
***********************************************************/
void main()
{
    TMOD=0x01;                        //设置T0为定时功能、工作方式1
    TH0=(65536-50000)/256;           //设置T0为定时时间是50ms
    TL0=(65536-50000)%256;
    EA=1;
    ET0=1;                            //开T0中断
    TR0=1;
    LCD_Init();
    while(1);
}
/***********************************************************
* 名称: timer0()
* 功能: T0中断服务函数, 实时显示时、分和秒
***********************************************************/
void timer0() interrupt 1
{
```

```
TH0=(65536-60000)/256;
TL0=(65536-60000)%256;
count++;
if(count==20)                          //如果 T0 中断次数达到 20，即 1s 时间到
{
    count=0;
    miao++;
    if(miao==60)                       //如果秒计数器计数到 60，分计数器加 1
    {
        miao=0;
        fen++;
        if(fen==60)                    //如果分计数器计数到 60，时计数器加 1
        {
            fen=0;
            shi++;
            if(shi==24)                //如果时计数器计数到 24，时计数器清 0
            {
                shi=0;
            }
            Out_Char(4,shi);           //第 2 行第 4 个字符位置显示"时"
        }
        Out_Char(7,fen);               //第 2 行第 7 个字符位置显示"分"
    }
    Out_Char(10,miao);                 //第 2 行第 10 个字符位置显示"秒"
}
}
```

电子钟电路程序设计好以后，打开"电子钟电路"Proteus 电路，加载 "电子钟电路.hex"文件，进行仿真运行，观察时、分、秒的显示规律是否与设计要求相符。

5.3.5　电子钟电路焊接制作

根据图 5-16 所示电路图，在万能板上完成电子钟电路焊接制作，元器件清单如表 5-7 所示。

表 5-7　电子钟电路元器件清单

元件名称	参数	数量	元件名称	参数	数量
单片机	STC89C52	1	轻微按键		1
晶振	11.0592MHz	1	电阻	10kΩ	1
瓷片电容	30pF	2	驱动器	74LS245	1
电解电容	10μF	1	LCD1602 液晶显示		1
IC 插座	DIP40	1			

1. 电路板焊接

参考电子钟电路，完成电路板焊接制作，焊接好的电路板如图 5-17 所示。

图5-17 电子钟电路板

2. 硬件检测与调试

参照"数码管循环显示 0~9 电路焊接制作"进行硬件检测与调试。

3. 软件下载与调试

通过 STC 下载软件把"电子钟.hex"文件烧入单片机芯片中，观察时、分、秒的显示规律是否与设计要求相符。如果相符，说明上面的焊接过程和程序均正常，否则需进行调试，直到功能实现。

5.4 intrins.h 头文件的应用

在单片机 C 语言程序设计中，遇到循环左移、循环右移等方面的编程问题，常常感到麻烦。这时可以利用 intrins.h 头文件里面的有关函数来实现。intrins.h 头文件内部函数及功能如表 5-8 所示。

表 5-8 intrins.h 内部函数

内部函数	功能描述
crol	字符循环左移
cror	字符循环右移
irol	整数循环左移
iror	整数循环右移
lrol	长整数循环左移
lror	长整数循环右移
nop	空操作，8051 NOP 指令
testbit	测试并清零位，8051 JBC 指令

5.4.1 _crol_、_irol_和_lrol_函数

1. 函数原型

```
unsigned char _crol_(unsigned char val,unsigned char n);
unsigned int _irol_(unsigned int val,unsigned char n);
```

```
unsigned int _lrol_(unsigned int val,unsigned char n);
```

2. 函数功能

crol、_irol_和_lrol_是以位形式将 val 循环左移 n 位后，将高位补低位，该函数与 8051 "RL A"指令相关。例如：

```
y=_irol_(y,4);          //将 y 左移 4 位后高位补低位
```

5.4.2 _cror_、_iror_和_lror_函数

1. 函数原型

```
unsigned char _cror_(unsigned char val,unsigned char n);
unsigned int _iror_(unsigned int val,unsigned char n);
unsigned int _lror_(unsigned int val,unsigned char n);
```

2. 函数功能

cror、_iror_和_lror_是以位形式将 val 循环右移 n 位后，将低位补高位，该函数与 8051 "RR A"指令相关。例如：

```
y=_iror_(y,4);          //将 y 右移 4 位后低位补高位
```

5.4.3 _nop_函数

1. 函数原型

```
void _nop_(void);
```

2. 函数功能

_nop_产生一个 NOP 指令，是空操作。C51 编译器在_nop_函数工作期间不产生函数调用，即在程序中直接执行 NOP 指令。

5.4.4 _testbit_函数

1. 函数原型

```
bit _testbit_(bit);
```

2. 函数功能

_testbit_产生一个 JBC 指令，该函数测试一个位，当置位时返回 1，否则返回 0。

intrins.h 头文件代码如下：

```
#ifndef __INTRINS_H__
#define __INTRINS_H__
extern void         _nop_     (void);
extern bit          _testbit_ (bit);
extern unsigned char _cror_   (unsigned char, unsigned char);
extern unsigned int  _iror_   (unsigned int,  unsigned char);
extern unsigned long _lror_   (unsigned long, unsigned char);
extern unsigned char _crol_   (unsigned char, unsigned char);
extern unsigned int  _irol_   (unsigned int,  unsigned char);
extern unsigned long _lrol_   (unsigned long, unsigned char);
extern unsigned char _chkfloat_(float);
#endif
```

【技能训练 5-2】用_crol_函数实现 LED 循环点亮

用_crol_函数实现 LED 循环点亮程序，这里只给出部分程序，其他部分代码和任务 3、任务 13 一样。

```
#include <reg52.h>
#include <intrins.h>                 //包含 intrins.h 头文件
void main()
{
  unsigned char temp=0xfe;          //初始控制码送 temp
  P1 = 0xff;                        //十六进制全 1,熄灭所有 LED
  while(1)
  {
   P1 = temp;                       //temp 值送 P1 口
   Delay();
   temp = _crol_(temp,1);           //temp 值循环左移一位
  }
}
```

与任务 4 及任务 14 的霓虹灯控制程序相比，使用_crol_函数编写的 LED 循环点亮程序简便多了。如果改变 LED 循环点亮方向，可用_crol_函数实现。

 **关键知识点小结**

　1．定时器/计数器

（1）STC89C52 共有 3 个可编程的定时器/计数器，分别称为定时器 T0、T1 和 T2，其中 T0 和 T1 都是 16 位的加 1 计数器。

（2）定时器对单片机的机器周期进行计数。

（3）计数器对单片机的外部脉冲进行计数。

　2．定时器/计数器的工作方式

定时器/计数器有 4 种工作方式。方式 0 是 13 位计数器；方式 1 是 16 位计数器；方式 2 是自动重装初值 8 位计数器；方式 3 时，定时器 0 被分为两个独立的 8 位计数器，定时器 1 是无中断的计数器，此时定时器 1 一般用作串行口波特率发生器。

　3．定时器/计数器初始化步骤及初值计算

（1）确定定时器/计数器的工作方式：确定方式控制字并写入 TMOD。

（2）预置定时初值或计数初值：根据定时时间或计数次数计算初值，并分别写入 TH0、TL0 或 TH1、TL1。

（3）根据需要开放定时器/计数器的中断：给 IE 中的相关位赋值。

（4）启动定时器/计数器：给 TCON 中的 TR1 或 TR0 置 1。

　4．定时器/计数器工作过程

当定时器/计数器 T0 或 T1 计数溢出时，由硬件对 TF0 或 TF1 置 1，在中断方式下向 CPU 请求中断服务，中断响应时 TF0 或 TF1 由硬件清零；也可以在不允许中断的时候查询 TF0 或 TF1

的状态，捕捉到计数溢出后，必须由软件对 TF0 或 TF1 进行清零。

5．intrins.h 头文件的应用

在单片机 C 语言程序设计中，如果遇到循环左移、循环右移等编程问题，可以利用 intrins.h 头文件里面的有关函数来实现。

 问题与讨论

5-1　填空题

（1）MCS-51 有两个 16 位可编程定时器/计数器，其中定时作用是指对单片机_____脉冲进行计数，而计数器作用是指对单片机_____脉冲进行计数。

（2）由于执行每条指令都要占用 CPU 的时间，因此采用循环结构并多次重复执行某些指令可实现软件延时。而硬件延时一般是采用单片机的_____再通过软件编程来实现。

（3）单片机有两个定时器，定时器的工作方式由_____寄存器决定，定时器的启动与溢出由_____寄存器控制。

（4）MCS-51 单片机定时计数器的工作方式是由工作方式寄存器 TMOD[GATE，C/T，M1，M0，GATE，C/T，M1，M0]位状态字决定的，当定时器 T1 以方式 1 对内定时，定时器 T0 不工作时其状态字应为_____，当定时器 T1 以方式 1 对内定时，同时定时器 T0 以方式 1 对外记数，其状态字应为_____。

5-2　选择题

（1）MCS-51 系列单片机定时器/计数器共有 4 种操作模式，并由 TMOD 寄存器中的 M1 和 M0 的状态决定，当 M1 和 M0 的状态为 10 时，定时器/计数器被设定为（　　）。

　　A．13 位定时器/计数器

　　B．16 位定时器/计数器

　　C．自动重装 8 位定时/计数器

　　D．T0 为两个独立的 8 位定时器/计数器，T1 停止工作

（2）MCS-51 系列单片机定时器/计数器是否计满，可采用等待中断的方法进行处理，也可通过对（　　）的查询方法进行判断。

　　A．OV 标志　　　　B．CY 标志　　　　C．中断标志　　　　D．奇偶标志

（3）定时器 T0 的溢出标志 TF0，在 CPU 响应中断后（　　）。

　　A．由软件清零　　B．由硬件清零　　　C．随机状态　　　　D．AB 都可以

（4）在 MCS-51 单片机中，定时器/计数器在工作方式 1 下，计数器由 TH 的全部 8 位和 TL 的 8 位组成，因此其计数范围是（　　）

　　　　A．1～8192　　　B．0～8191　　　C．0～8192　　　D．1～65536

5-3　定时器/计数器有哪几种工作方式？各有什么特点？

5-4　控制寄存器 TMOD 和 TCON 各位的定义是什么？怎样确定各定时器/计数器的工作方式？

5-5　在工作方式 3 中，定时器/计数器 T0 和 T1 的应用有什么不同？

5-6　定时器/计数器作定时器用时，其定时时间与哪些因素有关？作计数器用时，对外界计数频率有何限制？

5-7　当定时器 T0 工作于方式 3 时，如何使运行中的定时器 T1 停止下来？

5-8　晶振 f_{osc}=6MHz，T0 工作在方式 1，最大定时是多少？

5-9　已知单片机时钟频率 f_{osc}=12MHz，当要求定时时间为 50ms 和 25ms 时，试编写定时器/计数器的初始化程序。

5-10　已知 STC89C52 时钟频率 f_{osc}=6MHz，试利用定时器编写程序，使 P1.0 输出一个占空比为 1/4 的脉冲波。

5-11　试用定时器中断技术设计一个秒闪电路，要求 LED 每秒闪亮 400ms，设时钟频率为 6MHz。

项目六

模拟量输入/输出设计与实现

项目导读

　　本项目从模拟量/数字量转换设计入手，首先让读者对 A/D、D/A 转换有一个初步了解；然后介绍 ADC0809、DAC0832 转换器的功能及设计方法，并介绍 A/D、D/A 转换的相关电路和程序设计方法。通过 A/D 转换电路焊接制作，读者将进一步了解 A/D、D/A 转换的应用。

知识目标	1. 了解 A/D、D/A 转换及应用； 2. 掌握 ADC0809、DAC0832 的结构和引脚功能以及工作过程； 3. 掌握 ADC0809、DAC0832 的电路和程序设计
技能目标	能完成 A/D 转换控制电路的设计与焊接制作，能应用 C 语言程序完成 ADC0809、DAC0832 转换器的相关编程，实现数字电压表的设计、运行及调试
素养目标	引导读者树立严谨科学的学习态度，培养读者认真负责的工作习惯及责任担当意识
教学重点	1. ADC0809、DAC0832 的电路设计方法； 2. ADC0809 的编程方法，DAC0832 的 3 种工作方式及编程方法
教学难点	ADC0809、DAC0832 转换器的编程步骤及程序设计
建议学时	6 学时
推荐教学方法	从任务入手，通过 ADC0809、DAC0832 转换器的基本应用设计，让读者了解 ADC0809、DAC0832 转换器的基本结构，进而通过 A/D、D/A 转换设计与焊接制作，熟悉 A/D、D/A 转换器的应用
推荐学习方法	勤学勤练、动手操作是学好 A/D、D/A 转换器应用设计的关键，动手完成一个 A/D 转换电路焊接制作，通过"边做边学"达到学习的目的

6.1 任务 16 模数转换 LED 显示

模拟量由电位器模拟产生，使用 ADC0809 模数转换器，可以将电位器上的模拟量（模拟电压）转换为数字量，把转换结果送到 8 个 LED 上显示（即二进制显示）。

6.1.1 模拟量输入/输出概述

在单片机实时控制系统中，外界物理量和执行机构的控制量通常都是模拟信号，而单片机内均是数字信号，因此在单片机的输入/输出端需要进行模数和数模的转换。

在生产环节中，单片机的控制量可能是各种模拟信号。例如单片机对温度信号进行采集和控制，通常温度信号是典型的连续变化的模拟信号，而单片机只能够处理数字信号，因此在采集的前端电路，必须将模拟信号转化为数字信号。

在另一些系统中，除了信号的采集和显示之外，还涉及单片机的控制。例如在电烤箱的温度控制系统中，单片机还应能够根据采集的温度和设定温度的对比，控制加热器的工作。此时，在单片机的输出部分，还涉及把单片机输出的数字信号转化为控制加热器工作的模拟信号。

6.1.2 模数转换 LED 显示电路

模数转换 LED 显示设计是通过模数转换器 ADC0809 对电位器上的模拟电压进行采集，并根据所采电压的大小来控制与 P1 口相连的 8 个 LED 的亮灭。每个 LED 亮代表二进制"1"、灭代表二进制"0"。通过 LED 的亮灭所代表的二进制数，来反映电位器上分压的高低。

按照上述任务要求，模数转换 LED 显示电路由单片机最小系统、LED 电路、模数转换电路 ADC0808 和电位器等构成，如图 6-1 所示。

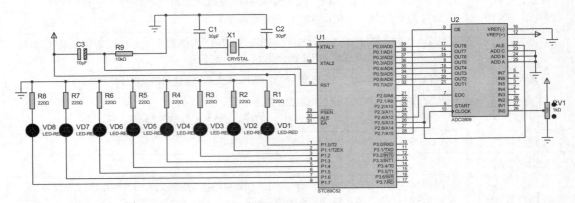

图6-1　模数转换LED显示电路

LED 采用共阴极接法，8 个 LED 的阴极分别通过限流电阻并接到地，P1 口接 LED 的阳极。P1 口的引脚输出高电平时，对应的 LED 点亮；输出低电平时，对应的 LED 熄灭。ADC0809 的 8 输入选择端全部接地，表示选择了 IN0 模拟采集输入端。这样，就可以把 ADC0809 转换的数字量通过 P0 口送给单片机处理，进而去控制 LED 的亮灭。

运行 Proteus 软件，新建"模数转换 LED 显示"设计文件。按图 6-1 所示放置并编辑 STC89C52、CRYSTAL、CAP、CAP-ELEC、RES、LED-RED、ADC0809（可用 ADC0808 代替）、POT-HG（电位器）等元器件。完成模数转换 LED 显示电路设计后，进行电气规则检测。

6.1.3　模数转换 LED 显示程序

1. 模数转换 LED 显示实现分析

模数转换 LED 显示的具体实现步骤如下。

（1）在 ADC0809 的 START 端上升沿时将模数转换器复位。

（2）当下降沿到来时启动 A/D 转换，之后 EOC 输出信号变低，指示转换正在进行，直到 A/D 转换完成。

（3）当 P2.4 引脚检测到 EOC 变为高电平后，表明 A/D 转换结束，此时通过 P2.7 引脚将 OE 端置 1，使 ADC0809 输出三态门打开，通过单片机的 P0 口即可读出转换的结果。

（4）把转换的结果送到 P1 口，通过 LED 来显示模拟量的大小。

2. 模数转换 LED 显示程序设计

根据模数转换 LED 显示实现的步骤，编写程序如下：

```
#include<reg52.h>
#include <INTRINS.h>
sbit    EOC=P2^4;        //定义ADC0809转换结束信号
sbit    START=P2^5;      //定义ADC0809启动转换命令
sbit    CLOCK=P2^6;      //定义ADC0809时钟脉冲输入位
sbit    OE=P2^7;         //定义ADC0809数据输出允许位
unsigned char temp;
```

```
void main(void)
{
    TMOD=0x02;
    TH0=206;
    TL0=206;
    EA=1;
    ET0=1;
    TR0=1;
    while(1)
    {
        START=0;
        START=1;                //启动A/D转换
        START=0;
        while(EOC==0);           //等待A/D转换结束
        OE=1;                    //数据输出允许
        temp=P0;                 //读取A/D转换结果
        P1=temp;                 //A/D转换结果送LED显示
        _nop_();
        _nop_();
    }
}
void t0(void) interrupt 1 using 0
{
    CLOCK=~CLOCK;                //产生ADC0809时钟脉冲信号
}
```

模数转换 LED 显示程序设计好以后，打开"模数转换 LED 显示"仿真电路，加载"模数转换 LED 显示.hex"文件，进行仿真运行，观察 LED 的显示是否与设计要求相符，即 ADC0809对电位器上模拟电压采样的数据与 LED 显示的数据是否一致。

6.1.4 模数转换 LED 显示电路焊接制作

根据图 6-1 所示电路图，在万能板上完成模数转换 LED 显示电路焊接制作，元器件清单如表 6-1 所示。

表 6-1 模数转换 LED 显示电路元件清单

元件名称	参数	数量	元件名称	参数	数量
单片机	STC89C52	1	轻微按键		1
晶振	11.0592MHz	1	电阻	10kΩ	1
瓷片电容	30pF	2	电阻	220Ω	8
电解电容	10μF	1	电位器	1kΩ	1
IC 插座	DIP40	1	LED		8
模数转换器	ADC0809	1			

1. 电路板焊接

参考模数转换 LED 显示电路，完成电路板焊接制作，焊接好的电路板如图 6-2 所示。

图6-2　模数转换LED显示电路板

2. 硬件检测与调试

上电后，按下复位按键，检测 STC89C52 单片机 P1 口应为高电平，8 个 LED 应点亮。如果是，说明单片机和 LED 电路工作均正常。改变电位器时，IN0 输入端电压应在 0~5V 范围内连续变化，8 个 LED 的亮灭也随之变化。

3. 软件下载与调试

通过 stc 下载软件把"模数转换 LED 显示.hex"文件烧入单片机芯片中，观察 LED 的显示是否与设计要求相符。例如，当 IN0 输入电压为 3V 时，OUT1~OUT8 输出端依次为 10011001（表示十进制数 153），所以，LED1、LED4、LED5 和 LED8 点亮，其余熄灭。

6.2 ADC0809 模数转换器

6.2.1 认识 ADC0809 模数转换器

A/D 转换器是一种将模拟量转换为与之成比例的数字量的器件，用 ADC 表示。按转换原理可分为 4 种：计数式 A/D 转换器、双积分式 A/D 转换器、逐次逼近式 A/D 转换器和并行式 A/D 转换器。

1. 常见的 A/D 转换器

目前最常用的 A/D 转换器是双积分式 A/D 转换器和逐次逼近式 A/D 转换器。前者的主要优点是转换精度高，抗干扰性能好，价格便宜，但转换速度较慢，一般用于对速度要求不高的场合。后者转换速度较快、精度较高，其转换时间大约在几微秒到几百微秒之间。相比之下，逐次逼近式 A/D 转换器在精度、速度和价格上均较为适中，是目前最常用的 A/D 转换器。

单片集成逐次逼近式 A/D 转换器芯片主要有 ADC0801~0805（8 位，单通道输入），ADC0809（8 位，8 输入通道），ADC0816/0817（8 位，16 输入通道）等。

2. A/D 转换器 ADC0809

ADC0809 是美国国家半导体（NS）公司生产的逐次逼近式 A/D 转换器，是目前单片机应用系统中使用最广泛的 A/D 转换器。ADC0809 的主要特性有以下几个方面。

（1）8 路 8 位 A/D 转换器，即分辨率 8 位。

（2）具有转换起停控制端。

（3）转换时间为 100μs。

（4）单个 +5V 电源供电。

（5）模拟输入电压范围 0～+5V，不需零点和满刻度校准。

（6）工作温度范围 −40℃～+85℃。

（7）低功耗，约 15mW。

6.2.2　ADC0809 结构及引脚

1. ADC0809 内部逻辑结构

ADC0809 内部逻辑结构如图 6-3 所示，主要由输入通道、逐次逼近式 A/D 转换器和三态输出锁存器 3 部分组成。

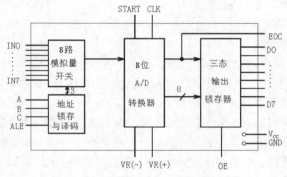

图6-3　ADC0809的结构框图

（1）输入通道包括 8 路模拟量开关和地址锁存与译码电路。8 路模拟量开关分时选通 8 路模拟通道，由地址锁存与译码电路的 3 个输入 A、B、C 来确定具体选择哪一个通道，如表 6-2 所示。

表 6-2　通道选择表

地址码 CBA	选择的通道
000	IN0
001	IN1
010	IN2
011	IN3
100	IN4
101	IN5
110	IN6
111	IN7

（2）8 路模拟输入通道共同使用 1 个逐次逼近式 A/D 转换器进行转换，在同一时刻，只能对采集的 8 路模拟量中的 1 路通道进行转换。

（3）转换后的 8 位数字量被锁存到三态输出锁存器中，在输出允许的情况下，可以从 8 条数据线 D7～D0 上读出。

2. 引脚功能

ADC0809 芯片有 28 条引脚，采用双列直插式封装，如图 6-4 所示。

各引脚功能如下。

（1）IN0～IN7：8 路模拟量输入通道。在任务 16 中，我们使用电位器产生 0~5V 模拟电压输入，通过 IN0 通道进行 A/D 转换。

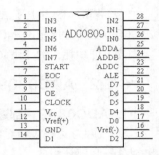

（2）D7～D0：数据输出线，为三态缓冲输出形式，可以和单片机的数据线直接相连。在任务 16 中，A/D 转换器的 D7～D0 直接与单片机的 P0 口相连。

图6-4　ADC0809芯片引脚图

（3）ADDA、ADDB、ADDC：3 位地址输入线，用于选通 8 路模拟输入中的 1 路，ADDA 为低位地址，ADDC 为高位地址，通道选择如表 6-1 所示。在任务 16 中，我们直接把 A/D 转换器的 ADDA、ADDB、ADDC 接地来选择 IN0 通道。

（4）ALE：地址锁存允许信号（输入），高电平有效。在任务 16 中，A/D 转换器的 ALE 信号由单片机的 P2.5 引脚控制。

（5）START：A/D 转换启动脉冲输入端，输入一个正脉冲（至少 100ns 宽）使其启动（脉冲上升沿使 A/D 转换器复位，下降沿则启动 A/D 转换）。在任务 16 中，A/D 转换器的 START 信号也由单片机的 P2.5 引脚控制。

（6）EOC：A/D 转换结束信号。启动转换后，系统自动设置 EOC=0（转换期间一直为低电平），当 A/D 转换结束时，EOC=1（此端输出一个高电平）。该状态信号既可作为查询的状态标志，又可作为中断请求信号使用。在任务 16 中，EOC 信号接单片机的 P2.4 引脚，作为查询的状态标志。

（7）OE：数据输出允许信号（输入），高电平有效。当 A/D 转换结束时，此端输入一个高电平，才能打开输出三态门，输出数字量。在任务 16 中，A/D 转换器的 OE 信号由单片机的 P2.7 引脚控制。

（8）CLK：时钟脉冲输入端，时钟频率不高于 640kHz。ADC0809 的内部没有时钟电路，所需时钟信号由外界提供，因此有时钟信号引脚，通常使用频率为 500kHz 的时钟信号。在任务 16 中，由单片机的 P2.6 引脚送给 A/D 转换器的时钟脉冲输入端 CLK。

（9）REF(+)、REF(−)：基准电压，用来与输入的模拟信号进行比较。作为逐次逼近的基准电压，其典型值为+5V（ V_{ref} (+) =+5V， V_{ref} (−) =0V）。

6.2.3　ADC0809 工作过程及编程方法

1. 工作过程

ADC0809 的工作过程如下：首先输入 3 位地址，并使 ALE=1，将地址存入地址锁存器中；此地址经译码选通 8 路模拟输入之一到比较器；START 上升沿将逐次逼近寄存器复位；下降沿启动 A/D 转换，之后 EOC 输出信号变低，指示转换正在进行；直到 A/D 转换完成，EOC 变为高电平，指示 A/D 转换结束，结果数据已存入锁存器，这个信号可用作中断申请；当 OE 输入高电平时，输出三态门打开，转换结果的数字量输出到数据总线上。

根据 ADC0809 的工作过程，单片机与 A/D 转换器接口程序设计主要有以下 4 个步骤。

（1）启动 A/D 转换，START 引脚得到下降沿。

（2）查询 EOC 引脚状态，EOC 引脚由 0 变 1，表示 A/D 转换过程结束。

（3）允许读数，将 OE 引脚设置为 1。

（4）读取 A/D 转换结果。

例如：

```
START=0;
START=1;                //启动 A/D 转换
START=0;
while(EOC==0);          //等待 A/D 转换结束
OE=1;                   //数据输出允许
temp=P0;                //读取 A/D 转换结果
```

2. 转换完成确认和数据传送编程方法

A/D 转换后得到的是数字量的数据，这些数据应传送给单片机进行处理。数据传送要解决的关键问题是如何确认 A/D 转换完成，因为只有确认数据转换完成后，才能进行传送。为此，可采用以下 3 种方式。

（1）定时传送方式。对于一种 A/D 转换器来说，转换时间作为一项技术指标是已知的和固定的。例如，ADC0809 转换时间为 128μs，相当于 12MHz 的 MCS-51 单片机执行 128 个机器周期。可据此设计一个延时子程序，A/D 转换启动后即调用这个延时子程序，延迟时间一到，转换肯定已经完成了，接着就可进行数据传送。

（2）查询方式。A/D 转换芯片有表明转换完成的状态信号，ADC0809 的 EOC 端就是转换结束指示脚。因此可以用查询方式以软件测试 EOC 的状态来确认转换是否完成，然后进行数据传送。在任务 16 中，采用的就是查询方式。

（3）中断方式。中断方式是把转换完成的状态信号（EOC）作为中断请求信号，经过反相器后送到单片机的 $\overline{INT0}$ 或 $\overline{INT1}$，以中断方式进行数据传送。

【技能训练 6-1】采用中断方式完成模数转换 LED 显示

任务 16 是采用查询方式完成模数转换 LED 显示的。如何采用中断方式实现模数转换 LED 显示呢？

1. 中断方式模数转换电路设计

把转换完成的状态信号（EOC）作为中断请求信号，经过反相器后送到单片机的 INT0 引脚，电路其他部分与任务 16 一样，如图 6-5 所示。

2. 中断方式模数转换程序设计

```
#include<reg52.h>
#include <INTRINS.h>
sbit   START=P2^5;          //定义 ADC0809 启动转换命令
sbit   CLOCK=P2^6;          //定义 ADC0809 时钟脉冲输入位
sbit   OE=P2^7;             //定义 ADC0809 数据输出允许位
bit F;                      //数据传送标志，F=1 表示数据传送完成
unsigned char temp;
void main(void)
{
```

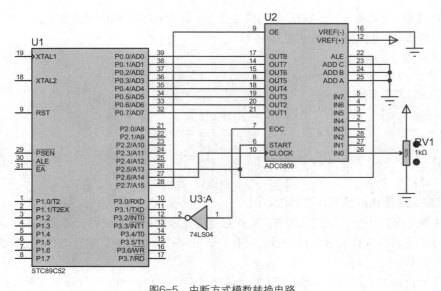

图6-5 中断方式模数转换电路

```
        TMOD=0x02;
        TH0=206;
        TL0=206;
        EA=1;
        ET0=1;
        EX0=1;
        PT0=1;                  //T0 为最高优先级
        TR0=1;
        while(1)
        {
            F=0;
            START=0;
            START=1;            //启动 A/D 转换
            START=0;
            while(F==0);        //等待数据传送完成
        }
}
void  t0(void) interrupt 1 using 0
{
        CLOCK=~CLOCK;           //产生 ADC0809 时钟脉冲信号
}
void  int0(void) interrupt 0 using 0
{
        OE=1;                   //数据输出允许
        temp=P0;                //读取 A/D 转换结果
        P1=temp;                //A/D 转换结果送 LED 显示
        _nop_();
```

```
    _nop_();
    F=1;                      //数据传送完成
}
```

6.3 任务 17 数字电压表设计与实现

 **工作任务**

使用 STC89C52 单片机，采用动态显示的方式把 8 通道模数转换器 ADC0808 采样到的电压值的大小经单片机处理后由数码管显示出来，量程为 0~5V，显示格式：X.XXX。

6.3.1 数字电压表电路设计

在测量仪器中，电压表是必需的。按照任务要求，数字电压表电路由单片机最小系统、数码管及 ADC0808 构成，如图 6-6 所示。

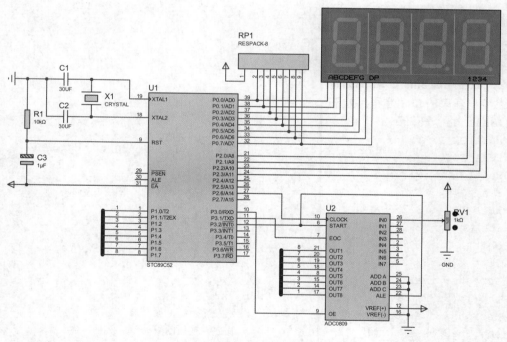

图6-6 数字电压表电路

由于需要显示多位，因此数码管采用了较节省 I/O 口线的动态扫描显示方式。P0 口接共阴极数码管的字码端，同时外接上拉电阻来确保显示工作正常；P2 口的低 4 位接数码管的公共端，控制数码管的亮灭次序。

在本任务中，我们使用了 ADC0808 的 IN0 通道，所以 ADD A~C 全部接地，转换后的数字量 OUT1~OUT8 通过单片机的 P1 口送至单片机内，处理后由 P0 口送显示模块。其他连接如

图 6-6 所示。

运行 Proteus 软件，新建"数字电压表"设计文件。按图 6-6 放置并编辑 STC89C52、CRYSTAL、CAP、CAP-ELEC、RES、POT-HG、7SEG-MPX4-CC-BLUE（4 位数码管）、ADC0808。完成数字电压表电路设计后，进行电气规则检测。

6.3.2　数字电压表程序设计

1.　数码管显示电压值实现分析

（1）数字电压表的模数转换程序设计同任务 16 一样。

（2）由于采用的是共阴极数码管的动态扫描显示，需要显示数字（0，1，2，3，4，5，6，7，8，9）的段码（0x3F，0x06，0x5B，0x4F，0x66，0x6D，0x7D，0x07，0x7F，0x6F），可使用数组进行定义，然后按照动态扫描显示的编程方法，完成数字电压表的显示程序设计。

（3）在数字电压表的电路中，模数转换采用 8 位 ADC0809，因此其分辨率为 $5 \times 1/2^8$ V，即 19.6mV。转换结果数据的处理代码如下：

```
tmp=adc*196;              //乘以 19.6mV，把结果转换为 0~5V
```

（4）为了得到各位待显示数字的大小，采取了除法和取余相结合的方式，代码如下：

```
dat[3]=tmp/10000;      //最高位
dat[2]=tmp/1000%10;
dat[1]=tmp/100%10;
dat[0]=tmp/10%10;      //最低位
```

2.　数字电压表的 C 语言程序

数字电压表的 C 语言程序如下：

```
#include <reg52.h>
sbit OE=P3^0;                      //ADC0809 的 OE 端
sbit EOC=P3^1;                     //ADC0809 的 EOC 端
sbit CLOCK=P2^6;
sbit ST=P3^2;                      //ADC0809 的 START 和 ALE 端
sbit LED4=P2^3;
sbit LED3=P2^2;
sbit LED2=P2^1;
sbit LED1=P2^0;
unsigned char code
tab[]={0x3F,0x06,0x5B,0x4F,0x66,0x6D,0x7D,0x07,0x7F,0x6F};
unsigned char dat[]={0,0,0,0};      //定义显示缓冲区
unsigned char adc;                  //存放转换后的数据
unsigned int  tmp;
void Delay(void)
{
    unsigned char i;
    for(i=0;i<250;i++);
}
void main(void)
{
```

```
        EA=1;
        ET0=1;
        TMOD=0x02;                      //T0 方式 2 计时
        TH0=206;
        TL0=206;
        TR0=1;                          //开中断,启动定时器
        while(1)
        {
            ST=0;
            ST=1;
            ST=0;                       //启动转换
            while(!EOC);                //等待转换结束
            OE=1;                       //允许输出
            adc=P1;                     //取转换结果
            /*数据处理,以备显示*/
            tmp=adc*196;                //乘以 19.6mV
            dat[3]=tmp/10000;
            dat[2]=tmp/1000%10;
            dat[1]=tmp/100%10;
            dat[0]=tmp/10%10;
            /*数码管显示转换结果*/
            LED1=0;
            P0=tab[dat[3]]+0x80;        //最高位加小数点
            Delay();
            LED1=1;
            LED2=0;
            P0=tab[dat[2]];
            Delay();
            LED2=1;
            LED3=0;
            P0=tab[dat[1]];
            Delay();
            LED3=1;
            LED4=0;
            P0=tab[dat[0]];
            Delay();
            LED4=1;
        }   //  end while
}     //  end main
/* 定时计数器 0 的中断服务子程序*/
void timer0(void)  interrupt 1 using 1
{
    CLOCK=~CLOCK;
}
```

数字电压表程序设计好以后，打开"数字电压表"仿真电路，加载 "数字电压表.hex"文件，进行仿真运行，观察数码管显示的数字电压是否与设计要求是否相符。

6.3.3　C 语言结构体类型

结构体与前面介绍过的数组一样，也是一种构造类型的数据，它是将若干个不同类型的数据变量有序地组合在一起，形成的一种数据的集合体。

组成结构体的各个数据变量称为结构体成员，整个结构体使用一个单独的结构体变量名。一般来说，结构体中的各个变量之间是存在某些关系的，比如时间数据中的时、分、秒等。由于结构体是将一组相关联的数据变量作为一个整体来处理的。因此，在程序中使用结构体数据，有利于对一些复杂又有内在联系的数据进行有效管理。

1．结构体类型的定义

定义结构体类型的一般形式为：

```
struct 结构体名
{
    成员列表
};
```

其中，struct 是定义结构体类型的关键字，"结构体名"由用户自行定义，"成员列表"为该结构体中的各个成员。由于结构体可以由不同类型的数据组成，因此对结构体中各成员都要进行数据类型的说明。

2．结构体类型变量的定义

结构体定义好以后，就可以指明该结构体的具体对象，即定义该种类型的变量。结构体类型变量的定义主要有如下 3 种方式。

（1）先定义结构体类型，再定义变量名。

例如：定义一个表示时间的结构体类型。

```
struct time
{
    unsigned char hour;
    unsigned char minute;
    unsigned char second;
};
```

定义好一个结构体后，就可以用它来定义结构体变量。一般格式为：

```
struct 结构体名结构体变量名 1, 结构体变量名 2, …, 结构体变量名 n;
```

例如：用结构体 time 来定义结构体变量：

```
struct time time1;
```

这样，结构体变量 time1 就具有 struct time 类型的结构，可以使用该结构体中的数据。

（2）在定义结构体类型的同时，定义结构体变量名。

一般格式为：

```
struct 结构体名
{
    成员列表
}结构体变量名 1, 结构体变量名 2, …, 结构体变量名 n;
```

（3）直接定义结构体变量。

一般格式如下：

```
struct
{
    成员列表
}结构体变量名1，结构体变量名2，…，结构体变量名n；
```

第三种方法直接省略了结构体名，一般不提倡采用。

3. 结构体变量的引用

定义了一个结构体变量之后，就可以对它进行引用，即可以进行赋值、存取和运算。一般情况下，结构体变量的引用是通过对其成员的引用来实现的。

（1）引用结构体变量中的成员。

一般格式为：

```
结构体变量名.成员名
```

其中"."是引用结构体成员的运算符。例如：

```
time1.hour = 20;
```

表示给结构体变量 time1 的成员 hour 赋值。

（2）对结构体变量中的各个成员可以像普通变量一样进行赋值、存取和运算。

4. 结构体变量的初始化

和其他类型的数据一样，结构体变量既可以在定义的时候进行初始化，也可以在定义后对各个成员单独进行初始化。例如：

```
time1.hour = 20;            //结构体成员赋初值
time1.minute = 35;
time1.second = 55;
```

5. 结构体变量需要注意的地方

（1）结构体类型与结构体变量是两个不同的概念。

定义一个结构体类型时只给出了该结构体的组织形式，并没有给出具体的组织成员。因此，结构体不占用任何存储空间，也不能对一个结构体名进行赋值、存取和运算；而结构体变量则是一个结构体中的具体对象，编译器会给具体的结构体变量名分配确定的存储空间，因此可以对结构体变量名进行赋值、存取和运算。

（2）一个变量定义为标准数据类型与定义为结构体类型会有所不同。

前者只需要用类型说明符指出变量的类型；后者不仅要求用 struct 指出该变量为结构体类型，还要求指出该变量是哪种特定的结构体类型，即要求指出它所属的特定结构体类型的名字。

（3）一个结构体中的成员还可以是另一个结构体类型中的变量，即可以形成结构体的嵌套。

6.3.4 结构体数组

一个结构体变量中可以存放一组数据（如字符显示数据结构就有显示内容、段码数据等数据）。如果数码管显示为0~9，就要有0~9的段码数据，显然应该使用数组，这就是结构体数组。

结构体数组与之前介绍过的数值型数组的不同之处在于，每个数组元素都是一个结构体类型的数据，它们都分别包括各个成员项。

1. 定义结构体数组

和定义结构体变量的方法一样，只需说明其为数组即可。例如，定义一个共阴极数码管字符显示的结构体类型。

```
/*------字符显示数据结构------*/
struct typNumber
{
  uchar Index[1];
  uchar Msk[1];
};
```

2. 结构体数组的初始化

与其他类型的数组一样，对结构体数组也要初始化。即先声明结构体类型，然后定义数组为该结构体类型。结构体数组初始化的一般形式是在定义数组的后面加上"＝｛初值表列｝;"。例如：

```
struct typNumber code duanma[] =
{ //段码数据
  "0",0x3f,"1",0x06,"2",0x5b,"3",0x4f,"4",0x66,
  "5",0x6d,"6",0x7d,"7",0x07,"8",0x7f,"9",0x6F,
};
```

以上定义了一个数组 duanma[]，有 10 个元素，均为 struct typNumber 类型数据。其中，code 表示数组 duanma[]存放在程序存储器中。

【技能训练 6-2】基于 ADC0809 的直流电机转速控制

直流电机具有优良的调速特性，调速方法也从模拟化逐步向数字化转化。采用脉冲宽度调制（PWM）的方法可以实现平滑调速，电机转速则由脉冲的占空比决定。

1. 什么是 PWM

PWM 是 Pulse Width Modulation 的缩写，中文意思是脉冲宽度调制，简称脉宽调制。就是利用半导体器件的导通与关断，把直流电压变成电压脉冲序列，通过控制电压脉冲宽度或周期达到变压的目的。

PWM 信号仍然是数字的，因为在给定的任何时刻，满幅值的直流供电要么完全有（ON），要么完全无（OFF）。电压源或电流源是以一种通（ON）或断（OFF）的重复脉冲序列被加到模拟负载上去的。通的时候即是直流供电被加到负载上的时候，断的时候即是供电被断开的时候。

2. 占空比

占空比就是在一串理想的脉冲序列中（如方波），正脉冲的持续时间与脉冲总周期的比值。例如，脉冲宽度 1μs，信号周期 4μs 的脉冲序列占空比为 0.25。

3. 直流电机转速控制设计

调节直流电机转速最方便有效的方法是对电枢（即转子线圈）电压 U 进行控制。通过改变一个周期内接通和断开的时间来改变直流电机电枢上电压的"占空比"，从而改变平均电压来控制电机的转速。

在脉宽调速系统中，当电机通电时其速度增加，电机断电时其速度减低。只要按照一定的规律改变通、断电的时间，即可控制电机转速。采用 PWM 技术构成的无级调速系统，启停时对直流系统无冲击,并且具有启动功耗小、运行稳定的特点。

基于ADC0809的直流电机转速控制电路设计如图6-7所示。

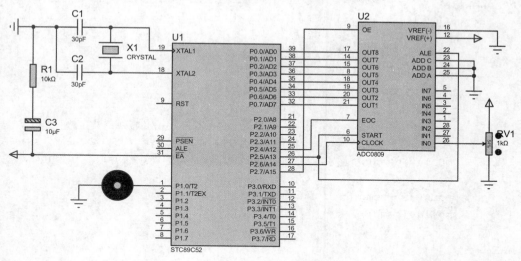

图6-7 直流电机转速控制电路

模数转换器ADC0809对电位器上的模拟电压进行模数转换,A/D转换的结果用来改变PWM信号高电平的脉冲宽度,也就是脉冲宽度取决于模拟电压。这样,我们就可以通过电位器来对直流电机的电枢电压U进行控制,从而实现直流电机转速控制。

直流电机转速控制的C语言程序代码如下:

```
#include<reg52.h>
#include <INTRINS.h>
sbit    EOC=P2^4;              //定义ADC0809转换结束信号
sbit    START=P2^5;            //定义ADC0809启动转换命令
sbit    CLOCK=P2^6;            //定义ADC0809时钟脉冲输入位
sbit    OE=P2^7;               //定义ADC0809数据输出允许位
sbit    MOTOR=P1^0;            //直流电机控制
unsigned char temp;
/*由delay参数确定延迟时间*/
void mDelay(unsigned char delay)
{
    unsigned int i;
    for(;delay >0; delay--)
        for(i=0;i<124;i++);
}
void main(void)
{
    TMOD=0x02;
    TH0=206;
    TL0=206;
    EA=1;
```

```
        ET0=1;
        TR0=1;
        while(1)
        {
            START=0;
            START=1;                //启动 A/D 转换
            START=0;
            while(EOC==0);          //等待 A/D 转换结束
            OE=1;                   //数据输出允许
            temp=P0;                //读取电位器上的模拟电压 A/D 转换结果
            MOTOR=1;                //向直流电机输出高电平脉冲
            mDelay(temp);           //PWM 信号高电平脉冲宽度（脉冲宽度取决于模拟电压）
            MOTOR=0;                //向直流电机输出低电平脉冲
            temp=255-temp;          //计算低电平脉冲宽度
            mDelay(temp);           //PWM 信号低电平脉冲宽度
        }
    }
void  t0(void) interrupt 1 using 0
{
    CLOCK=~CLOCK;                   //产生 ADC0809 时钟脉冲信号
}
```

6.4 任务 18 信号发生器设计与实现

 工作任务

利用 STC89C52 单片机和数模转换芯片 DAC0832 设计波形发生器电路，并编写 C 语言程序实现三角波模拟量的输出。

6.4.1 认识 DAC0832 数模转换器

D/A 转换器是一种将数字量转换为模拟量输出的器件，用 DAC 表示。

由于实现数模转换的原理、电路结构及工艺技术有所不同，因而出现了各种各样的 D/A 转换器。目前，已有上百种产品在售，它们在转换速度、转换精度、分辨率以及使用价值上都各具特色。

1. 常见的 D/A 转换器

在单片机应用系统中，均采用集成芯片形式的 D/A 转换器。通常这类芯片具有数字输入锁存功能，带有数据存储器和 D/A 转换控制器，CPU 可直接控制数字量的输入和模拟量的输出。

近期推出的 D/A 转换芯片，不断将外围器件集成到芯片内部。比如，内部带有参考电压源，大多数芯片带有输出放大器，可实现模拟电压的单极性或双极性输出。

但数字—模拟转换部分通常由电阻网络组成，电路形式有加权电阻网络及 R-2R 电阻网络两种。在数字电子技术的数模转换部分都有详细介绍，本书不加详述，读者可参阅相关著作。下面

以 DAC0832 为例，介绍 D/A 转换器的应用。

2. DAC0832 主要特性

DAC0832 是 8 位的 D/A 转换集成芯片，以其价格低廉、接口简单、转换控制容易等优点，在单片机应用系统中得到广泛的应用。DAC0832 由 8 位输入锁存器、8 位 DAC 寄存器、8 位 D/A 转换电路及转换控制电路构成。DAC0832 的主要特性如下。

（1）分辨率为 8 位。数字量的位数越多，分辨率就越高，转换器对输入量变化的敏感程度就越高。

（2）电流稳定时间 1μS。

（3）可采用单缓冲、双缓冲或直接数字输入。

（4）只需在满量程下调整其线性度。

（5）单一电源供电（+5V～+15V）。

（6）低功耗，20mW。

3. DAC0832 引脚功能

DAC0832 芯片有 20 条引脚，采用双列直插式封装，如图 6-8 所示。

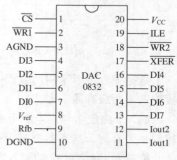

图6-8 DAC0832芯片引脚

各引脚定义如下。

（1）D0～D7：8 位数据输入线，TTL 电平，有效时间应大于 90ns（否则锁存器的数据会出错）。

（2）ILE：数据锁存允许控制信号输入线，高电平有效。

（3）$\overline{CS}$：片选信号输入线（选通数据锁存器），低电平有效。

（4）$\overline{WR1}$：数据锁存器写选通输入线，负脉冲（脉宽应大于 500ns）有效。由 ILE、$\overline{CS}$、$\overline{WR1}$ 的逻辑组合产生 LE1，当 LE1 为高电平时，数据锁存器状态随输入数据线变换，LE1 负跳变时将输入数据锁存。

（5）$\overline{XFER}$：数据传输控制信号输入线，低电平有效，负脉冲（脉宽应大于 500ns）有效。

（6）$\overline{WR2}$：DAC 寄存器选通输入线，负脉冲（脉宽应大于 500ns）有效。由 $\overline{WR1}$、$\overline{XFER}$ 的逻辑组合产生 LE2，当 LE2 为高电平时，DAC 寄存器的输出随寄存器的输入而变化，LE2 负跳变时将数据锁存器的内容输入到 DAC 寄存器中，并开始 D/A 转换。

（7）IOUT1：电流输出端 1，其值随 DAC 寄存器的内容线性变化。

（8）IOUT2：电流输出端 2，其值与 IOUT1 值之和为一常数。

（9）Rfb：反馈信号输入线，改变 Rfb 端外接电阻值可调整转换满量程精度。

（10）V_{CC}：电源输入端，V_{CC} 的范围为+5V～+15V。

（11）V_{ref}：基准电压输入线，VREF 的范围为−10V～+10V。

（12）AGND：模拟信号地。

（13）DGND：数字信号地。

DAC0832 是电流输出，为了取得电压输出，需在电压输出端接运算放大器，Rfb 即为运算放大器的反馈电阻端。运算放大器的接法如图 6-9 所示。

4. DAC0832 工作方式

DAC0832 由输入寄存器和 DAC 寄存器构成两级数据输入锁存，如图 6-10 所示。

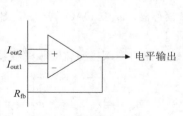

图6-9　运算放大器接法

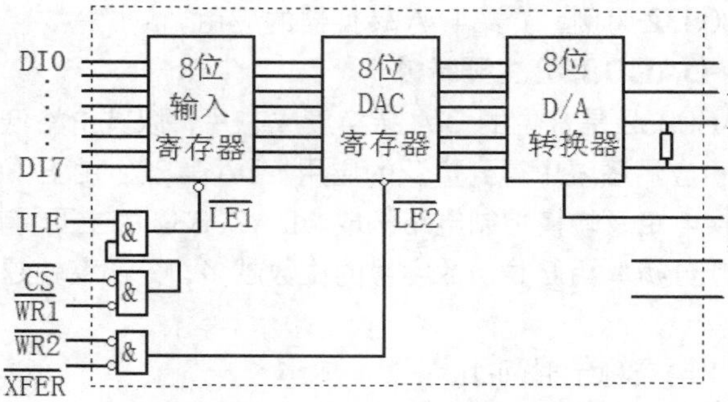

图6-10　DAC0832内部结构图

数据输入可以采用两级锁存（双锁存）形式、单级锁存（一级锁存，另一级直通）形式或直接输入（两级直通）形式。

此外，由三个与门电路可组成寄存器输出控制逻辑电路，该逻辑电路的功能是进行数据锁存控制。为0时，输入数据被锁存；为1时，锁存器的输出跟随输入的数据变化。

根据对DAC0832的输入寄存器和DAC寄存器的控制方式的不同，DAC0832分为3种工作方式：直通方式、单缓冲方式和双缓冲方式。

（1）直通方式。当ILE接高电平，$\overline{CS}$、$\overline{WR1}$、$\overline{WR2}$和$\overline{XFER}$都接数字地时，输入寄存器和DAC寄存器处于直通方式，8位数字量一旦到达DI7~DI0输入端，就立即加到8位D/A转换器，被转换成模拟量。

（2）单缓冲方式。单缓冲方式就是使DAC0832的输入寄存器和DAC寄存器中有一个处于直通方式，而另一个处于受控的锁存方式，如图6-11所示。

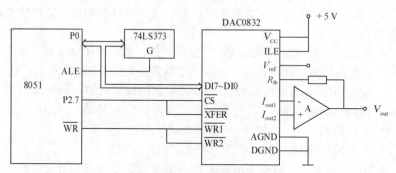

图6-11　DAC0832单缓冲方式接口

在实际应用中，如果只有一路模拟量输出，或虽有几路模拟量输出但不要求同步输出的情况，就可采用单缓冲方式。

（3）双缓冲方式。双缓冲方式就是把DAC0832的输入寄存器和DAC寄存器都接成受控锁存方式，如图6-12所示。双缓冲方式用于多路数/模转换系统，以实现多路模拟信号同步输出的目的。

6.4.2　信号发生器电路设计

采用STC89C52单片机的P0口和P3口与DAC0832进行连接，ILE接高电平，$\overline{WR2}$、$\overline{XFER}$

接地，$\overline{CS}$ 接 STC89C52 的 P3.7 引脚，$\overline{WR1}$ 接 P3.6 引脚。在这种处理下只有 $\overline{CS}$ 和 $\overline{WR1}$ 可控，实现了单缓冲连接方式，如图 6-13 所示。

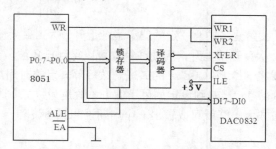

图6-12　DAC0832的双缓冲方式连接

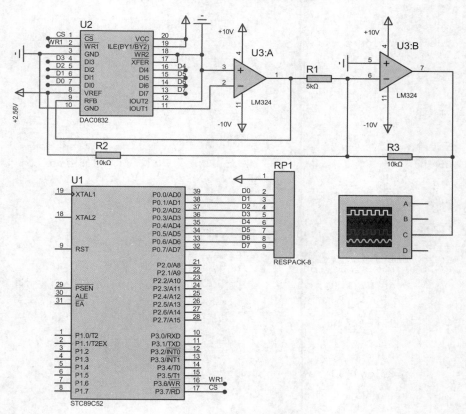

图6-13　信号发生器电路

由于 DAC0832 以电流形式输出，采用了两级运算放大器，集成运放在电路中的作用就是把数模转换芯片输出的电流转化为电压。三角波信号随时间变化而上升，当达到最大值后三角波信号又随时间变化而下降，当达到最小值后又从 0 开始上升，周期往复。

运行 Proteus 软件，新建"信号发生器电路"设计文件。按图 6-13 所示放置并编辑 STC89C52、CRYSTAL、CAP、CAP-ELEC、RES、DAC0832、LM324 等元器件。完成信号发生器电路设计后，进行电气规则检测。

6.4.3 信号发生器程序设计

1. 三角波产生原理

根据三角波的特点，三角波将按照一定的斜率线性上升，达到最大值后又按照一定的斜率线性下降，达到最小值后又从 0 开始上升，周期往复就可以得到三角波。

由此可以看出，只要将送给 DAC0832 的二进制数每隔一定的时间加 1，当加到设定的最大值时，再每隔一定的时间减 1，当减到设定的最小值（一般是为"0"）时，再从最小值重新开始前面的操作，这样再通过放大电路就可以输出一个周期性的三角波。

2. 信号发生器程序

```c
#include<reg52.h>
sbit CS=P3^7;
sbit WR1=P3^6;
void delay(unsigned int m)
{
    while(m--);
}
void main()
{
    int i;
    CS=0;                        //CS 和 WR1 为 0，实现了单缓冲连接方式
    WR1=0;
    while(1)
    {
        for(i=0;i<=255;i++)      //三角波的上升边输出
        {
            P0=i;                //DA 转换输出
            delay(100);          //改变延迟函数的参数，可以改变三角波的斜率
        }
        for(i=255;i>=0;i--)      //三角波的下降边输出
        {
            P0=i;
            delay(100);
        }
    }
}
```

信号发生器电路程序设计好以后，打开"信号发生器"Proteus 电路，加载"信号发生器.hex"文件，进行仿真运行，通过仿真示波器观察信号发生器电路产生的波形是否与设计要求相符，如图 6-14 所示。

对三角波的产生作如下说明。

（1）在三角波的上升边，程序每循环一次，DAC0832 输入的数字量就加 1；在三角波的下降边，程序每循环一次，DAC0832 输入的数字量就减 1。

（2）三角波的上升边由 256 个小阶梯构成，三角波的下降边也由 256 个小阶梯构成。由于

阶梯很小，所以看上去就像图 6-14 所示的线性三角波。

（3）延迟时间不同，波形周期也不同，三角波的斜率同样也不同。换句话讲，就是波形周期与延迟时间成正比，斜率与延迟时间成反比。

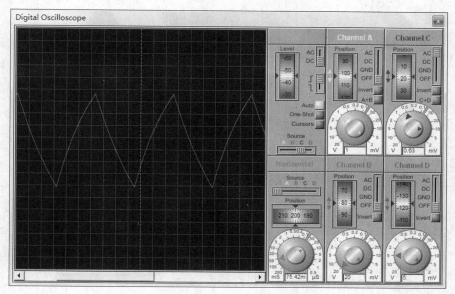

图6-14　三角波仿真波形图

【技能训练 6-3】正弦波发生器设计

任务 18 设计的信号发生器是输出三角波，那么如何使用信号发生器实现输出正弦波呢？

正弦波发生器电路同任务 18 的信号发生器电路一样，可参照实现。正弦波发生器的程序代码如下：

```c
#include<reg52.h>
sbit CS=P3^7;
sbit WR1=P3^6;
unsigned char code  sin_tab[] =         //正弦波输出表
{
    0x80,0x83,0x86,0x89,0x8D,0x90,0x93,0x96,
    0x99,0x9C,0x9F,0xA2,0xA5,0xA8,0xAB,0xAE,
    0xB1,0xB4,0xB7,0xBA,0xBC,0xBF,0xC2,0xC5,
    0xC7,0xCA,0xCC,0xCF,0xD1,0xD4,0xD6,0xD8,
    0xDA,0xDD,0xDF,0xE1,0xE3,0xE5,0xE7,0xE9,
    0xEA,0xEC,0xEE,0xEF,0xF1,0xF2,0xF4,0xF5,
    0xF6,0xF7,0xF8,0xF9,0xFA,0xFB,0xFC,0xFD,
    0xFD,0xFE,0xFF,0xFF,0xFF,0xFF,0xFF,0xFF,
    0xFF,0xFF,0xFF,0xFF,0xFF,0xFF,0xFE,0xFD,
    0xFD,0xFC,0xFB,0xFA,0xF9,0xF8,0xF7,0xF6,
    0xF5,0xF4,0xF2,0xF1,0xEF,0xEE,0xEC,0xEA,
    0xE9,0xE7,0xE5,0xE3,0xE1,0xDF,0xDD,0xDA,
```

```
        0xD8,0xD6,0xD4,0xD1,0xCF,0xCC,0xCA,0xC7,
        0xC5,0xC2,0xBF,0xBC,0xBA,0xB7,0xB4,0xB1,
        0xAE,0xAB,0xA8,0xA5,0xA2,0x9F,0x9C,0x99,
        0x96,0x93,0x90,0x8D,0x89,0x86,0x83,0x80,
        0x80,0x7C,0x79,0x76,0x72,0x6F,0x6C,0x69,
        0x66,0x63,0x60,0x5D,0x5A,0x57,0x55,0x51,
        0x4E,0x4C,0x48,0x45,0x43,0x40,0x3D,0x3A,
        0x38,0x35,0x33,0x30,0x2E,0x2B,0x29,0x27,
        0x25,0x22,0x20,0x1E,0x1C,0x1A,0x18,0x16,
        0x15,0x13,0x11,0x10,0x0E,0x0D,0x0B,0x0A,
        0x09,0x08,0x07,0x06,0x05,0x04,0x03,0x02,
        0x02,0x01,0x00,0x00,0x00,0x00,0x00,0x00,
        0x00,0x00,0x00,0x00,0x00,0x00,0x01,0x02,
        0x02,0x03,0x04,0x05,0x06,0x07,0x08,0x09,
        0x0A,0x0B,0x0D,0x0E,0x10,0x11,0x13,0x15,
        0x16,0x18,0x1A,0x1C,0x1E,0x20,0x22,0x25,
        0x27,0x29,0x2B,0x2E,0x30,0x33,0x35,0x38,
        0x3A,0x3D,0x40,0x43,0x45,0x48,0x4C,0x4E,
        0x51,0x55,0x57,0x5A,0x5D,0x60,0x63,0x66,
        0x69,0x6C,0x6F,0x72,0x76,0x79,0x7C,0x7E
};
void delay(unsigned int m)
{
    while(m--);
}
main()
{
    int i;
    CS=0;                       //和为 0，实现了单缓冲连接方式
    WR1=0;
    while(1)
    {
        for(i=0;i<=255;i++)     //正弦波输出
        {
            P0=sin_tab[i];;     //DA 转换输出
            delay(100);         //改变延迟函数的参数，可以改变正弦波的周期
        }
    }
}
```

　　正弦波发生器电路程序设计好以后，打开"正弦波发生器"Proteus 电路，加载"正弦波发生器.hex"文件，进行仿真运行，通过仿真示波器观察信号发生器电路产生的波形是否与设计要求相符，如图 6-15 所示。

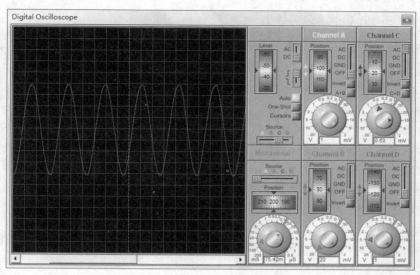

图6-15 正弦波仿真波形图

 关键知识点小结

1. A/D 和 D/A 转换

A/D 转换就是把模拟量转变成数字量，以方便单片机对其进行处理；D/A 转换就是把单片机输出的数字量转变成模拟量，以驱动外围部件。

双积分式 A/D 转换器的主要优点是转换精度高，抗干扰性能好，价格便宜，但转换速度较慢，一般用于速度要求不高的场合。

逐次逼近式 A/D 转换器是一种速度较快、精度较高的转换器，其转换时间大约在几微秒到几百微秒之间。逐次逼近式 A/D 转换器在精度、速度和价格上比较适中，是目前最常用的 A/D 转换器。

2. 模数转换 ADC0809 的工作步骤

（1）启动 A/D 转换，START 引脚得到下降沿。

（2）查询 EOC 引脚状态，EOC 引脚由 0 变 1，表示 A/D 转换过程结束。

（3）允许读数，将 OE 引脚设置为 1 状态。

（4）读取 A/D 转换结果。

3. 模数转换 ADC0809 的接口方式

（1）查询方式。

（2）中断方式。

（3）等待延时方式。

4. 结构体类型

结构体是一种构造类型，它是将若干个不同类型的数据变量有序地组合在一起而形成的一种数据的集合体。组成该结构体的各个数据变量称为结构体成员，整个结构体使用一个单独的结构体变量名。

定义一个结构体类型的一般形式为：

```
struct 结构体名
{
    成员列表
};
```

5. 数模转换 DAC0832

DAC0832 是 8 位的 D/A 转换集成芯片，具有价格低廉、接口简单、转换控制容易等优点。DAC0832 由 8 位输入锁存器、8 位 DAC 寄存器、8 位 D/A 转换电路及转换控制电路构成。

6. DAC0832 的 3 种工作方式

（1）直通方式。单片机输出的数字量可以被数模转换器直接转换输出。

（2）单缓冲方式。DAC0832 的两个输入寄存器中有一个处于直通方式，另一个处于受控的锁存方式；或者说两个输入寄存器同时处于受控的方式。

（3）双缓冲方式。把 DAC0832 的两个锁存器都设置成受控锁存方式。

7. 脉冲宽度调制（PWM）

脉冲宽度调制（PWM）简称脉宽调制，就是利用半导体器件的导通与关断，把直流电压变成电压脉冲序列，通过控制电压脉冲宽度或周期以达到变压的目的。

问题与讨论

6-1　填空题

（1）ADC0809 是_____通道 8 位_____。DAC0832 是_____位 D/A 转换器。

（2）D/A 转换的作用是将_____量转换为_____量。

（3）ADC0809 的参考电压为+5V，则分辨率为_____V。

（4）DAC0832 利用_____控制信号可以构成三种不同的工作方式。

（5）ADC0809 的转换时钟一般为_____Hz，可采用单片机的_____信号，再经过_____的方法获得。

6-2　A/D 和 D/A 转换器的作用分别是什么？各在什么场合下使用？

6-3　D/A 转换器的主要性能指标有哪些？某 12 位 D/A 转换器，满量程模拟输出电压 10V，试问它的分辨率和转换精度各为多少？

6-4　决定 ADC0809 模拟电压输入路数的引脚有哪几条？

6-5　试述 ADC0809 的特性。

6-6　ADC0809 的时钟如何提供？采用的频率是多少？

6-7　简述 DAC0832 的用途和特性。

6-8　DAC0832 和 MCS-51 接口时有哪 3 种工作方式？各有什么特点？适合在什么场合下使用？

6-9　编程输出 10kHz 的方波、锯齿波。

7 Chapter

项目七

单片机串行通信设计与实现

项目导读

　　本项目从单片机点对点数据传输入手，首先让读者对单片机串行通信有一个初步了解；然后介绍单片机串行口结构以及相关寄存器设置的方法，并介绍单片机串行通信的相关电路和程序设计方法。通过水塔水位单片机远程监控系统焊接制作、单片机一对多数据传输，读者将进一步了解单片机串行通信的应用。

知识目标	1. 了解串行通信的基本概念； 2. 熟悉串行口的基本结构和相关寄存器； 3. 掌握串行口的 4 种工作方式、串行通信和多机通信设置； 4. 会利用 C 语言对串行通信进行编程
技能目标	能完成单片机串行通信电路设计与焊接制作，能应用 C 语言程序完成单片机串行通信初始化及相关编程控制，实现对单片机远程监控的设计、运行及调试
素养目标	在实践中引导读者能够热爱劳动、爱岗敬业，传播国家科技发展成果的同时，培养读者的大爱情怀以及爱国主义情怀
教学重点	1. 单片机串行通信的电路设计、相关寄存器和串行通信设置； 2. 单片机串行通信的发送和接收的 C 语言程序设计方法
教学难点	单片机点对点和一对多的寄存器设置、初始化和中断服务程序设计
建议学时	8 学时
推荐教学方法	从任务入手，通过单片机串行通信的基本应用设计，让学生了解单片机串行通信的基本结构，进而通过单片机一对多数据传输的设计、水塔水位单片机远程监控系统的设计与焊接制作，熟悉单片机串行通信的应用
推荐学习方法	勤学勤练、动手操作是学好单片机串行通信应用设计的关键，动手完成一个单片机串行通信焊接制作，通过"边做边学"达到学习的目的

7.1 任务 19　单片机点对点数据传输

工作任务

用两片 STC89C52 单片机实现点对点数据传输。下位机将 ADC0809 采样到的模拟电压信号转换成数字量发送到上位机；上位机收到数据后，把接收到的数据送到 8 个 LED 进行显示（即二进制显示）。

7.1.1　串行通信基本知识

串行通信是单片机与外界进行信息交换的一种方式，它在单片机双机、多机以及单片机与 PC 机之间通信等领域被广泛应用。

在实际的生产控制中，有很多控制电路部分和执行电路部分采取分开设计，如控制电路在集中控制间，而执行电路在生产现场。它们之间如果采用并行接口连接，就将耗费很多接口连线。如果将并行数据一位一位依次通过一对传输线，就可以解决上述问题，这就是串行通信。串行通信是单片机之间以及单片机与 PC 机之间通信的常见方式。

1. 并行通信和串行通信

计算机与外界进行信息交换称为通信，通信的基本方式可分为并行通信和串行通信，如图 7-1 所示。

（1）并行通信。并行通信是将待发送数据的各位同时传送，如图 7-1（a）所示。并行通信控制简单，传输速度快。但由于传输线较多，传送时成本高，不适于长距离通信，所以一般只适用于实时性要求强，传送速率较高的控制系统中。

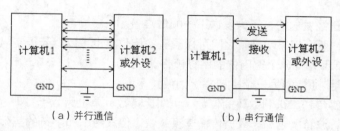

（a）并行通信　　　　　　　（b）串行通信

图7-1　两种通信方式

（2）串行通信。串行通信则将数据一位一位地按顺序传送，如图7-1（b）所示。串行通信的优点是传输线少，长距离传送时成本低，且可以利用电话网等现成的设备。串行通信的缺点是控制复杂，速度较并行通信要慢。

2. 异步通信和同步通信

按照串行数据的时钟控制方式，串行通信又可以分为异步通信和同步通信。

（1）异步通信。在异步通信中，数据通常是以字符为单位组成字符帧传送的。字符帧由发送端一帧一帧地发送，每一帧数据低位在前高位在后，通过传输线被接收端一帧一帧地接收。发送端和接收端则可以由各自独立的时钟来控制数据的发送和接收，这两个时钟彼此独立、互不同步。

在异步通信中，接收端是依靠字符帧格式来判断发送端是何时开始发送和何时结束发送的。字符帧格式是异步通信的一个重要指标。

① 字符帧。字符帧也叫数据帧，由起始位、数据位、奇偶校验位和停止位 4 部分组成，如图 7-2 所示。

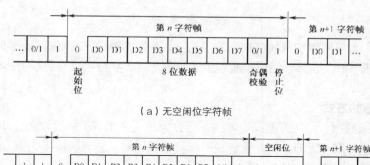

（a）无空闲位字符帧

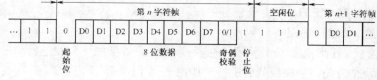

（b）有空闲位字符帧

图7-2　异步通信的字符帧格式

起始位：位于字符帧开头，只占 1 位，为逻辑 0 低电平，用于向接收设备表示发送端开始发送一帧信息。

数据位：紧跟起始位之后，根据情况可取 5 位、6 位、7 位或 8 位，低位在前高位在后。

奇偶校验位：位于数据位之后，仅占 1 位，用来表征串行通信中是采用奇校验还是偶校验，由用户决定。

停止位：位于字符帧最后，为逻辑 1 高电平。通常可取 1 位、1.5 位或 2 位，用于向接收端表示一帧字符信息已经发送完，正为发送下一帧做准备。

在串行通信中，两个相邻字符帧之间可以没有空闲位，也可以有若干空闲位，这由用户来决定。图 7-2（b）所示为有 3 个空闲位的字符帧格式。

② 波特率。异步通信的另一个重要指标为波特率。

波特率为每秒钟传送二进制数码的位数，也叫比特数，单位为 b/s，即位/秒。波特率用于表征数据传输的速度，波特率越高，数据传输速度越快。但波特率和字符的实际传输速率不同，字符的实际传输速率是每秒内所传字符帧的帧数，和字符帧格式有关。

通常，异步通信的波特率为 50b/s～9600b/s。

异步通信的优点是不需要传送同步时钟，字符帧长度不受限制，故设备简单；缺点是字符帧中因包含起始位和停止位而降低了有效数据的传输速率。

（2）同步通信。同步通信是一种连续串行传送数据的通信方式，一次通信只传输一帧信息。这里的信息帧和异步通信的字符帧不同，通常有若干个数据字符，如图 7-3 所示。

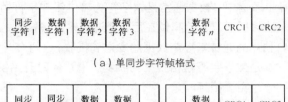

（a）单同步字符帧格式

（b）双同步字符帧格式

图7-3　同步通信的字符帧格式

图 7-3（a）为单同步字符帧结构，图 7-3（b）为双同步字符帧结构，均由同步字符、数据字符和校验字符 CRC 3 部分组成。在同步通信中，同步字符可以采用统一的标准格式，也可以由用户约定。

3. 串行通信的方式

串行通信按照数据传输的方向及时间关系可分为单工、半双工和全双工，如图 7-4 所示。

（1）单工方式。在单工方式下，通信线的一端接发送器，另一端接接收器，数据只能按照一个固定的方向传送，如图 7-4（a）所示。

（2）半双工方式。在半双工方式下，系统的每个通信设备都由一个发送器和一个接收器组成，数据传送可以沿两个方向，但需要分时进行，如图 7-4（b）所示。

（3）全双工方式。在全双工方式下，系统的每端都有发送器和接收器，可以同时发送和接收，即数据可以在两个方向上同时传送，如图 7-4（c）所示。

（a）单工方式　　　　　　（b）半双工方式　　　　　　（c）全双工方式

图7-4　三种通信方式

在实际应用中，尽管多数串行通信接口电路具有全双工功能，但一般情况下，只工作于半双工方式下，因为这种用法简单、实用。

7.1.2 单片机点对点数据传输电路设计

根据任务要求，使用两片 STC89C52 单片机分别作为上位机和下位机，实现点对点数据传输。下位机将 ADC0809 采样到的模拟电压信号转换成数字量发送到上位机，上位机把接收到的数据送到 8 个 LED 进行显示（即二进制显示）。

1．发送端电路设计

发送端电路由下位机 STC89C52 单片机最小系统、ADC0809 模数转换器以及电位器（模拟电压信号由电位器模拟产生）等组成，电路设计参考任务 16。

2．接收端电路设计

接收端电路由上位机 STC89C52 单片机最小系统和 8 个 LED 等组成。8 个 LED 采用共阳极接法，接 STC89C52 的 P2 口，电路设计参考任务 16。

3．数据传输电路设计

STC89C52 单片机 P3 口的 P3.0 引脚（RxD）的第二功能是串行口输入，P3 口的 P3.1 引脚（TxD）的第二功能是串行口输出。发送时，下位机 STC89C52 单片机将数据通过 P3.1 引脚发送给上位机 STC89C52 单片机。接收时，上位机通过 P3.0 引脚接收下位机发送来的数据。

这样，我们只要把下位机的 P3.1 引脚（TxD）和上位机的 P3.0 引脚（RxD）进行连接，把下位机的 P3.0 引脚（RxD）和上位机的 P3.1 引脚（TxD）进行连接，即可完成数据传输电路设计。单片机点对点数据传输电路设计如图 7-5 所示。

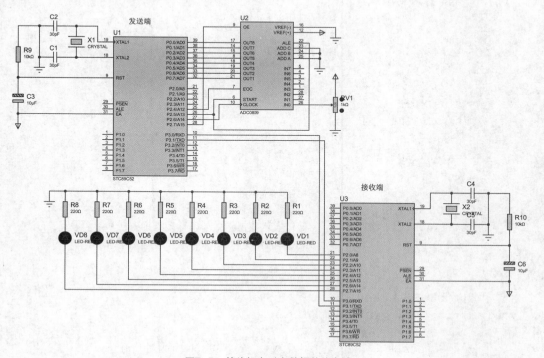

图7-5 单片机点对点数据传输电路

运行 Proteus 软件，新建"单片机点对点数据传输"设计文件。按图 7-5 所示放置并编辑 STC89C52、CRYSTAL、CAP、CAP-ELEC、RES、LED-RED、POT-HG 和 ADC0809 等元器件。完成单片机点对点数据传输电路设计后，进行电气规则检测。

7.1.3 单片机点对点数据传输程序设计

双机异步通信程序通常采用两种方法设计：查询方式和中断方式。下位机发送采用的是串口查询方式，上位机接收采用的是串口中断方式。

1. 下位机数据采集及发送程序（查询方式）

```c
#include <reg52.h>
sbit START=P2^5;              //定义 ADC0809 启动转换命令
sbit CLOCK=P2^6;              //定义 ADC0809 时钟脉冲输入位
sbit OE=P2^7;                 //定义 ADC0809 数据输出允许位
unsigned char adc;            //存放转换后的数据
void main(void)
{
    EA=0;
    TMOD=0x22;                //T0、T1 为方式 2，晶振 6MHz
    TH0=206;
    TL0=206;
    TH1=0xE7;                 //波特率为 625bps
    TL1=0xE7;
    IE=0x82;
    TR0=1;                    //开中断，启动定时器
    TR1=1;
    SCON=0x40;                //设串口为方式 1
    while(1)
    {
        START=0;
        START=1;
        START=0;              //启动转换
        while(!EOC);          //等待转换结束
        OE=1;                 //允许输出
        adc=P0;               //取转换结果
        SBUF=adc;             //发送采集的数据
        while(!TI);           //等待发送数据结束（串行口查询方式）
        TI=0;                 //TI 复位
    }
}
/* 定时计数器 0 的中断服务子程序 */
void timer0 (void)  interrupt 1 using 1
{
    CLOCK=~CLOCK;             //产生 ADC0808/0809 时钟脉冲信号
}
```

2. 上位机数据接收及显示程序（中断方式）

```c
#include <reg52.h>
unsigned char tmp;                //存放接收数据
void main(void)
{
    TMOD=0x20;                    //T1 为方式 2
    TH1=0xE7;                     //波特率为 625bps
    TL1=0xE7;
    PCON=0;                       //电源控制寄存器
    IE=0x90;                      //开启串行口中断
    TR1=1;
    IP=0x10;                      //设置串行口中断为高优先级
    SCON=0x50;                    //设串口为方式 1、允许串行口接收
    while(1);
}
/* 串行口的中断服务子程序 */
void serial(void)  interrupt 4 using 1
{
    if(RI==1)                     //判断串行口中断是由接收 RI=1 还是由发送 TI=1 产生
    {
        RI=0;                     //接收中断标志位复位
        tmp=SBUF;                 //接收发送端传送来的数据
        P2=tmp;                   //送显示器 LED 显示
    }
}
```

单片机点对点数据传输程序设计好以后，打开"单片机点对点数据传输"Proteus 电路，加载"单片机点对点数据传输.hex"文件，进行仿真运行，调节电位器观察 LED 亮灭规律与设计要求是否相符。

7.1.4 RS-232C 串行通信总线及其接口

RS-232C 是使用最早、应用最广的一种异步串行通信总线标准，它主要用来定义计算机系统的数据终端设备（DTE）和数据电路终接设备（DCE）之间的接口的电气特性。由于 MCS-51 系列单片机本身有一个异步串行通信接口，因此单片机使用 RS-232C 串行接口总线极为方便。

1. RS-232C 串行通信

RS-232C 采用按位串行方式，其传递信息的格式标准如图 7-6 所示。

（1）信息的开始为起始位，信息的结尾为停止位，它可以是 1 位、1.5 位或 2 位。

（2）信息本身可以是 5、6、7、8 位再加 1 位奇偶校验位。

（3）如果两个信息之间无信息，则应写"1"，表示空。

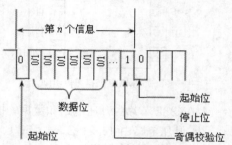

图7-6 RS-232C数据传输格式

RS-232C 传送数据的比特率（bit/s）规定为 19200、9600、4800、2400、600、300、150、110、75、50，RS-232C 接口总线的传送距离一般不超过 50m。

2. RS-232C 串行通信接口

RS-232C 的电平不是+5V 和地，而是使用下面的负逻辑。

低电平"0"：+5V~ +15V；

高电平"1"：－5V~ －15V。

因此，RS-232C 不能和 TTL 电平直接相连，必须加上适当的接口，否则将使 TTL 电路烧毁。实际使用时，RS-232C 和 TTL 电平之间必须进行电平转换，可采用 MAX232 集成电路。

3. 认识 MAX232

MAX232 芯片是美信（MAXIM）公司专为 RS-232C 标准串行接口设计的单电源电平转换芯片，使用+5V 单电源供电。MAX232 引脚图如图 7-7 所示。

（1）MAX232 芯片功能

当单片机和 PC 机通过串口进行通信时，尽管单片机有串行通信的功能，但单片机提供的信号电平和 RS232 的标准不一样，因此要通过 MAX232 这类芯片进行电平转换。

MAX232 芯片可以将单片机输出的 TTL 电平转换成 PC 机能接收的 RS-232C 电平，或将 PC 机输出的 RS-232C 电平转换成单片机能接收的 TTL 电平。

（2）MAX232 内部结构和引脚功能

MAX232 是一组双驱动器/接收器，片内集成了两个 RS-232C 驱动器、两个 RS-232C 接收器以及一个电容性电压发生器，以便在单 5V 电源供电时提供 RS-232C 电平。MAX232 内部结构如图 7-8 所示。

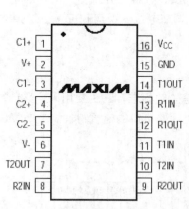

图7-7 MAX232连接器引脚

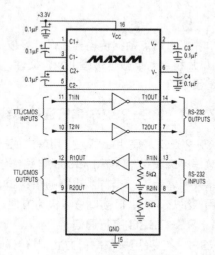

图7-8 MAX232内部结构

MAX232 芯片由升压电路和数据转换通道两部分组成，功能分别如下。

① 升压电路由 1、2、3、4、5、6 引脚和 4 只电容构成。功能是产生+12V 和-12V 两个电源，给 RS-232C 串口提供电平。

② 数据转换通道由 7、8、9、10、11、12、13、14 引脚构成两个数据通道，其中：

13 引脚（R1IN）、12 引脚（R1OUT）、11 引脚（T1IN）、14 引脚（T1OUT）为第 1 数据通道；

8 引脚（R2IN）、9 引脚（R2OUT）、10 引脚（T2IN）、7 引脚（T2OUT）为第 2 数据通道。另外，15 引脚是 GND、16 引脚是 V_{CC}（+5V）。

（3）RS-232C 和 TTL 电平转换电路

RS-232C 和 TTL 电平转换电路由 MAX232 芯片和 4 个电容组成，如图 7-9 所示。

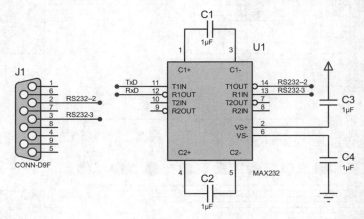

图7-9　MAX232转换电路

图 7-9 中的 RS-232C 串口插头 DB9 和 MAX232 芯片，在 Proteus 中分别为 CONN-D9M 和 MAX232。RS-232C 和 TTL 电平转换电路工作过程如下。

TTL 数据从 11 引脚（T1IN）、10 引脚（T2IN）输入，转换成 RS-232C 数据后，从 14 引脚（T1OUT）、7 引脚（T2OUT）送到单片机 DB9 插头。

DB9 插头的 RS-232C 数据从 13 引脚（R1IN）、8 引脚（R2IN）输入，转换成 TTL 数据后，从 12 引脚（R1OUT）、9 引脚（R2OUT）输出。

【技能训练 7-1】全双工 RS-232 连接电路设计与实现

在任务 19 的图 7-5 基础上，使用两个 MAX232 芯片，将上位机和下位机的串行接口转换成 RS-232C 串行接口，这样就可以实现数据远程传送和接收。全双工 RS-232 连接电路设计如图 7-10 所示。

全双工 RS-232 连接电路设计好后，加载任务 19 的"单片机点对点数据传输.hex"文件，进行仿真运行，调节电位器观察 LED 亮灭规律与设计要求是否相符。

7.2　任务 20　水塔水位单片机远程监控系统

工作任务

用两片 STC89C52 单片机实现水塔远程自动控制，下位机通过 ADC0809 采集水塔水位的高低，同时发送给上位机进行数码显示和判断处理；上位机把处理之后的结果发送回下位机，再由下位机负责水泵的启动与停止。

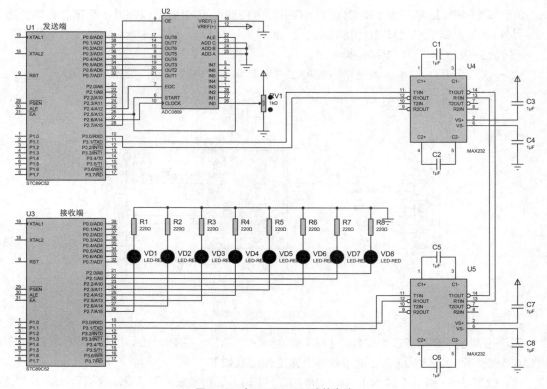

图7-10　全双工RS-232连接电路

7.2.1　单片机串行口结构

　　MCS-51 系列单片机内部含有一个可编程全双工串行通信接口，具有 UART 的全部功能。该接口电路不仅能同时进行数据的发送和接收，也可作为一个同步移位寄存器使用。该串行口具有 4 种工作方式，帧格式有 8 位、10 位和 11 位，并能设置各种波特率。

　　MCS-51 内部有两个独立的接收、发送缓冲器 SBUF。SBUF 属于特殊功能寄存器。发送缓冲器只能写入不能读出，接收缓冲器只能读出不能写入，二者共用一个字节地址（99H）。串行口的结构如图 7-11 所示。

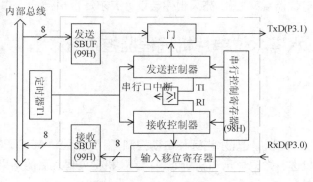

图7-11　串行口结构

1. 串行口数据缓冲器 SBUF

SBUF 是两个在物理上独立的接收、发送缓冲器，可同时发送、接收数据。两个缓冲器共用一个字节地址 99H，可通过指令对 SBUF 的读写来区别是对接收缓冲器的操作还是对发送缓冲器的操作。CPU 在写 SBUF 时，就是修改发送缓冲器；读 SBUF 时，就是读接收缓冲器。例如：

```
SBUF=send[i];              //发送第 i 个数据
buffer[j]=SBUF;            //接收第 j 个数据
```

2. 串行口控制寄存器 SCON

SCON 用来控制串行口的工作方式和状态，它可以位寻址。在复位时所有位被清零，字地址为 98H。其格式如表 7-1 所示。

表 7-1　SCON 各位定义

位地址	9F	9E	9D	9C	9B	9A	99	98
位符号	SM0	SM1	SM2	REN	TB8	RB8	TI	RI

各位定义如下：

（1）SM0、SM1：串行口工作方式选择位。定义如表 7-2 所示。

表 7-2　串行口工作方式

SM0	SM1	工作方式	功能	波特率
0	0	方式 0	8 位同步移位寄存器	$f_{osc}/12$
0	1	方式 1	10 位 UART	可变
1	0	方式 2	11 位 UART	$f_{osc}/64$ 或 $f_{osc}/32$
1	1	方式 3	11 位 UART	可变

（2）SM2：多机通信控制位，主要用于工作方式 2 和工作方式 3。当串行口以方式 2 和方式 3 接收时，如 SM2=1，则只在接收到的第 9 位数据（RB8）为 1 时才将接收到的前 8 位数据送入 SBUF，并置位 RI 产生中断请求；否则将接收到的前 8 位数据丢弃。而当 SM2=0 时，不论第 9 位数据是 0 还是 1，都将前 8 位数据装入 SBUF 中，并产生中断请求。在方式 0 时，SM2 必须为 0。

（3）REN：允许接收控制位，由软件置位或复位。REN=0 时，禁止串行口接收；REN=1 时，允许串行口接收。在任务 19 中，由于上位机用于接收数据，所以 REN=1，即允许上位机接收。

（4）TB8：发送数据位。在方式 2 或方式 3 中，TB8 是发送数据的第 9 位，根据发送数据的需要由软件置位或复位。它可在单机通信中作为奇偶校验位，也可在多机通信中作为发送地址帧或数据帧的标志位。多机通信时，一般约定：发送地址帧时，设置 TB8=1；发送数据帧时，设置 TB8=0。在方式 0 和方式 1 中，该位未使用。

（5）RB8：接收数据位。用于在方式 2 和方式 3 时存放接收数据的第 9 位。其他同发送数据位 TB8。

（6）TI：发送中断标志位。方式 0 时，发送端发送完第 8 位数据后，TI 由硬件置位；在其他方式，TI 在发送端开始发送停止位时置位，这就是说，TI 在发送前必须由软件复位，发送完一帧后由硬件置位。

（7）RI：接收中断标志位。方式 1 时，RI 在接收端接收到第 8 位数据时由硬件置位；在其他方式，RI 在接收端接收到停止位的中间位置时置位，RI 也可供 CPU 查询，以决定 CPU 是否需要从 SBUF 中提取接收到的字符或数据。RI 也必须由软件进行复位。

在进行串行通信时，当一帧发送完毕时，发送中断标志位置位，向 CPU 请求中断；当一帧接收完毕时，接收中断标志位置位，也向 CPU 请求中断。若 CPU 允许中断，则要进入中断服务程序。

 注意

CPU 事先并不能区分是 RI 请求中断还是 TI 请求中断，只有在进入中断服务程序后通过查询来区分，然后进入相应的中断处理。区分代码如下：

```
if(RI==1) {……}        //串行口中断是由接收产生
else {……}             //串行口中断是由发送产生
```

3. 电源控制寄存器 PCON

PCON 主要是为 CHMOS 型单片机的电源控制设置的专用寄存器，单元地址为 87H，不能位寻址。其格式如表 7-3 所示。

表 7-3　PCON 各位定义

单元地址	8E	8D	8C	8B	8A	89	88	87
位符号	SMOD	–	–	–	GF1	GF0	PD	IDL

其中，PCON 低 4 位是 CHMOS 单片机掉电方式控制位。

（1）GF1、GF0：通用标志位，由软件置位、复位。

（2）PD：掉电方式控制位，PD=1，则进入掉电方式。

（3）IDL：待机方式控制位，IDL=1，则进入待机方式。

（4）SMOD：串行口波特率的倍增位。单片机工作在方式 1、方式 2 和方式 3 时，SMOD=1，串行口波特率提高一倍；SMOD=0，波特率不加倍。系统复位时 SMOD=0。

7.2.2　串行通信设置

1. 串行口的工作方式

MCS-51 单片机的串行口有 4 种工作方式，由 SCON 中的 SM1 和 SM0 来决定，下面对这 4 种方式分别介绍。

（1）方式 0。方式 0 为同步移位寄存器方式，其波特率是固定的，为 f_{osc}（振荡频率）的 1/12。

① 方式 0 发送。数据从 RxD 引脚串行输出，TxD 引脚输出同步脉冲。当一个数据写入串行口发送缓冲器时，串行口将 8 位数据以 $f_{osc}/12$ 的固定波特率从 RxD 引脚输出，从低位到高位。发送后置中断标志 TI 为 1，请求中断，在再次发送数据之前，必须用软件将 TI 清零。

② 方式 0 接收。在满足 REN=1 和 RI=0 的条件下，串行口处于方式 0 输入。此时，RxD 为数据输入端，TxD 为同步信号输出端，接收器也以 $f_{osc}/12$ 的固定波特率对 RxD 引脚输入的数据信息进行采样。当接收器接收完 8 位数据之后，置中断标志 RI=1，请求中断，在再次接收之前，必须用软件将 RI 清零。

在方式 0 工作时，必须使 SCON 寄存器中的 SM2 位为 0，这并不影响 TB8 位和 RB8 位。

方式 0 发送或接收完数据后由硬件置位 TI 或 RI，CPU 在响应中断后要用软件清除 TI 或 RI 标志。

（2）方式 1。在方式 1 时，串行口被设置为波特率可变的 8 位异步通信接口。

① 方式 1 发送。串行口以方式 1 发送时，数据位由 TxD 端输出，发送一帧信息为 10 位，其中 1 位起始位、8 位数据位（先低位后高位）和 1 位停止位 "1"。CPU 执行一条将数据写入发送缓冲器 SBUF 的指令，就启动发送器发送。发送完数据，就置中断标志 TI 为 1。方式 1 发送的波特率，取决于定时器溢出率和特殊功能寄存器 PCON 中 SMOD 的值。

② 方式 1 接收。当串行口设置为方式 1，且 REN=1 时，串行口处于方式 1 的输入状态。当检测到起始位有效时，开始接收一帧的其余信息。一帧信息为 10 位，其中 1 位起始位、8 位数据位（先低位后高位）和 1 位停止位 "1"。

在方式 1 接收时，必须同时满足两个条件：RI=0 和停止位为 1 或 SM2=0。接收数据有效，8 位数据进入 SBUF，停止位进入 RB8，并置中断请求标志 RI 为 1。若上述两个条件不满足，则该帧数据丢弃，不再恢复。这时将重新检测 RxD 上 1 到 0 的负跳变，以接收下一帧数据。中断标志也必须由用户在中断服务程序中清零。

（3）方式 2。被定义为 9 位异步通信接口。

① 方式 2 发送。发送数据由 TxD 端输出，发送一帧信息为 11 位，其中 1 位起始位（0）、8 位数据位（先低位后高位）、1 位可控位（1 或 0 的第 9 位数据）和 1 位停止位 "1"。附加的第 9 位数据为 SCON 中的 TB8，由软件置位或清零，可作为多机通信中地址/数据信息的标志位，也可作为数据的奇偶校验位。

② 方式 2 接收。当串行口置为方式 2 且 REN=1，串行口以方式 2 接收数据。方式 2 接收与方式 1 基本相似。数据由 RxD 端输入，接收 11 位信息，其中，1 位起始位（0）、8 位数据位（先低位后高位）、1 位可控位（1 或 0 的第 9 位数据）和 1 位停止位 "1"。当采样到 RxD 端由 1 到 0 的负跳变，并判断起始位有效后，便开始接收一帧信息。当接收器接收到第 9 位数据后，当 RI=0 且 SM2=0 或接收到的第 9 位数据位为 1 时，将收到的数据送入 SBUF（接收数据缓冲器），第 9 位数据送入 RB8，并对 RI 置 1；若以上两个条件均不满足，接收信息丢失。

（4）方式 3。方式 3 为波特率可变的 9 位异步通信接口，除了波特率有所区别之外，其余都与方式 2 相同。

2．串行口的波特率

串行口的波特率即串行传输数据的速率。波特率的选用，不仅和所选通信设备、传输距离有关，还受传输线状况所制约。用户应根据实际需要加以正确选用。

（1）方式 0 的波特率。在方式 0 下，串行口通信的波特率是固定的，其值为 $f_{osc}/12$（f_{osc} 为主机频率）。

（2）方式 2 的波特率。在方式 2 下，波特率为 $f_{osc}/32$ 或 $f_{osc}/64$。用户可以根据 PCON 中的 SMOD 位来选择串行口工作在哪个波特率下。其波特率的计算公式为：

$$波特率 = \frac{2^{SMOD}}{64} \times f_{osc}$$

这就是说，若 SMOD=0，则所选波特率为 $f_{osc}/64$；若 SMOD=1，则波特率为 $f_{osc}/32$。

（3）方式 1 或方式 3 的波特率。在这两种方式下，串行口波特率是由定时器的溢出率决定的，因而波特率也是可变的。其波特率的计算公式为：

$$波特率= \frac{2^{SMOD}}{32} \times 定时器 T1 溢出率$$

其中，定时器 T1 溢出率的计算公式为：

$$定时器 T1 溢出率= \frac{f_{osc}}{12} \times (\frac{1}{2^k - 初值})$$

公式中，k 为定时器 T1 的位数，它和定时器 T1 设置的工作方式有关。即：

若定时器 T1 为方式 0，则 $k=13$

若定时器 T1 为方式 1，则 $k=16$

若定时器 T1 为方式 2 或 3，则 $k=8$

一般情况下，定时器 T1 采用方式 2。因为定时器 T1 在方式 2 下工作，TH1 和 TL1 分别设定为两个 8 位重装计数器（当 TL1 从全"1"变为全"0"时，TH1 重装 TL1）。这种方式不仅使操作方便，也可避免因重装初值（时间常数初值）而带来的定时误差。

由以上两个公式可知，在方式 1 或方式 3 下所选的波特率，需要通过计算来确定初值，因为该初值是在定时器 T1 初始化时使用的。

3. 串行口初始化步骤

（1）确定定时器 T1 的工作方式——写 TMOD 寄存器。

（2）计算定时器 T1 的初值——装载初值。

（3）启动定时器 T1——TR1 置位。

（4）确定串口的工作方式——写 SCON 寄存器。

（5）使用串口中断方式时——开启中断源、确定中断优先级。

7.2.3 水塔水位单片机远程监控系统设计

水塔水位单片机远程监控系统的功能要求：上位机（监控端）对下位机发来的水位数据进行处理，用数码管实时显示水塔水位（0~5m），LED 显示水位状态（正常绿灯亮、水位大于 4.5m 红灯亮、水位小于 0.5m 黄灯亮），以及把水泵控制信号发给下位机；下位机（水塔端）将水塔的水位数据发给上位机，接收上位机发来的水泵控制信号对水泵进行控制。

1. 水塔水位单片机远程监控系统电路设计

水塔水位单片机远程监控系统电路主要由上位机电路（监控端）和下位机电路（水塔端）两部分组成，如图 7-12 所示。

（1）上位机（监控端）电路。上位机电路由 STC89C52 单片机最小系统、共阳极 LED 数码管显示电路和水位状态 LED 显示电路组成。水位状态 LED 显示：黄灯表示水位低于水位下限，红灯表示水位高于水位上限，绿灯表示水位正常。

（2）下位机（水塔端）电路。下位机电路由 STC89C52 单片机最小系统、水位数据采集电路和水泵运行控制电路组成。水塔水位由电位器模拟产生，电机转动表示水泵加水，电机不动表示水泵停止加水。

运行 Proteus 软件，新建"水塔水位单片机远程监控"设计文件。按图 7-12 所示放置并编辑 STC89C52、CRYSTAL、CAP、CAP-ELEC、RES、MOTOR、7406、LED-RED、LED-GREEN、LED-YELLOW 和 7SEG-MPX2-CA 等元器件，完成水塔水位单片机远程监控电路设计后，进行电气规则检测。

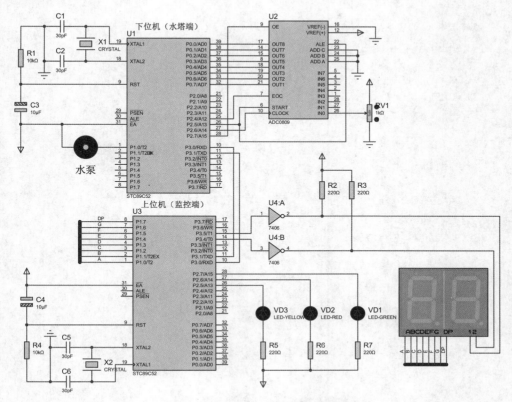

图7-12 水塔水位单片机远程监控系统电路

2. 水塔水位单片机远程监控系统程序设计

（1）上位机（监控端）程序设计

上位机首先进行双工通信初始化，发送采用查询方式，接收采用中断方式。当接收到下位机采样的水塔水位信号后，上位机对其进行处理后送数码管和 LED 指示灯显示并根据处理后的数据进行判断，向下位机发出控制信号以确定水泵的工作状态。

上位机程序如下：

```
#include <reg52.h>
unsigned char code table[]={0xC0,0xF9,0xA4,0xB0,0x99,0x92,0x82,0xF8,0x80,
0x90};
unsigned char tmp;              //存放接收数据
sbit smg1=P3^4;
sbit smg10=P3^5;
void delay10ms(void)
{
    unsigned char i,j;
    for(i=20;i>0;i--)
        for(j=200;j>0;j--);
}
```

```
void main(void)
{
    TMOD=0x20;                      //T1 为方式 2
    TH1=0xE7;                       //波特率为 625bps
    TL1=0xE7;
    PCON=0;                         //电源控制寄存器
    IE=0x90;                        //开启串行口中断
    TR1=1;
    F0=0;
    SCON=0x50;                      //设串口为方式 1、允许串行口接收
    while(1)
    {
        P1=table[tmp%10];           //送显示器 LED 显示
        smg1=0;
        delay10ms();
        P1=0xFF;
        smg1=1;
        P1=table[tmp/10]+0x80;  //送显示器 LED 显示
        smg10=0;
        delay10ms();
        P1=0xFF;
        smg10=1;
        if(tmp>45)
        {
            F0=0;
            P2=0xBF;                //红灯亮
            SBUF=0xFD;              //送水泵停止控制信号到下位机
        }
        else if(tmp<5)
        {
            F0=1;
            P2=0xDF;                //黄灯亮
            SBUF=0xFE;              //送水泵启动控制信号到下位机
        }
        else
        {
            P2=0x7F;                    //水位正常，绿灯亮
            if(F0==0)  SBUF=0xFF;    //水位下降过程中，水泵停止
            else SBUF=0xFE;             //进水过程中，水泵工作
        }
        while(!TI);                 //等待发送数据结束（数据发送完，TI 由硬件置位）
        TI=0;                       //TI 复位
    }
}
```

```
/* 串行口的中断服务子程序 */
void serial(void)  interrupt 4 using 1
{
    if(RI==1)
    {
        RI=0;                    //接收中断标志位复位
        tmp=SBUF/5;              //接收发送端传送来的数据
    }
}
```

（2）下位机（水塔端）程序设计

下位机首先进行双工通信的初始化，发送采用查询方式，接收采用中断方式。其中，定时器T0 为 ADC0809 提供时钟信号，T1 为串行通信提供波特率信号。下位机将采样到的水塔水位信号发送给上位机，上位机判断处理后发回处理结果，下位机接收后通过其 P1 口输出控制水泵的运行与停止。

下位机程序如下：

```
#include <reg52.h>
sbit EOC=P2^4;             //定义 ADC0809 转换结束信号
sbit START=P2^5;           //定义 ADC0809 启动转换命令
sbit CLOCK=P2^6;           //定义 ADC0809 时钟脉冲输入位
sbit OE=P2^7;              //定义 ADC0809 数据输出允许位
unsigned char tmp;         //存放接收数据
unsigned char adc;         //存放转换后的数据
void main(void)
{
    EA=0;
    TMOD=0x22;             //T0、T1 为方式 2
    TH0=0x14;
    TL0=0x14;
    TH1=0xE7;             //波特率为 625bps
    TL1=0xE7;
    IE=0x92;             //开启串行口，T0 中断
    IP=0x02;             //设置 T0 中断为高优先级
    SCON=0x50;           //双工通信，串口为方式 1
    TR0=1;
    TR1=1;
    while(1)
    {
        START=0;
        START=1;
        START=0;         //启动转换
        while(!EOC);     //等待转换结束
        OE=1;            //允许输出
        adc=P0;          //取转换结果
```

```
        SBUF=adc;              //发送采集的数据
        while(!TI);            //等待发送数据结束（数据发送完，TI 由硬件置位）
        TI=0;                  //TI 复位
    }
}
/* 定时计数器 T0 的中断服务子程序 */
void timer0(void)  interrupt 1 using 1
{
    CLOCK=~CLOCK;              //产生 ADC0808/0809 时钟脉冲信号
}
/* 串行口接收中断服务子程序 */
void  serial(void) interrupt 4 using 0
{
    RI=0;                     //接收中断标志位复位
    tmp=SBUF;                 //接收上位机对水泵的控制信号
    P1=tmp;                   //送水泵控制信号
}
```

水塔水位单片机远程监控程序设计好以后，打开"水塔水位单片机远程监控"Proteus 电路，加载 "水塔水位单片机远程监控.hex"文件，进行仿真运行，观察数码管的显示、LED 指示与水泵运行规律与设计要求是否相符。

7.2.4 水塔水位单片机远程监控系统焊接制作

根据图 7-11 所示电路图，在万能板上完成水塔水位单片机远程监控系统的焊接制作，元器件清单如表 7-4 所示。

表 7-4 水塔水位单片机远程监控系统元件清单

元件名称	参数	数量	元件名称	参数	数量
单片机	STC89C52	2	轻微按键		2
反相器	7406	1	电阻	10kΩ	2
晶振	11.0592MHz	2	电阻	220Ω	5
瓷片电容	30pF	4	电位器	1kΩ	1
电解电容	10μF	2	LED		3
IC 插座	DIP40	2	舵机	模拟水泵运行	1
IC 插座	DIP16	1	数码管	JM-S03021C-D	1
ADC0809	DIP28	1			

1. 电路板焊接

参考模数转换 LED 显示电路，完成电路板焊接制作，焊接好的电路板如图 7-13 所示。焊接时，监控端上位机与水塔端下位机要预留排针，用于上位机与下位机串行通信。

2. 硬件检测与调试

下位机的检测与调试可参考项目六的模数转换 LED 显示焊接制作。按下上位机复位按键，数码管 2 个位选控制端应为低电平，而字码端均为高电平，D1、D2 和 D3 水位状态指示灯应点亮。

（a）水塔端下位机

（b）监控端上位机

图7-13 水塔水位单片机远程监控焊接电路板

3. 软件下载与调试

通过 stc 下载软件把"水塔水位单片机远程监控.hex"文件烧入单片机芯片中，观察数码管显示、LED 指示与水泵运行规律是否与设计相符。

【技能训练 7-2】单片机串行口扩展 I/O 口

采用 74LS164 实现 STC89C52 单片机串行口对 I/O 接口进行扩展，串行数据从 RxD（P3.0）端输出，同步移位脉冲由 TxD（P3.1）端送出，完成 8 个 LED 的左移和右移循环点亮。

单片机串行口在方式 0 下，作同步移位寄存器使用，其波特率固定为 $f_{osc}/12$。通过单片机串行口对 I/O 接口进行扩展，首先要确定是扩展并行输入端口，还是扩展并行输出端口。下面我们分别介绍有关串行移位芯片。

1. 74LS165 芯片

74LS165 芯片用于扩展 I/O 口输入，它是一个 8 位并行输入、串行输出移位寄存器。RxD 为串行输入端，与 74LS165 的串行输出端相连；TxD 为移位脉冲输出端，与 74LS165 芯片移位脉冲输入端相连，如图 7-14 所示。

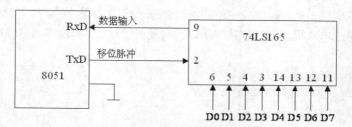

图7-14 方式0用于扩展I/O口输入

2. 74LS164 芯片

74LS164 芯片用于扩展 I/O 口输出，它是一个 8 位并行输出、串行输入移位寄存器。RxD 为串行输出端，与 74LS164 的串行输入端相连；TxD 为移位脉冲输出端，与 74LS164 的移位脉冲输入端相连，如图 7-15 所示。

3. 单片机串行口扩展 I/O 口电路设计

该电路由单片机最小系统、串口移位芯片 74LS164 及 8 个 LED 构成。单片机的 P3.1 引脚接 74LS164 的第 8 引脚（时钟端），为 74LS164 提供移位脉冲；P3.0 引脚同时接到 74LS164 的第 1 引脚和第 2 引脚（串行输入端），LED 的亮灭状态数据由 P3.0 引脚串行输出到 74LS164 的寄存器，如图 7-16 所示。

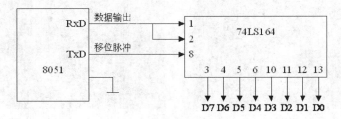

图7-15　方式0用于扩展I/O口输出

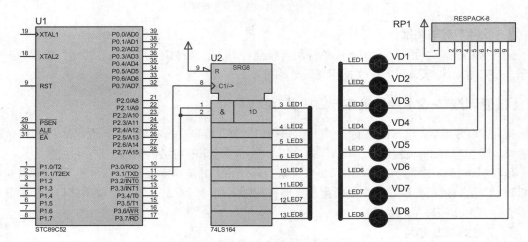

图7-16　单片机串行口扩展I/O口电路

4. 单片机串行口扩展 I/O 口程序设计

单片机采用串口方式 0，即通过 P3.1（TxD）引脚送出的时钟频率为晶振频率的 1/12，每发送完一个字节的数据后，单片机响应中断并进行处理（把 TI 清零），为发送下一个字节的数据做发送前的准备。通过单片机串行口扩展 I/O 口，实现 8 个 LED 的左移和右移循环点亮的程序代码如下：

```c
#include<reg52.h>
#define uchar unsigned char
void  delay(void)
{
    uchar  i,j,k;
    for(i=0;i<255;i++)
        for(j=0;j<255;j++)
            for(k=0;k<5;k++);
}
void  main()
{
    uchar  temp,i;
```

```
        TI=0;
        SCON=0x00;                        //串口方式 0
        IE=0x90;                          //开启中断允许
        while(1)
        {
            /* 串行左移  */
            temp=0xfe;
            for(i=0;i<8;i++)
            {
                SBUF=temp;                //启动串行数据发送
                delay();
                temp=(temp<<1)|0x01;
            }
            /* 串行右移  */
            temp=0x7f;
            for( i=0;i<8;i++)
            {
                SBUF=temp;                //启动串行数据发送
                delay();
                temp=(temp>>1)|0x80;
            }
        }
}
/*串行口中断函数*/
void  serial() interrupt  4  using  1
{
    TI=0;                                //软件把标志位清零
}
```

7.3　任务 21　单片机一对多数据传输

采用多个 STC89C52 单片机，实现一主机多从机的通信。主机发送的信息传到指定的从机，从机发送的信息只能被主机接收。

7.3.1　MCS-51 单片机多机通信

1. 多机通信实现

（1）主机端配置

在多机通信时，主机向从机发送的信息分为地址帧和数据帧两类，第 9 位 TB8 作为区分标志。TB8=0 表示发送的信息为数据帧；

TB8=1 表示发送的信息为地址帧。

（2）从机端配置

在多机通信时，从机通过对单片机 SCON 的多机通信控制位 SM2 的配置，来实现接收数据。当 SM2=1 时，CPU 接收的前 8 位数据是否送入 SBUF，取决于接收的第 9 位数据 RB8 的状态：

若 RB8=1，将接收到的前 8 位数据送入 SBUF，并置位 RI 产生中断请求；

若 RB8=0，将接收到的前 8 位数据丢弃。

即当 SM2=1 时，从机只能接收主机发送的地址帧（RB8=1），对数据帧（RB8=0）不予理睬。当 SM2=0 时，从机可接收主机发送的所有信息。

2. 多机通信过程

多机通信开始时，主机首先发送地址帧。由于各从机的 SM2=1 和 RB8=1，所以各从机均分别发出串行接收中断请求，通过串行中断服务程序来判断主机发送的地址与本从机地址是否相符。

如果相符，则把自身的 SM2 清零，准备接收随后传来的数据帧。其余从机由于地址不符，则仍保持 SM2=1 状态，因而不能接收主机传送来的数据帧。

这就是多机通信中主机、从机一对一的通信情况。这种通信只能在主机、从机之间进行，如果想在两个从机之间进行通信，则要通过主机作中介才能实现。

3. 多机通信编程步骤

（1）串口初始化。主机、从机工作方式通常设置为方式 3（即波特率可变，也可以设置为方式 2），主机置 SM2=0，REN=1；从机置 SM2=1，REN=1。

（2）主机置 TB8=1，向从机发送寻址地址帧，各从机因满足接收条件（SM2=1，RB8=1），从而可以接收到主机发来的地址，并与本机地址进行比较。

（3）地址一致的从机（被寻址机）将 SM2 清零，并向主机返回地址（或应答信号），供主机核对。地址不一致的从机（未被寻址机）保持 SM2=1。

（4）主机核对返回的地址（或应答信号），若与此前发出的地址一致则准备发送数据；若不一致则返回第（2）步重新发送地址帧。

（5）主机向从机发送数据，此时主机的 TB8=0，只有被选中的那台从机才能接收到该数据，其他从机则舍弃该数据。

（6）本次通信结束后，从机重新置 SM2=1，等待下次通信。

7.3.2　单片机一对多数据传输电路设计

根据任务要求，主机发送的信息可以传到各个从机或指定的从机，各从机发送的信息只能被主机接收。单片机一对多数据传输电路包含一对多通信发送电路、一对多通信接收电路和通信连接等部分。

1. 单片机一对多数据传输主机电路

单片机一对多数据传输主机电路由单片机最小系统、转换电路以及 DB-9 连接器构成。转换电路可以完成 TTL 电平与 RS-232C 电平之间的转换，由 MAX232 芯片实现。一对多通信发送端如图 7-17 所示。

2. 单片机一对多数据传输从机电路

单片机一对多数据传输从机电路由单片机最小系统、转换电路、从机地址设置电路以及 LED

指示电路构成。一对多通信接收端如图 7-17 所示。

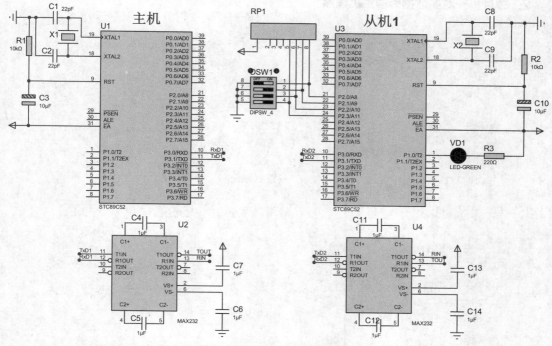

图7-17 单片机一对多数据传输电路

转换电路可以完成 TTL 电平与 RS-232C 电平之间的转换，由 MAX232 芯片实现；从机地址设置电路在单片机 P2.0~P2.3 引脚上连接了 4 个拨动开关来设置从机地址，我们可以依此来确定从机的地址；LED 指示电路在单片机 P1.0 引脚上连接了 1 个 LED，当数据接收成功时 LED 将被点亮。

最后，用 Proteus 仿真软件完成一对多通信电路设计。运行 Proteus 软件，新建"一对多通信电路"设计文件。按图 7-17 放置并编辑 STC89C52、CRYSTAL、CAP、CAP-ELEC、RES、LED-GREEN、DIPSW_4、RESPACK-7 和 MAX232 等元器件，完成单片机一对点数据传输电路设计后，进行电气规则检测。

7.3.3　单片机一对多数据传输程序设计

单片机一对多数据传输程序设计需要分开编写主机程序和从机程序。串行传输波特率为 9600b/s，首先计算定时器 T1 的定时初值；然后对主机和从机串口进行初始化；最后按照任务要求和多机通信的编程步骤完成程序。

1. 串口波特率设置

时钟频率 f_{osc}=11.0592MHz，SMOD=1，定时器 T1 工作在方式 2 且串行传输波特率为 9600b/s。根据前面的波特率计算公式，可变换为计算定时器 T1 的定时初值公式：

$$初值 = 2^k - \frac{f_{osc} \times 2^{SMOD}}{波特率 \times 32 \times 12}$$

根据以上条件可得定时初值为 250。

2. 单片机一对多数据传输主机程序

```c
#include <reg52.h>
#define uchar unsigned char
#define uint  unsigned int
/*串口初始化*/
void  init_serial()
{
    TMOD=0x20;                  //T1 为方式 2
    TH1=250;                    //波特率为 9600bps
    TL1=250;
    PCON=0x80;                  //设置电源控制寄存器 SMOD=1
    TR1=1;
    SCON=0xd0;                  //设串口为方式 3、允许串口接收
}
void main(void)
{
    uchar temp;                 //存放接收数据
    uchar addr;
    init_serial();             //串口初始化
    while(1)
    {
        /*发送从机地址*/
        TB8=1;                  //设置 TB8 为 1，发送的是地址
        addr=0x01;              //设置从机地址
        SBUF=addr;
        while(!TI );
        TI=0;
        /*接收从机返回的地址*/
        RI=0;
        while(!RI);
        temp=SBUF;
        RI=0;
        /*如果从机返回的地址正确，则准备发送数据*/
        if(temp==addr)
        {
            TI = 0;
            TB8 = 0;            //设置 TB8 为 0，发送的是数据
            SBUF=0xfe;          //如果校验正确，则发送点亮二极管的数据
            while(!TI);
            TI=0;
        }
    }
}
```

3. 单片机一对多数据传输从机程序

```c
#include <reg52.h>
#define uchar unsigned char
#define uint  unsigned int
void delay(uint t)
{
    uint i;
    while(t--)
    {
        for (i=0;i<150;i++);
    }
}
/*串口初始化*/
void  init_serial()
{
    TMOD=0x20;                    //T1 为方式 2
    TH1=250;                      //波特率为 9600bps
    TL1=250;
    PCON=0x80;                    //设置电源控制寄存器 SMOD=1
    TR1=1;
    SCON=0xf0;                    //设串口为方式 3、允许串口接收、多机通信 SM2=1
}
void main(void)
{
    uchar n;
    uchar temp;                   //存放接收数据
    uchar addr;                   //存放接收从机地址
    init_serial();                //串口初始化
    while(1)
    {
        /*接收从机地址 */
        RI=0;
        while(!RI);               //接收主机发送从机的地址
        temp=SBUF;
        P2=0x0f;                  //读取从机地址
        addr=P2;
        RI=0;
        if(addr==temp)            //若主机访问的是该机，则开始接收数据
        {
            SM2=0;                //设置 SM2 为 0，允许接收数据
            TI=0;
            SBUF=addr;
            while(!TI);
            TI=0;
```

```
/*数据校验地址后，LED 闪烁*/
RI=0;
while(!RI);                //LED 闪烁表示通信成功
for(n=0;n<10;n++)
{
    P1=SBUF;
    delay(200);
    P1=0x01;
    delay(200);
}
RI=0;
SM2=1;                     //设置 SM2 为 1，允许接收地址
        }
    }
}
```

单片机一对多数据传输程序设计好以后，打开"单片机一对多数据传输"Proteus 电路，分别加载主机和从机的 HEX 文件。先把单片机一对多数据传输中的 4 个拨动开关设置为与程序中从机地址一样，然后进行仿真运行，观察从机的 LED 是否闪烁，若 LED 闪烁，说明与设计要求相符。

7.3.4　RS-485 串行接口

智能仪表随着 20 世纪 80 年代初单片机技术的成熟而发展起来，现在全世界的仪表市场基本被智能仪表所垄断，这归结于企业信息化的需要，而企业在进行仪表选型时一个必要条件就是要具有联网通信接口。最初的仪表接口是 RS-232 接口，可以实现点对点的通信方式，但不能实现联网功能，随后出现的 RS-485 解决了这个问题。

在任务 21 中，使用了 STC89C52 单片机通过 RS-232 接口总线进行数据传送。由于 RS-232 接口总线的传送距离有限，一般不超过 50m。那么，应该如何实现数据远程传送呢？

1.　RS-485 串行接口和 RS-232 串行接口比较

（1）RS-485 接口逻辑"1"以两线间电压差+2V～+6V 表示，逻辑"0"以两线间电压差-2V～-6V 表示；RS-232 接口逻辑"1"在-3V～-15V 之间，逻辑"0"在+3V～+15V 之间。

RS-485 接口信号电平比 RS-232 降低了，就不容易损坏接口电路的芯片，且该电平与 TTL 电平兼容，可方便地与 TTL 电路连接。

（2）RS-485 接口采用平衡驱动器和差分接收器的组合，抗噪声干扰性好；RS-232 接口使用一根信号线和一根信号返回线构成共地的传输形式，抗噪声干扰性弱。

（3）RS-485 接口的传输距离为 1200m 左右；RS-232 接口的传输距离有限，传输距离在 50m 左右。

（4）RS-485 接口具有多站能力，允许连接多达 128 个收发器；RS-232 接口在总线上只允许连接 1 个收发器，即单站能力。

2.　RS-485 接口芯片

在通信距离为几十米到上千米时，广泛采用 RS-485 串行总线标准。RS-485 采用平衡发送和差分接收，因此具有抑制共模干扰的能力。加上总线收发器的高灵敏度，能检测低至 200mV

的电压，故传输信号能在千米以外得到恢复。

RS-485 接口芯片已广泛应用于工业控制、智能仪器仪表、物联网应用、机电一体化产品等诸多领域。RS-485 接口芯片有很多品种和型号，如 SN75179 差分总线收发器用于全双工 RS-485 连接、SN75176 差分总线收发器用于半双工 RS-485 连接等。SN75179 差分总线收发器的引脚和逻辑图如图 7-18 所示。

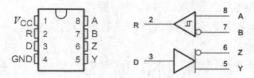

图7-18　SN75179引脚和逻辑图

SN75179 差分总线收发器功能表如表 7-5 所示。

表 7-5　SN75179 功能表

DRIVER			RECEIVER	
INPUT	OUTPUT		DIFFERENTIAL INPUT	OUTPUT
D	Y	Z	A-B	R
H	H	L	VID≥0.2V	H
L	L	H	VID≤-0.2V	L

H=高电平，L=低电平

【技能训练 7-3】全双工 RS-485 连接电路设计与实现

在任务 21 的图 7-17 基础上，使用两个 SN75179 芯片，将上位机和下位机的串行接口转换成 RS-485 串行接口，这样就可以实现数据远程传送和接收。全双工 RS-485 连接电路设计如图 7-19 所示。

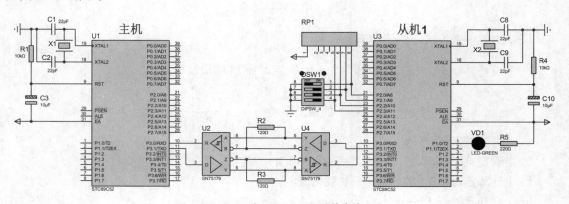

图7-19　全双工RS-485连接电路

图 7-19 中的 120Ω 电阻是终端电阻。在设备少、距离短的情况下，不加终端电阻，整个网络也能很好地工作。实现数据远程传送和接收代码设计，请参考任务 21。

采用 SN75179 差分总线收发器，在上位机和下位机之间设计一个长距离、全双工的 RS-485 连接电路是相当简单的解决方案。

关键知识点小结

1. 串行通信

串行通信是将数据一位一位地按顺序传送。串行通信的优点是传输线少，长距离传送时成本低。串行通信的缺点是控制复杂，速度较并行通信要慢。

（1）同步通信。同步通信是一种连续串行传送数据的通信方式，一次通信通常传送若干个数据字符。

（2）异步通信。数据通常是以字符为单位组成字符帧传送的。字符帧由发送端一帧一帧地发送，每一帧数据低位在前、高位在后，通过传输线被接收端一帧一帧地接收。发送端和接收端分别由各自独立的时钟来控制数据的发送和接收，这两个时钟彼此独立、互不同步。

2. 波特率

波特率为每秒钟传送二进制数码的位数，也叫比特数，单位为 b/s，即位/秒。波特率用于表征数据传输的速度，波特率越高，数据传输速度越快。

3. 串行口的工作方式的特点

（1）方式 0 的特点：8 位同步移位寄存器，波特率固定为晶振的 1/12。

（2）方式 1 的特点：10 位 UART，波特率可变。

（3）方式 2 的特点：11 位 UART，波特率为晶振的 1/32 或 1/64。

（4）方式 3 的特点：11 位 UART，波特率可变。

4. 串行口的波特率

（1）方式 0 的波特率

$$波特率 = f_{osc}/12$$

（2）方式 2 的波特率

$$波特率 = \frac{2^{SMOD}}{64} \times f_{osc}$$

（3）方式 1 或方式 3 的波特率

$$波特率 = \frac{2^{SMOD}}{32} \times 定时器 T1 的溢出率$$

$$定时器 T1 的溢出率 = \frac{f_{osc}}{12} \times \left(\frac{1}{2^k - 初值} \right)$$

5. 串行口初始化步骤

（1）确定定时器 T1 的工作方式——写 TMOD 寄存器。

（2）计算定时器 T1 的初值——装载初值。

（3）启动定时器 T1——TR1。

（4）确定串口的工作方式——写 SCON 寄存器。

（5）使用串口中断方式时——开启中断源、确定中断优先级。

6. 多机通信过程

（1）主机、从机工作于方式 2 或方式 3，主机置 SM2=0，REN=1；从机置 SM2=1，REN=1。

（2）主机置 TB8=1，向从机发送寻址地址帧，各从机因满足接收条件（SM2=1，RB8=1），从而接收到主机发来的地址，并与本机地址进行比较。

（3）地址一致的从机（被寻址机）将 SM2 清零，并向主机返回地址，供主机核对；地址不一致的从机（未被寻址机）保持 SM2=1。

（4）主机核对返回的地址，若与此前发出的地址一致，则准备发送数据；若不一致，则返回第（2）步重新发送地址帧。

（5）主机向从机发送数据，此时主机的 TB8=0，只有被选中的那台从机能接收到该数据，其他从机则舍弃该数据。

（6）本次通信结束后，从机重新置 SM2=1，等待下次通信。

 问题与讨论

7-1 选择题

（1）在进行串行通信时，若两机的发送与接收可以同时进行，则称为（ ）。
    A. 半双工传送   B. 单工传送   C. 双工传送   D. 全双工传送

（2）串行口的工作方式由（ ）寄存器决定。
    A. SBUF   B. PCON   C. SCON   D. RI

（3）MCS-51 系列单片机串行通信口的传输方式是（ ）。
    A. 单工   B. 半双工   C. 全双工   D. 不可编程

（4）表示串行数据传输速度的指标为（ ）。
    A. USART   B. UART   C. 字符帧   D. 波特率

（5）串行口的发送数据端为（ ）。
    A. RI   B. RxD   C. REN   D. TxD

（6）单片机输出信号为（ ）电平。
    A. RS-232C   B. TTL   C. RS-232   D. RS-485

（7）当设置串行口为工作方式 2 时，采用（ ）指令。
    A. SCON=0x80   B. SCON=0x10   C. PCON=0x10   D. PCON=0x80

（8）串行口的发送数据端和接收数据端为（ ）。
    A. TxD 和 RxD   B. TB8 和 RB8   C. REN   D. TI 和 RI

7-2 串行数据传送与并行数据传送相比，主要优点和用途是什么？

7-3 简述 MCS-51 系列单片机串行口 4 种工作方式下，接收和发送数据的过程。

7-4 串行口有几种工作方式？各工作方式的波特率如何确定？

7-5 定时器 1 作串行口波特率发生器时，为什么常采用方式 2？

7-6 使用 STC89C52 的串行口按工作方式 1 进行串行数据通信，假定波特率为 2400b/s，以中断方式传送数据，请编写全双工通信程序。

7-7 简述串口通信的初始化步骤。

7-8 简述多机通信的过程。

Chapter 8

项目八
LCD1602 监控电机运行

项目导读

电机控制，是指对电机的启动、加速、运转、减速及停止进行的控制。使用单片机控制电机，可移植性好、速度快，已被广泛应用于机电一体化、工业控制、智能仪表等领域。通过 C 语言程序实现使用键盘控制步进电机和直流电机的速度和方向，读者将进一步了解单片机在电机控制上的应用。

知识目标	1. 了解单片机产品开发的流程、步进电机和直流电机的结构和工作原理； 2. 掌握步进电机和直流电机速度、方向控制的关键技术； 3. 掌握电机速度、方向控制的电路设计和编程方法； 4. 会利用单片机 I/O 口实现电机速度、方向控制
技能目标	能完成单片机对步进电机和直流电机控制的相关电路设计，能应用 C 语言程序完成单片机对步进电机和直流电机控制，实现对步进电机和直流电机控制的设计、运行及调试
素养目标	增强读者专业技术能力和务实严谨的态度，培养读者对专业技能学习的专注度及技术强国的爱国情怀
教学重点	1. 使用 L298 设计步进电机和直流电机控制电路的方法； 2. 控制步进电机和直流电机速度、方向的编程方法
教学难点	步进电机和直流电机控制电路设计、控制速度和方向程序设计
建议学时	6 学时
推荐教学方法	从任务入手，通过单片机对步进电机和直流电机速度、方向的控制设计，让读者了解单片机控制电机的电路和程序的设计方法，熟悉步进电机和直流电机速度、方向控制的关键技术
推荐学习方法	勤学勤练、动手操作是学好单片机控制电机设计的关键，动手完成单片机对步进电机和直流电机速度、方向的控制，通过"边做边学"达到学习的目的

8.1　单片机产品开发

单片机产品开发是指为完成某项任务而研制开发单片机应用系统，该系统是以单片机为核心，配以外围电路和软件，能实现确定任务、功能的实际应用系统。根据不同的用途和要求，单片机产品的系统配置及软件也有所不同，但它们的开发流程和方法大致相同。

8.1.1　单片机产品的结构

单片机产品由硬件和软件组成。硬件是指单片机、扩展的存储器、输入输出设备等硬件部件，软件是各种工作程序的总称。一个典型单片机产品结构如图 8-1 所示。

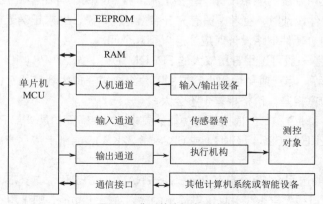

图8-1　典型单片机产品结构

从图 8-1 不难看出，单片机产品所需要的一般配置如下所述。

（1）单片机。如 STC89C52、STC12C5A60S2、AT89C52 以及 AT89S52 等。

（2）人机交流设备。输入设备有键盘和按键，输出设备有数码管、液晶显示模块和指示灯等。

（3）信号采集的输入通道。如汽车的测距、测速装置，温控系统的温度传感器，洗衣机的水位测量等设备。

（4）向操作对象发出各种控制信号的输出通道。如空调启动压缩机的开关电路，控制电机速度和方向等的接口电路。

（5）与其他计算机系统或智能设备实现信息交换，还需配置通信接口电路，如 RS-232、RS-485 等。

（6）有时还需扩展外部 RAM、ROM，用于存放数据，如数据采集系统需要存放大量数据和表格的存储器。

8.1.2　单片机产品开发流程

1. 确定功能技术指标

单片机产品开发流程是以确定产品的功能和技术指标开始的。

首先要细致分析、研究实际问题，明确各项任务与要求，综合考虑系统的先进性、可靠性、可维护性以及成本、经济效益，拟订出合理可行的技术性能指标。

2. 单片机产品总体设计

在对单片机产品进行总体设计时，应根据单片机产品提出的各项技术性能指标，拟订出性价比最高的一套方案。

首先，应根据任务的繁杂程度和技术指标要求选择机型。选定机型后，再选择产品中要用到的其他外围元器件，如传感器、执行器件等。

在总体方案设计过程中，对软件和硬件进行分工是首要环节。原则上，能够由软件来完成的任务尽可能用软件来实现，以降低硬件成本，简化硬件结构。同时，还要求大致规定各接口电路的地址、软件的结构和功能、上位机和下位机的通信协议、程序的驻留区域及工作缓冲区等。总体方案一旦确定，系统的大致规模及软件的基本框架就确定了。

3. 硬件设计

硬件设计是指应用系统的电路设计，包括主机、控制电路、存储器、I/O 接口、A/D 和 D/A 转换电路等。进行硬件设计时，应考虑留有充分余量，电路设计力求正确无误，因为在系统调试中不易修改硬件结构。硬件电路设计时应注意以下几个问题。

（1）程序存储器。一般可选用容量较大的 EPROM 芯片，如 27128（16KB）、27256（32KB）或 27512（64KB）等。尽量避免使用小容量的芯片组合扩充成大容量的存储器，程序存储器容量大些，则编程空间宽裕些，价格相差也不会太多。

（2）数据存储器和 I/O 接口。根据系统功能的要求，如果需要扩展外部 RAM 或 I/O 口，RAM 芯片可选用 6116（2KB）、6264（8KB）或 62256（32KB），原则上应尽量减少芯片数量，使译码电路简单。

I/O 接口芯片一般选用 8155（带有 256B 静态 RAM）或 8255。这类芯片具有口线多、硬件逻辑简单等特点。若口线要求很少，且仅需简单的输入或输出功能，则可用不可编程的 TTL 电路或 CMOS 电路。

A/D 和 D/A 电路芯片主要根据精度、速度和价格等来选用，同时还要考虑与系统的连接是否方便。

（3）地址译码电路。通常采用全译码、部分译码或线选法，应充分考虑利用存储空间和简化硬件逻辑等方面的问题。MCS-51 系列单片机有充分的存储空间，包括 64KB 程序存储器和 64KB 数据存储器，所以在一般的控制应用系统中，主要考虑简化硬件逻辑。当存储器和 I/O 芯片较多时，可选用专用译码器 74S138 或 74LS139 等。

（4）总线驱动能力。MCS-51 系列单片机的外部扩展功能很强，但 4 个 8 位并行口的负载能力是有限的。P0 口能驱动 8 个 TTL 电路，P1～P3 口只能驱动 4 个 TTL 电路。

在实际应用中，这些端口的负载不应超过总负载能力的 70%，以保证留有一定的余量。如果满载，会降低系统的抗干扰能力。在外接负载较多的情况下，如果负载是 MOS 芯片，因负载消耗电流很小，所以影响不大。如果要驱动较多的 TTL 电路，则应采用总线驱动电路，以提高端口的驱动能力和系统的抗干扰能力。

数据总线宜采用双向 8 路三态缓冲器 74LS245 作为总线驱动器，地址和控制总线可采用单向 8 路三态缓冲区 74LS244 作为单向总线驱动器。

（5）系统速度匹配。MCS-51 系列单片机的时钟频率可在 2MHz~12MHz 之间任选。在不影响系统技术性能的前提下，时钟频率选择低一些为好，这样可降低系统中对元器件工作速度的要求，从而提高系统的可靠性。

4．抗干扰措施

单片机产品的工作环境往往都是具有多种干扰源的现场，因此抗干扰措施在单片机产品设计中显得尤为重要。

根据干扰源引入的途径，抗干扰措施可以从以下两个方面加以考虑。

（1）电源供电系统。为了克服来自电网以及系统内部其他部件的干扰，可采用隔离变压器、交流稳压、线滤波器、稳压电路及各级滤波等防干扰措施。

（2）电路。为了进一步提高系统的可靠性，在设计硬件电路时，应采取一系列防干扰措施。

① 大规模 IC 芯片电源供电端 VCC 都应加高频滤波电容，根据负载电流的情况，在各级供电节点还应加足够容量的退耦电容。

② 开关量 I/O 通道与外界的隔离可采用光电耦合器件，特别是与继电器、可控硅等连接的通道，一定要采取隔离措施。

③ 可采用 CMOS 器件提高工作电压（+15V），这样干扰门限也相应提高。

④ 传感器后级的变送器尽量采用电流型传输方式，因电流型比电压型抗干扰能力强。

⑤ 电路应有合理的布线及接地方式。

⑥ 与环境干扰的隔离可采用屏蔽措施。

5．软件设计

单片机产品的软件设计，是产品研制过程中任务最繁重的一项工作，难度也比较大。对于某些较复杂的应用系统，不仅要使用 C 语言来编程，有时还要使用汇编语言。

单片机产品的软件主要包括两大部分：用于管理单片机工作的监控程序和用于执行实际具体任务的功能程序。

对于监控程序，应尽可能利用现成的监控程序。为了适应各种应用的需要，现代单片机开发系统的监控软件功能相当强，并附有丰富的实用子程序，可供用户直接调用，例如键盘管理程序、显示程序等。因此，在设计系统硬件逻辑和确定应用系统操作方式时，就应充分考虑这一点。这样做可大大减少软件设计的工作量，提高编程效率。

对于功能程序，要根据产品的功能要求来编写程序。例如，外部数据采集、控制算法、外设驱动、故障处理及报警程序等。

单片机产品的软件设计千差万别，不存在统一模式。进行软件设计时，应尽可能采用模块化结构。根据系统软件的总体构思，按照先粗后细的方法，把整个系统软件划分成多个功能独立、大小适当的模块。要明确规定各模块的功能，尽量使每个模块功能单一，各模块间的接口信息简单、完备，接口关系统一，尽可能使各模块间的联系减少到最低限度。这样，各个模块可以分别独立设计、编制和调试，最后再将各个程序模块连接成一个完整的程序进行总调试。

6. 单片机产品调试

单片机产品开发必须经过调试阶段，只有经过调试才能发现问题，改正错误，最终完成开发任务。实际上，对于较复杂的程序，大多数情况下都不可能一次就调试成功，即便是资深设计人员也是如此。

单片机产品调试包括硬件调试和软件调试。硬件调试的任务是排除系统的硬件电路故障，包括设计性错误和工艺性故障。软件调试是利用开发工具进行在线仿真调试，除发现和解决程序错误外，也可以发现硬件故障。

程序调试一般是一个模块一个模块地进行，一个子程序一个子程序地调试，最后联起来统调。利用开发工具的单步运行和断点运行方式，通过检查应用系统的 CPU、RAM 和 SFR 的内容以及 I/O 口的状态，来检查程序的执行结果和系统 I/O 设备的状态变化是否正常，从中发现程序的逻辑错误、转移地址错误以及随机的录入错误等。

程序调试也可以发现硬件设计与工艺错误和软件算法错误。在调试过程中，要不断调整、修改系统的硬件和软件，直到其正确为止。联机调试运行正常后，将软件固化到 ROM 中，脱机运行，并到生产现场投入实际工作，检验其可靠性和抗干扰能力，直到完全满足要求，单片机产品才算研制成功。

8.2　任务 22　LCD1602 监控步进电机运行设计与实现

利用 STC89C52 单片机及独立键盘控制步进电机的速度和方向。按键控制步进电机的方向和速度，LCD1602 显示步进电机的方向和旋转圈数。步进电机电气参数：工作电压 4.5V～6.5 V，步进角是 18°。

8.2.1　步进电机控制技术

步进电机是将输入数字信号转换成机械能量的电气设备。由于步进电机旋转角度与输入脉冲数目成正比，只要控制输入的脉冲数目便可控制步进电机的旋转角度。因此，常用于精确定位和精确定速，如机器人均使用步进电机作动力来精确控制机器人的动作。

步进电机的结构及基本知识点在任务 6 中已经介绍过了，在这里只对实现步进电机速度和方向控制的关键技术进行介绍。

1. 速度控制技术

本任务使用的步进电机的步进角是 18°，由于步进电机旋转角度与输入脉冲数目成正比，所以输入 20 个脉冲信号，步进电机就会旋转 20 个步进角，即刚好转一圈（20×18°=360°）。那么怎么控制步进电机的转速呢？下面我们先分析如何实现步进电机转速为 30 转/分钟和 60 转/分钟。

（1）转速为 30 转/分钟。旋转一圈的时间是 60s/30 圈=2s，旋转一个步进角的时间是 2s/20=100ms（每圈 20 个步进角）。也就是说，给一个脉冲信号，旋转一个步进角，延时 100ms，再给一个脉冲信号，旋转一个步进角，延时 100ms，……，这样就可以获得 30 转/分钟的转速。

（2）转速为 60 转/分钟。旋转一圈的时间是 60s/60 圈=1s，旋转一个步进角的时间是 1s/20=50ms（每圈 20 个步进角）。和 30 转/分钟比较，脉冲信号之间的延时时间为 50ms，延时时间变短，转速提高。

根据以上分析，只要改变脉冲信号之间的延时时间，即改变每步之间的延时时间，便可控制步进电机的转速。延时时间变短，转速提高；延时时间变长，转速降低。

 注意

步进电机的负载转矩与转速成反比，转速越快负载转矩越小，当转速快至其极限时，步进电机不再旋转。所以每走一步，必须延时一段时间。

2. 方向控制技术

本任务是采用 1-2 相励磁顺序，8 种励磁状态为一个循环。只要改变励磁顺序，就可以改变步进电机旋转方向。

（1）正转时，1-2 相励磁顺序为：A→AB→B→BC→C→CD→D→DA→……

（2）反转时，1-2 相励磁顺序为：DA→D→CD→C→BC→B→AB→A→……

8.2.2　认识 L298 全桥驱动器

L298 是一款单片集成的高电压、高电流、双路全桥式电机驱动，可以连接标准 TTL 逻辑电平，驱动电感负载（如继电器、线圈、直流电机和步进电机）。L298 可以直接驱动 2 个直流电机或 1 个 2 相（4 相）步进电机。

1. L298 结构及工作过程

L298 内部包含 4 通道逻辑驱动电路，即内含 2 个 H 桥的高电压、大电流全桥式驱动器，如图 8-2 所示。

由图 8-2 可以看出，L298 的 A 桥有 1 个使能 ENA，B 桥有 1 个使能 ENB，其工作过程如下所述。

（1）在 ENA 和 ENB 引脚为高电平"1"时，A 桥和 B 桥使能处于使能状态，输入 IN1~IN4 与输出 OUT1~OUT4 的状态保持相同。如 IN1 引脚输入为"1"，OUT1 引脚输出也为"1"。

（2）在 ENA 和 ENB 引脚为低电平"0"时，A 桥和 B 桥使能处于禁止状态，所有的驱动三极管都将处于截止状态。

2. L298 引脚功能

L298 有 15 引脚 Multiwatt15 直插封装和 20 引脚 PowerSO20 贴片封装两种形式，二者的功能并无实质区别，仅为封装形式不同而已。在这里，主要介绍 15 引脚 Multiwatt15 的 L298，如

图 8-3 所示。

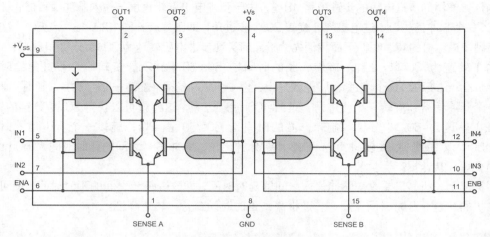

图8-2 L298基本结构

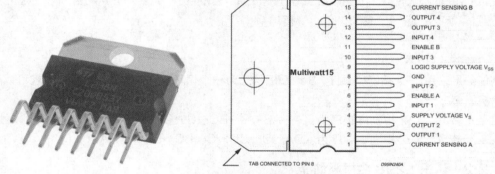

图8-3 L298的引脚和封装

（1）V_{SS}：逻辑电源，通常为+5V，该引脚到地必须连接一个 100nF 电容。

（2）V_s：负载驱动电源，该引脚到地必须连接一个 100nF 电容。

（3）GND：接地端。

（4）IN1 和 IN2：A 桥信号输入端，兼容 TTL 逻辑电平。

（5）IN3 和 IN4：B 桥信号输入端，兼容 TTL 逻辑电平。

（6）OUT1 和 OUT2：A 桥信号输出端，通过这两个引脚到负载的电流由 SENSE A 引脚监控。

（7）OUT3 和 OUT4：B 桥信号输出端，通过这两个引脚到负载的电流由 SENSE B 引脚监控。

（8）ENA 和 ENB：使能输入，兼容 TTL 逻辑电平。ENA 和 ENB 分别使能 A 桥和 B 桥，为高"1"使能，为低"0"禁止。

（9）SENSE A 和 SENSE B：连接一个采样电阻到地，以控制负载电流。

8.2.3 步进电机控制系统电路设计

按照任务要求，LCD1602 监控步进电机运行电路由 STC89C52 单片机最小系统、步进电机驱动电路、LCD1602 显示电路和键盘电路等模块构成，如图 8-4 所示。

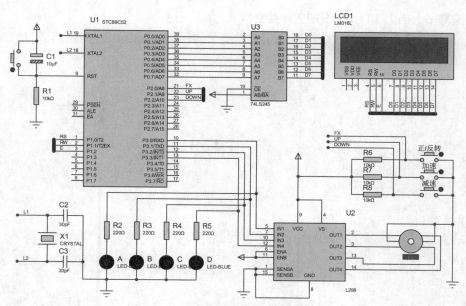

图8-4 LCD1602监控步进电机运行电路

在图 8-4 中，4 个 LED 分别与步进电机的 4 个 A、B、C、D 绕组一一对应，我们可以用 LED 的点亮与熄灭来观察绕组通电情况。如某一个 LED 点亮，表示其对应绕组通电了。

1. 键盘模块设计

LCD1602 监控步进电机运行系统具有正转、反转、加速和减速 4 个功能，可以用 3 个按键实现。由于按键数目少，键盘模块设计可采用独立键盘。这 3 个按键分别接到 P2 口的 P2.0、P2.1 和 P2.2 引脚，分别为正/反转按键、加速按键和减速按键。

2. 步进电机驱动模块设计

由于步进电机的功率较大，步进电机驱动电路设计采用了高电压、大电流的 L298 全桥驱动器。P3 口的 P3.0、P3.1、P3.2 和 P3.3 引脚通过步进电机驱动电路分别接在步进电机的 A、B、C、D 绕组。

3. LCD1602 显示模块设计

显示模块采用 LCD1602 液晶显示器，主要显示步进电机的方向和旋转圈数并对步进电机的运行状态进行监控。LCD1602 的 D0～D7 接 P0 口，RS、RW 和 E 分别接 P1 口的 P1.0、P1.1 和 P1.2 引脚。

完成键盘模块电路、步进电机驱动模块电路和 LCD1602 显示模块电路设计，运行 Proteus 软件，新建 "LCD1602 监控步进电机运行" 设计文件。按图 8-4 所示放置并编辑 STC89C52、CRYSTAL、CAP、CAP-ELEC、RES、MOTOR-STEPPER、L298、LM016L（即 LCD1602）及 BUTTON 等元器件。完成步进电机控制系统电路设计后，进行电气规则检测，直至检测成功。

8.2.4 LCD1602 监控步进电机运行程序设计

本任务要求用按键控制步进电机的方向和速度，用 LCD1602 显示步进电机的方向和旋转圈数。LCD1602 监控步进电机运行程序由主文件、LCD1602 文件和头文件等组成。

1. 编写 main.h 和 LCD1602.h 头文件

为了提高程序的可读性和编程方便，在头文件里对用到的数据类型、接在 P3 口的步进电机进行宏定义，以及对用到的函数进行声明。

（1）编写 main.h 头文件

```
#ifndef __MAIN_H__
#define __MAIN_H__
#define uint   unsigned int
#define uchar  unsigned char
#define step_moto_port  P3
void delay(uint dly);
#endif
```

（2）编写 LCD1602.h 头文件

```
#ifndef __LCD1602_H__
#define __LCD1602_H__
#define uint   unsigned int
#define uchar  unsigned char
void WrOp(uchar com);                    //写函数
void WrDat(uchar dat);                   //写数据函数
void LCD_Init();                         //LCD1602 初始化函数
void DisText(uchar addr,uchar *p);       //显示文本函数（显示方向和圈数）
#endif
```

2. 编写 LCD1602.c 文件

LCD1602.c 文件主要由头文件包含、LCD1602 控制引脚定义以及 LCD1602 相关函数组成。程序如下：

```
#include<reg52.h>
#include <LCD1602.h>
#include<main.h>
/*定义 LCD1602 控制引脚*/
sbit RS=P1^0;
sbit EN=P1^2;
sbit RW=P1^1;
/***********************************************************
* 名称：WrOp()
* 功能：写函数
***********************************************************/
void WrOp(uchar com)
{
    RS=0;              //选择指令寄存器
    P0=com;            //把指令写入 LCD1602 的指令寄存器中
    delay(1);
    EN=1;              //EN 为高电平
    delay(1);
    EN=0;              //EN 为低电平，EN 由高电平跳变成低电平，LCD1602 执行指令
```

```
}
/*************************************************************
* 名称：WrDat()
* 功能：写数据函数
*************************************************************/
void WrDat(uchar dat)
{
    RS=1;                    //选择数据寄存器
    P0=dat;                  //把数据写入 LCD1602 的数据寄存器中
    delay(1);
    EN=1;
    delay(1);
    EN=0;
}
/*************************************************************
* 名称：LCD_Init ()
* 功能：LCD1602 初始化函数
*************************************************************/
void LCD_Init()
{
    RW=0;
    WrOp(0x38);              //16*2 显示，5*7 点阵，8 位数据接口，见指令 6
    WrOp(0x0c);              //开始显示，见指令 4
    WrOp(0x06);              //光标右移（即光标加 1），见指令 3
    WrOp(0x01);              //清除显示，见指令 1
}
/*************************************************************
* 名称：Out_Char()
* 功能：显示文本函数（显示方向和圈数）
*************************************************************/
void DisText(uchar addr,uchar *p)
{
    WrOp(addr);
    while(*p!='\0')
    {
        WrDat(*(p++));
    }
}
```

3. 编写 LCD1602 监控步进电机运行.c 文件

（1）LCD1602 监控步进电机运行实现分析

在这里，步进电机采用 1-2 相励磁顺序，8 种励磁状态为一个循环，控制状态与 P3 口的控制码的对应关系如表 8-1 所示。

表 8-1　控制状态与 P3 口的控制码的对应关系

控制状态	P3 口 控制码	P3.3 D 相	P3.2 C 相	P3.1 B 相	P3.0 A 相
A 相绕组通电	01H	0	0	0	1
A 相、B 相绕组通电	03H	0	0	1	1
B 相绕组通电	02H	0	0	1	0
B 相、C 相绕组通电	06H	0	1	1	0
C 相绕组通电	04H	0	1	0	0
C 相、D 相绕组通电	0CH	1	1	0	0
D 相绕组通电	08H	1	0	0	0
D 相、A 相绕组通电	09H	1	0	0	1

由表 8-1 可以看出：

在正转时，1-2 相励磁顺序为：A→AB→B→BC→C→CD→D→DA→……，定义一个正转控制码表，代码如下：

```
uchar const round[8]={0x01,0x03,0x02,0x06,0x04,0x0c,0x08,0x09};
```

在反转时，1-2 相励磁顺序为：DA→D→CD→C→BC→B→AB→A→……，定义一个反转控制码表，代码如下：

```
uchar const back[8]={0x09,0x08,0x0c,0x04,0x06,0x02,0x03,0x01};
```

（2）LCD1602 监控步进电机运行程序设计

LCD1602 监控步进电机运行.c 文件主要由头文件包含、全局变量定义、按键定义以及相关函数组成。程序如下：

```
/********************************************************
* 功能：LCD1602 监控步进电机运行，LCD1602 液晶显示
********************************************************/
#include<reg52.h>
#include<main.h>
#include <LCD1602.h>
/*定义按键引脚*/
sbit FX=P2^0;              //设置方向按键
sbit UP=P2^1;              //设置加速按键
sbit DOWN=P2^2;            //设置减速按键
/*定义正/反转控制码表*/
uchar const round[8]={0x01,0x03,0x02,0x06,0x04,0x0c,0x08,0x09};    //正转
uchar const back[8]={0x09,0x08,0x0c,0x04,0x06,0x02,0x03,0x01};     //反转
uchar txt1[]={"FX:"};
uchar txt2[]={"QS:"};
uchar dir=0;               //定义控制步进电机方向变量，dir=0 为正转，dir=1 为反转
uint num=0,num100,num10,num1;  //定义圈数计数器，圈的百位、十位、个位
uint speed=300;            //定义控制步进电机速度变量，初始值为 300
/********************************************************
```

```
* 名称：delay()
* 功能：控制步进电机速度函数、按键延时去抖函数
*********************************************************/
void delay(uint dly)
{
    uint i;
    for(;dly>0;dly--)
        for(i=0; i<100; i++);
}
void run()
{
    uint n;
    /*步进电机采用 1-2 相励磁顺序，8 种励磁状态为一个循环*/
    for(n=0;n<8;n++)
    {
        /*按键设置方向、加速和减速*/
        if(FX==0)                    //方向
        {
            delay(10);               //延时去抖
            if(FX==0)
            {
                dir=~dir;
                num=0;
            }
        }
        while(FX==0);                //等待按键释放
        if(UP==0)                    //加速
        {
            delay(10);
            if(UP==0)
            {
                speed=speed-30;
            }
        }
        while(UP==0);
        if(DOWN==0)                  //减速
        {
            delay(10);
            if(DOWN==0)
            {
                speed=speed+30;
            }
        }
```

```
        while(DOWN==0);
        /*步进电机运行，LCD1602 显示步进电机运行方向*/
        if(dir==0)
        {
            step_moto_port=round[n];      //正转控制码
            DisText(0x86,"ZZ");           //在第 1 行第 6 列显示方向
        }
        else
        {
            step_moto_port=back[n];       //反转控制码
            DisText(0x86,"FZ");
        }
        delay(speed);                     //控制步进电机速度
    }
}


/**********************************************************
* 名称: main ()
**********************************************************/
void main()
{
    LCD_Init();
    DisText(0x81,txt1);
    DisText(0xC1,"QS:");      //也可以写为 DisText(0xC1,txt2);
    while(1)
    {
        /*LCD1602 显示步进电机运行的圈数*/
        num100=(num/100%10);
        WrOp(0xc6);
        WrDat(num100+0x30);              //在第 2 行第 6 列显示百位
        WrOp(0xc7);
        num10=(num/10%10);
        WrDat(num10+0x30);               //在第 2 行第 7 列显示十位
        WrOp(0xc8);
        num1=(num%10);
        WrDat(num1+0x30);                //在第 2 行第 8 列显示个位
        run();
        num++;
    }
}
```

    LCD1602 监控步进电机运行程序设计好以后，打开"LCD1602 监控步进电机运行"Proteus
电路，加载"LCD1602 监控步进电机运行.hex"文件，进行仿真运行，观察 LCD1602 监控步进
电机运行是否与设计要求相符。

8.3 **任务 23　LCD1602 监控直流电机运行设计与实现**

利用 STC89C52 单片机及独立键盘控制直流电机的速度和方向。按键控制直流电机的方向和速度，LCD1602 显示直流电机的方向和占空比。直流电机额定工作电压为 5.0V。

8.3.1　直流电机控制技术

1. 认识直流电机

永磁式换向器直流电机是应用很广泛的一种电机，只要在它上面加适当电压就能转动。

（1）永磁式换向器直流电机结构与工作原理

永磁式换向器直流电机由定子（主磁极）、转子（绕组线圈）、换向片（又称整流子）、电刷等组成，定子作用是产生磁场，如图 8-5 所示。

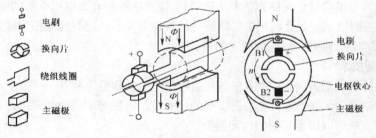

图8-5　直流电机结构

直流电压加在电刷上，经换向片加到电枢绕组（转子线圈），使电枢导体有电流流过。由于电机内部有定子磁场存在，所以电枢导体将受到电磁力 f 的作用（左手定则），电枢导体产生的电磁力作用于转子，使转子以 n 转/分钟旋转，以便拖动机械负载。通过左手定则，可以判别电磁力 f 的方向（即转子旋转方向），如图 8-6 所示。

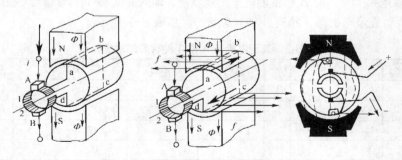

图8-6　转子旋转方向

也就是说，转子是在定子磁场的作用下，得到转矩而旋转起来的。当转子转动时，由于磁场的相互作用，将产生反电动势，大小正比于转子的速度、方向和所加的直流电压相反。

（2）永磁式换流器直流电机特点

① 当电机负载固定时，电机转速正比于所加的电源电压。

② 当电机直流电源固定时，电机的工作电流正比于转子负载的大小。

③ 加于电机的有效电压，等于外加直流电压减去反电动势。因此当用固定电压驱动电机时，电机的速度趋于自稳定。因为负载增加时，转子有慢下来的倾向，于是反电动势减少，而使有效电压增加，反过来转子有快起来的倾向，所以总的效果是使速度稳定。

④ 当转子静止时，反电动势为零，电机电流最大。最大电流出现在刚启动的时候。

⑤ 转子转动的方向可由电机上所加电压的极性来控制。

⑥ 体积小，重量轻，启动转矩大。

由于具备上述特点，永磁式换向器直流电机在医疗器械、小型机床、电子仪器、计算机、气象探空仪、探矿测井、电动工具、家用电器及电子玩具等各个方面，都得到广泛的应用。

对永磁式电机的控制，主要有电机的起停控制、方向控制、可变速度控制和速度的稳定控制几方面。

2. 速度控制技术

调节直流电机转速，最方便有效的方法是对电枢（即转子线圈）电压 U 进行控制。控制电压的方法有多种，目前广泛应用脉宽调制（PWM）技术来控制直流电机电枢的电压。

所谓 PWM 控制技术，就是利用半导体器件的导通与关断，把直流电压变成电压脉冲序列，通过控制电压脉冲宽度或周期以达到变压的目的。

3. 方向控制技术

直流电机的转子转动方向，可由直流电机上所加电压的极性来控制，一般使用桥式电路来控制直流电机的转动方向。控制直流电机正反转的桥式驱动电路有单电源和双电源两种，通常采用单电源的驱动方式就可以满足实际的应用需要。

在这里，只介绍单电源驱动方式，单电源方式的桥式驱动电路又称为全桥方式驱动或 H 桥方式驱动。本任务采用的是 L298 全桥驱动器，其内部包含 4 通道逻辑驱动电路，即内含两个 H 桥的高电压、大电流全桥式驱动器。L298 可以直接控制两个直流电机，其中 SENSE A 和 SENSE B 通常接地。

下面根据图 8-2 所示的 L298 基本结构，来分析 L298 的 A 桥是如何控制直流电机的。在 ENA 引脚为高电平"1"时，A 桥使能处于使能状态，输入 IN1 和 IN2 与输出 OUT1 和 OUT2 的状态保持相同。直流电机与 A 桥有 4 种对应状态，如表 8-2 所示。

表 8-2　直流电机与 A 桥 4 种状态的对应关系

ENA	IN1	IN2	OUT1	OUT2	运行状态
1	1	0	1	0	正转
1	0	1	0	1	反转
1	1	1	1	1	制动
1	0	0	0	0	停止

通过表 8-2 可以看出，当 IN1=1、IN2=0 时，OUT1 输出高电平、OUT2 输出低电平，直流电机正转；当 IN1=0、IN2=1 时，OUT1 输出低电平、OUT2 输出高电平，直流电机反转。这样就可以通过 IN1 和 IN2 来改变直流电机上所加电压的极性，实现对直流电机正/反转的控制。

8.3.2　LCD1602 监控直流电机运行电路设计

按照任务要求，LCD1602 监控直流电机运行电路由 STC89C52 单片机最小系统、H 桥式驱动电路、按键电路、LCD1602 显示电路及直流电机构成。在这里，H 桥式驱动电路由 L298 的 A 桥组成。

P3 口的 P3.0 和 P3.1 两个引脚分别接 L298 全桥驱动器的 IN1 和 IN2，L298 的 OUT1 和 OUT2 分别接直流电机两端，其他电路同任务 22 一样。LCD1602 监控直流电机运行电路设计如图 8-7 所示。

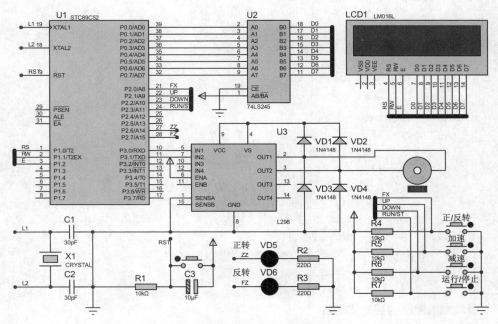

图8-7　直流电机控制系统电路

图 8-7 中，VD1~VD4 称为续流二极管，主要作用是消除直流电机所产生的反向电动势；VD5 作为直流电机正转指示灯，VD6 作为直流电机反转指示灯。

运行 Proteus 软件，新建"LCD1602 监控直流电机运行"设计文件。按图 8-7 所示放置并编辑 AT89S52、CRYSTAL、CAP、CAP-ELEC、RES、MOTOR、1N4148（二极管）、L298、LM016L（即 LCD1602）及 BUTTON 等元器件，完成 LCD1602 监控直流电机运行电路设计后，进行电气规则检测，直至检测成功。

8.3.3　LCD1602 监控直流电机运行程序设计

直流电机有正转、反转、停止和制动 4 种运行状态，如表 8-2 所示。LCD1602 显示文件同任务 22 一样，在这里就不做介绍了。LCD1602 监控直流电机运行主文件主要由头文件、初始化、按键功能处理、直流电机运行以及定时器中断处理等组成。

1. 编写 main.h 头文件

在这里只给出与任务 22 的 main.h 头文件不一样的部分。电机驱动接口接在 P3.0 和 P3.1

引脚，按键接口接在 P2.0、P2.1、P2.2 和 P2.3 引脚，方向指示灯接口接在 P2.6 和 P2.7 引脚。
代码如下：

```
……
sbit IN1=P3^0;
sbit IN2=P3^1;
sbit FX_KEY=P2^0;                //设置方向按键
sbit UP_KEY=P2^1;                //设置加速按键
sbit DOWN_KEY=P2^2;              //设置减速按键
sbit RUN_KEY=P2^3;               //设置运行/停止按键
sbit ZZ_LED=P2^6;                //设置正转指示灯
sbit FZ_LED=P2^7;                //设置反转指示灯
……
```

2. 头文件包含和定义全局变量

```
#include<reg52.h>
#include<main.h>
#include<LCD1602.h>
uchar txt1[]={"F X: STOP"};
uchar txt2[]={"ZKB: 00:100"};
uchar shi;gei;
bit dir=0;              //定义直流电机方向标志位，dir=0 为正转，dir=1 为反转
bit run=0;              //定义直流电机运行/停止标志位，run=0 为运行，run=1 为停止
bit level;             //level=1 输出高电平标志，level=0 输出低电平标志
uchar irq_count;       //中断次数计数器
uchar irq_count_t;     //存放是否达到输出高电平或低电平宽度的比较值
uchar PWM_TIME_H;      //设置输出高电平的宽度
uchar PWM_TIME_L;      //设置输出低电平的宽度
```

3. 直流电机控制的初始化函数

直流电机控制初始化函数 MOTOR_INIT()主要是对定时器、直流电机控制相关参数的设置进
行初始化，代码如下：

```
void MOTOR_INIT()
{
    IN1=0; IN2=0;                //直流电机处于停止状态
    irq_count=0;                 //中断次数计数器清零
    level=1;
    PWM_TIME_H=20;               //输出高电平宽度初始值为 20ms，PWM 脉冲周期是 100ms
    PWM_TIME_L=80;                 //输出低电平宽度初始值为 80ms，初始值占空比为 1:5
    irq_count_t = PWM_TIME_H;    //输出高电平宽度初始值为 20ms
    ZZ_LED=0;
    FZ_LED=0;
    /*定时器 T1 初始化*/
    ET1=1;                       //开 T1 中断
    TMOD=0x10;                   //T1 都为方式 1 计时*/
    TH1=0xEC;  TL1=0x78;         //T1 初值（60536），定时时间 5ms(12MHz)
```

```
    TR1=1;                          //定时器启动
    EA=1;                           //开总中断
}
```

4. 直流电机运行和停止显示函数

直流电机停止显示函数 show_stop()是显示直流电机处于停止运行的状态；直流电机运行显示函数 show_run()是显示直流电机处于正/反转运行的状态。

show_stop()代码如下：

```
void show_stop()
{
    DisText(0x86,"STOP");;
    DisText(0xC6,"00:100");
}
```

show_run()代码如下：

```
void show_run()
{
    /*LCD1602 显示占空比*/
    WrOp(0xc6);
    shi=(PWM_TIME_H/10%10);
    WrDat(shi+0x30);                //在第 2 行第 6 列显示十位
    WrOp(0xc7);
    gei=(PWM_TIME_H%10);
    WrDat(gei+0x30);                //在第 2 行第 7 列显示个位
}
```

5. 直流电机控制的按键处理函数

直流电机控制的按键处理函数 key_scan()主要是对按键进行扫描,然后根据按键功能对直流电机运行状态进行显示和控制。代码如下：

```
void key_scan()
{
    if(RUN_KEY==0)                  //判断运行/停止按键是否按下
    {
        delay(10);                  //延时去抖
        if(RUN_KEY==0)
        {
            run=~run;
            if(run==0)              //判断运行/停止标志位状态, run=1 为运行, run=0 为停止
            {
                IN1=0; IN2=0;
                ZZ_LED=0;
                FZ_LED=0;
                show_stop();
            }
            else
            {
                IN1=1; IN2=0;    //直流电机开始运行时, 默认为正转
```

```
                        ZZ_LED=1;
                        FZ_LED=0;
                        DisText(0x86,"ZZ  ");
                    }
                }
            }
        while(RUN_KEY==0);                //等待按键释放
        /*按键设置方向、加速和减速*/
        if(run&&FX_KEY==0)                //判断方向按键是否按下
        {
            delay(10);
            if(run&&FX_KEY==0)
            {
                dir=~dir;
                if(dir==0)                //判断方向标志位状态，dir=0为正转，dir=1为反转
                {
                    DisText(0x86,"ZZ  ");    //在第1行第6列显示正转方向
                    IN1=1; IN2=0;            //正转
                    ZZ_LED=1;               //点亮正转指示灯
                    FZ_LED=0;
                }
                else
                {
                    DisText(0x86,"FZ  ");    //显示反转方向
                    IN1=0; IN2=1;            //反转
                    ZZ_LED=0;
                    FZ_LED=1;               //点亮反转指示灯
                }
            }
        }
        while(FX_KEY==0);
        if(run&&UP_KEY==0)                         //判断加速按键是否按下
        {
            delay(10);
            if(run&&UP_KEY==0)
            {
                if(PWM_TIME_H<90)          //高电平宽度不能超过90ms,即最大占空比为9:10
                {
                    PWM_TIME_H=PWM_TIME_H+5;    //输出高电平宽度，每次加5ms
                    PWM_TIME_L=100-PWM_TIME_H; //输出低电平宽度
                }
            }
        }
        while(UP_KEY==0);
        if(run&&DOWN_KEY==0)              //判断减速按键是否按下
        {
```

```
        delay(10);
        if(run&&DOWN_KEY==0)
        {
            if(PWM_TIME_H>10)              //低电平宽度不能低于10ms,即最小占空比为1:10
            {
                PWM_TIME_H=PWM_TIME_H-5;        //输出高电平宽度,每次减5ms
                PWM_TIME_L = 100-PWM_TIME_H;
            }
        }
    }
    while(DOWN_KEY==0);
}
```

6. 直流电机控制的定时器中断处理函数

由于加速按键每次按下加 5ms（减速按键每次按下减 5ms），所以 T1 定时器的定时时间是 5ms。T1 定时器设置为方式 1、定时功能，T1 初值为 60536（EC78H）。

T1 定时器中断处理函数主要是产生 PWM 脉冲，根据直流电机的运行方向对速度进行控制。代码如下：

```
void timer1(void)  interrupt 3 using 1
{
    TH1=0xEC;  TL1=0x78;                //重装T1初值
    irq_count++;                        //每5ms中断一次,irq_count计数器加1
    /*irq_count*5获得定时时间,判断定时时间是否达到输出高电平或低电平宽度的比较值*/
    if(irq_count*5>=irq_count_t)        //判断定时时间是否达到输出高/低电平转换点
    {
        irq_count=0;                    //计数器清零
        level=~level;                   //高/低电平状态标志转换
        if(run&&level==1)               //若run=1及level=1,IN1或IN2输出高电平
        {
            irq_count_t = PWM_TIME_H;   //设置输出高电平宽度的比较值
            if(dir==0)
            {
                IN1=1;  IN2=0;
            }
            else
            {
                IN1=0;  IN2=1;
            }
        }
        if(run&&level==0)               //若run=1、level=0,IN1和IN2输出低电平
        {
            irq_count_t = PWM_TIME_L;   //设置输出低电平宽度的比较值
            IN1=0;
            IN2=0;
        }
    }
}
```

LCD1602 监控直流电机运行程序设计好以后，打开"LCD1602 监控直流电机运行"Proteus
电路，加载"LCD1602 监控直流电机运行.hex"文件，进行仿真运行，观察直流电机运行和显
示是否与设计要求相符。

【技能训练】智能车基本控制设计

设计一个基于 STC89C52 单片机的智能车，能够通过 4 个按键控制，实现前进、后退、左
转和右转 4 个基本功能。

1. 智能车控制电路设计

目前，大多数智能车是采用 L298 全桥驱动器来驱动两个直流电机，这两个直流电机作为智
能车的左右轮。智能车控制电路由 STC89C52 单片机最小系统、L298 全桥驱动电路、按键电路
及直流电机构成，如图 8-8 所示。

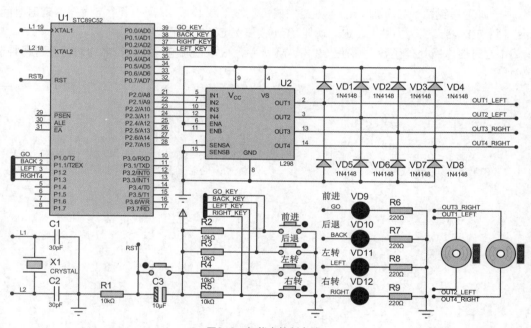

图8-8　智能车控制电路

（1）智能车左右轮控制电路

L298 的 A 桥控制智能车的左轮、B 桥控制智能车的右轮。P2 口的 P2.0 和 P2.1 引脚分别接
在 L298 的 IN1 和 IN2，L298 的 OUT1 和 OUT2 分别接一个直流电机两端（左轮）；P2 口的 P2.2
和 P2.3 引脚分别接在 L298 的 IN3 和 IN4，L298 的 OUT3 和 OUT4 分别接另一个直流电机两端
（右轮）。

（2）智能车按键控制电路

智能车有前进、后退、左转和右转 4 个控制按键，分别接在 P0 口的 P0.0、P0.1、P0.2 和
P0.3 上。

（3）智能车运行指示灯电路

智能车有前进、后退、左转和右转 4 个运行指示灯，分别接在 P1 口的 P1.0、P1.1、P1.2

和 P1.3 上。

2. 智能车基本控制实现分析

智能车通过 L298 全桥驱动器驱动两个直流电机（左右轮）来实现智能车的前进、后退、左转和右转 4 个基本功能。

（1）智能车前进控制

按下前进按键，控制智能车的左右轮同时正转，即可实现前进功能。

（2）智能车后退控制

按下后退按键，控制智能车的左右轮同时反转，即可实现后退功能。

（3）智能车左转控制

按下左转按键，控制智能车的左轮反转、右轮正转，即可实现智能车原地左转功能。若想以左轮为支点进行左转，控制左轮停止、右轮正转即可实现。

（4）智能车右转控制

按下右转按键，控制智能车的左轮正转、右轮反转，即可实现智能车原地右转功能。若想以右轮为支点进行右转，控制左轮正转、右轮停止即可实现。

3. 智能车基本控制程序设计

智能车基本控制程序由主文件和 main.h 头文件组成。

（1）main.h 头文件主要定义了智能车的车轮驱动接口、控制按键接口、指示灯接口，代码如下：

```
#ifndef __MAIN_H__
#define __MAIN_H__
#define uint   unsigned int
#define uchar  unsigned char
/********************车轮驱动接口********************/
sbit IN1=P2^0;                //设置智能车左轮
sbit IN2=P2^1;
sbit IN3=P2^2;                //设置智能车右轮
sbit IN4=P2^3;
/********************按键接口********************/
sbit GO_KEY=P0^0;             //设置智能车前进按键
sbit BACK_KEY=P0^1;           //设置智能车后退按键
sbit LEFT_KEY=P0^2;           //设置智能车左转按键
sbit RIGHT_KEY=P0^3;          //设置智能车右转按键
/********************指示灯接口********************/
sbit GO_LED=P1^0;             //设置智能车前进指示灯
sbit BACK_LED=P1^1;           //设置智能车后退指示灯
sbit RIGHT_LED=P1^2;          //设置智能车左转指示灯
sbit LEFT_LED=P1^3;           //设置智能车右转指示灯
#endif
```

（2）主文件主要对智能车进行初始化，通过控制按键实现智能车的前进、后退、左转和右转 4 个基本功能，代码如下：

```
/************************************************************
* 功能：智能车基本控制
```

```c
****************************************************/
#include<reg52.h>
#include<main.h>
/****************************************************
* 名称：delay()
* 功能：按键延时去抖函数
****************************************************/
void delay(uint dly)
{
    uint i;
    for(;dly>0;dly--)
        for(i=0; i<100; i++);
}
/****************************************************
* 名称：main ()
****************************************************/
void main()
{
    IN1=0; IN2=0;                //智能车左轮处于停止状态
    IN3=0; IN4=0;                //智能车右轮处于停止状态
    GO_LED=0;
    BACK_LED=0;
    RIGHT_LED=0;
    LEFT_LED=0;
    while(1)
    {
        if(GO_KEY==0)            //判断智能车前进按键是否按下
        {
            delay(10);
            if(GO_KEY==0)
            {
                IN1=1; IN2=0;    //智能车前进
                IN3=1; IN4=0;
                GO_LED=1;        //点亮智能车前进指示灯
                BACK_LED=0;
                RIGHT_LED=0;
                LEFT_LED=0;
            }
        }
        while(GO_KEY==0);
        if(BACK_KEY==0)          //判断智能车后退按键是否按下
        {
            delay(10);
            if(BACK_KEY==0)
            {
```

```
                IN1=0；IN2=1；      //智能车后退
                IN3=0；IN4=1；
                GO_LED=0；
                BACK_LED=1；       //点亮智能车后退指示灯
                RIGHT_LED=0；
                LEFT_LED=0；
            }
        }
        while(BACK_KEY==0)；
        if(LEFT_KEY==0)            //判断智能车左转按键是否按下
        {
            delay(10)；
            if(LEFT_KEY==0)
            {
                IN1=0；IN2=1；      //智能车左转
                IN3=1；IN4=0；
                GO_LED=0；
                BACK_LED=0；
                LEFT_LED=1；        //点亮智能车左转指示灯
                RIGHT_LED=0；
            }
        }
        while(LEFT_KEY==0)；
        if(RIGHT_KEY==0)           //判断智能车右转按键是否按下
        {
            delay(10)；
            if(RIGHT_KEY==0)
            {
                IN1=1；IN2=0；      //智能车右转
                IN3=0；IN4=1；
                GO_LED=0；
                BACK_LED=0；
                LEFT_LED=0；
                RIGHT_LED=1；       //点亮智能车右转指示灯
            }
        }
        while(RIGHT_KEY==0)；
    }
}
```

🎯 **注 意**

　　实物智能车的两个直流电机安装方向和仿真电路不一样。比如在智能车前进时，从智能车左边看，左轮是逆时针旋转，从右边看，右轮是顺时针旋转。

关键知识点小结

1. 单片机产品组成

单片机产品由硬件和软件组成。硬件是指单片机、扩展的存储器、输入输出设备等硬件部件，软件是各种工作程序的总称。

2. 单片机产品开发过程

单片机产品开发过程包括确定任务、总体设计、硬件设计、软件设计、系统调试、产品化等几个阶段。它们之间不是绝对分开的，有时是交叉进行的。

3. L298 全桥驱动器

L298 是一款单片集成的高电压、高电流、双路全桥式电机驱动，可以连接标准 TTL 逻辑电平，驱动电感负载（如继电器、线圈、直流电机和步进电机）。L298 可以直接驱动两个直流电机或一个 2 相（4 相）步进电机。

L298 内部包含 4 通道逻辑驱动电路，即内含两个 H 桥（A 桥和 B 桥）的高电压、大电流全桥式驱动器。在处于使能状态下，输入 IN1~IN4 与输出 OUT1~OUT4 的状态保持相同。如 IN1 引脚输入为"1"，OUT1 引脚输出也为"1"。

4. 步进电机速度和方向控制的关键技术

（1）速度控制关键技术：只要改变脉冲信号之间的延时时间，即改变每步之间的延时时间，便可控制步进电机的转速。延时时间变短，转速提高；延时时间变长，转速降低。每走一步，必须延时一段时间。

（2）方向控制关键技术：只要改变励磁顺序，就可以改变步进电机旋转方向。如：

正转时，1 相励磁顺序为：A→B→C→D→……

反转时，1 相励磁顺序为：D→C→B→A→……

5. 永磁式换向器直流电机

永磁式换向器直流电机由定子（主磁极）、转子（绕组线圈）、换向片（又称整流子）、电刷等组成，定子作用是产生磁场。转子是在定子磁场的作用下，得到转矩而旋转起来。

6. 直流电机速度和方向控制的关键技术

（1）速度控制关键技术：调节直流电机转速最方便有效的方法是对电枢（即转子线圈）电压 U 进行控制。目前广泛应用脉宽调制（PWM）技术来控制直流电机电枢的电压。PWM 控制技术就是利用半导体器件的导通与关断，把直流电压变成电压脉冲序列，通过控制电压脉冲宽度或周期以达到变压的目的。

（2）方向控制关键技术：方向通过改变直流电机上所加电压的极性来控制，可用 H 桥式驱动电路来控制直流电机的转动方向。

问题与讨论

8-1 根据图 8-8，在智能车中增加一个启/停按键，完善智能车基本控制设计。

8-2 参考任务 23 和技能训练 8-1，试着对智能车增加一个速度控制功能。

9 Chapter

项目九
按键设置液晶显示电子钟

项目导读

　　LCD 液晶显示器具有显示容量大、能耗低、人机界面友好等优点，现在广泛应用于智能仪器仪表、智能电子产品等领域。通过 C 语言程序实现按键设置液晶显示电子钟，读者将进一步了解 LCD 液晶显示器的应用。

知识目标	1. 了解 RT12864 液晶显示模块的内部结构、控制指令及相应代码； 2. 掌握 RT12864 液晶显示模块与单片机的接口电路设计方法； 3. 掌握 RT12864 显示模块显示时间和日期的程序设计方法
技能目标	能完成按键设置 RT12864 液晶显示电子钟的相关电路设计，能应用 C 语言程序完成按键设置 RT12864 液晶显示电子钟的相关程序设计，实现按键设置 RT12864 液晶显示电子钟的设计、运行及调试
素养目标	拓展读者勇于探索的创新精神、善于解决问题的实践能力，增加就业信心，培养读者精益求精的工匠精神
教学重点	1. 时间、日期和星期的计算方法，以及相应的程序设计方法； 2. 按键设置电子钟时间和日期的方法
教学难点	按键设置 RT12864 液晶显示模块显示时间和日期的程序设计
建议学时	6 学时
推荐教学方法	从任务入手，通过按键设置 RT12864 液晶显示电子钟设计，读者将了解按键设置 RT12864 液晶显示电子钟的电路和程序的设计方法，熟悉 RT12864 液晶显示模块所用技术
推荐学习方法	勤学勤练、动手操作是学好按键设置 RT12864 液晶显示电子钟设计的关键，动手完成按键设置 RT12864 液晶显示电子钟，通过"边做边学"达到学习的目的

9.1 RT12864 点阵型液晶显示模块

9.1.1 认识 RT12864 液晶显示模块

目前，常用的 LCD12864 液晶模块有带字库的，也有不带字库的。为了方便完成按键设置液晶显示电子钟仿真设计，在本项目中使用 RT12864 来介绍 LCD12864 液晶显示模块。通过本项目的设计，加强读者敬业、精益、专注、创新的"工匠精神"，形成正确积极的职业价值取向和行为表现。

1. RT12864 简介

（1）RT12864 主要参数与外形尺寸。RT12864 是一种将液晶显示器件、连接件、集成电路、PCB 线路板、背光源、结构件装配在一起的组件。RT12864 主要参数如表 9-1 所示，外形尺寸如表 9-2 所示。

表 9-1 RT12864 主要参数

项目	参数
逻辑工作电压（V_{DD}）	+5.0V
LCD 驱动电压（$V_{DD}-V_0$）	+13.1V
工作温度（T_a）	−20℃ ~ +70℃（宽温）
储存温度（T_{sto}）	−30℃ ~ +80℃（宽温）
工作电流（背光除外）	5.0（max）mA

注：工作电压为+5.0V，当要使用 V_{DD} = +3.3V 时，需在出厂前设定。同时，可根据客户需求，定做各种液晶显示模块。

（2）RT12864 功能。RT12864 是一种点阵型液晶显示模块，主要由行驱动器与列驱动器组成，可显示 128 列 64 行的点阵。既可显示图形，也可显示 32 个（16×16 点阵）汉字。

表 9-2　RT12864 外形尺寸

项目	参考值	单位
LCM 尺寸（长、宽、厚）	113.0×65.0×13.0	mm
可视区域（长、宽）	73.3×38.7	mm
行列点阵数	128×64	dot
点间距（长、宽）	0.508×0.508	mm
点尺寸（长、宽）	0.458×0.458	mm

2. RT12864 引脚功能

RT12864 液晶显示模块有 20 条引脚，如图 9-1 所示，引脚功能如表 9-3 所示。

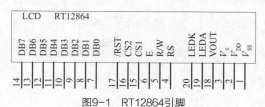

图9-1　RT12864引脚

表 9-3　引脚功能

引脚号	名称	功能说明
1	V_{SS}	电源负端（0V）
2	V_{DD}	电源正端（+5.0V）
3	V_0	LCD 驱动电压（外接可调电阻，可调节对比度）
4	RS	数据/指令选择： （1）RS =1：选择数据，指向数据寄存器； （2）RS =0：选择指令，指向地址计数器、指向指令寄存器
5	R/W	（1）R/W=1：读操作； （2）R/W=0：写操作使能信号
6	E	（1）R/W = H：E 为高电平时读操作有效； （2）R/W = L：E 为下降沿时写操作有效
7~14	DB0 ~ DB7	数据总线
15	CS1	片选信号，左半屏 64 列选中（高电平有效）
16	CS2	片选信号，右半屏 64 列选中（高电平有效）
17	REST	复位控制信号（低电平有效）
18	VOUT	LCD 驱动负电压输出端
19	LEDA	背光电源正端（+5.0V）
20	LEDK	背光电源负端（0V）

注：背光源使用 CCFL/EL 时，需使用逆变器进行升压。19、20 引脚不接。

9.1.2　RT12864 液晶显示模块内部结构

RT12864 液晶显示模块内部结构如图 9-2 所示。IC1 控制模块的右半屏，IC2 控制模块的左半屏。

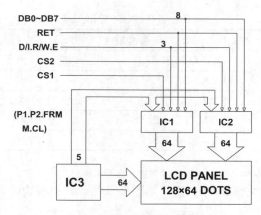

图9-2 RT12864液晶显示模块内部结构

IC1 和 IC2 为列驱动器，IC3 为行驱动器。行、列驱动器包含以下主要功能器件，了解器件功能有利于对模块编程。

1. 指令寄存器（IR）

IR 是用于寄存指令码的，与数据寄存器寄存数据相对应。当 D/I（RS）=0 时，在 E 信号下降沿的作用下，指令码写入 IR。

2. 数据寄存器（DR）

DR 是用于寄存数据的，与指令寄存器寄存指令相对应。当 D/I（RS）=1 时，在 E 信号下降沿的作用下，图形显示数据写入 DR；在 E 信号高电平的作用下，由 DR 读到 DB7~DB0 数据总线。DR 和 DDRAM 的数据传输是在模块内部自动执行的。

3. 忙标志 BF

BF 提供内部工作情况。BF=1，表示模块在进行内部操作，此时模块不接受外部指令和数据。BF=0，模块为准备状态，随时可接受外部指令和数据。

利用 STATUS READ 指令，可以将 BF 读到 DB7 总线，从而检验模块的工作状态。

4. 显示控制触发器 DFF

DFF 用于模块屏幕显示开和关的控制。DFF=1，为开显示（DISPLAY ON），DDRAM 的内容就显示在屏幕上；DFF=0，为关显示（DISPLAY OFF）。

DFF 的状态是由 DISPLAY ON/OFF 和 RST 信号控制的。

5. XY 地址计数器

XY 地址计数器是一个 9 位计数器，高 3 位是 X 地址计数器，低 6 位是 Y 地址计数器。XY 地址计数器实际上是作为 DDRAM 的地址指针，X 地址计数器为 DDRAM 的页指针，Y 地址计数器为 DDRAM 的列地址指针。

X 地址计数器是没有记数功能的，只能用指令设置。

Y 地址计数器具有循环计数功能，各显示数据写入后，Y 地址自动加 1，范围从 0 到 63。

6. 显示数据 RAM（DDRAM）

DDRAM 是存储图形显示数据的。数据为 1，表示显示选择，数据为 0，表示不显示。

7. Z 地址计数器

Z 地址计数器是一个 6 位计数器，此计数器具备循环记数功能，用于显示行扫描同步。当一行扫描完成时，此地址计数器自动加 1，指向下一行扫描数据，RST 复位后 Z 地址计数器为 0。

Z 地址计数器可以用指令 DISPLAY START LINE 预置。因此，显示屏幕的起始行就由此指令控制，即 DDRAM 的数据从哪一行开始显示在屏幕的第一行。此模块的 DDRAM 共 64 行，即屏幕可以循环滚动显示 64 行。

9.1.3　控制指令及相应代码

1. 显示开关控制（DISPLAY ON/OFF）

显示开关控制命令字格式如下：

RS	R/W	DB7	DB6	DB5	DB4	DB3	DB2	DB1	DB0
0	0	0	0	1	1	1	1	1	D

D=1：开显示（DISPLAY ON），即显示器可以进行各种显示操作；
D=0：关显示（DISPLAY OFF），即不能对显示器进行各种显示操作。

```
void Set_OnOff(uchar onoff)
{
    onoff=0x3e | onoff;      //0011 111x
    Writ_Comd(onoff);
}
```

2. 设置显示起始行（DISPLAY START LINE）

设置显示起始行命令字格式如下：

RS	R/W	DB7	DB6	DB5	DB4	DB3	DB2	DB1	DB0
0	0	1	1	显示起始行（0…63）					

指定显示屏从 DDRAM 中哪一行开始显示数据，起始行的地址可以是 0~63 的任意一行。例如：选择 62，则起始行与 DDRAM 行的对应关系如下：

```
DDRAM 行: 62 63 0 1 2 3 ················ 28 29
屏幕显示行: 1  2  3  4 5 6 ················ 31 32
void Set_StartLine(uchar startline)      //0~63
{
    startline=startline & 0x07;
    startline=startline | 0xc0;          //1100 0000
    Writ_Comd(startline);
}
```

3. 设置页地址（SET PAGE "X ADDRESS"）

设置页地址命令字格式如下：

RS	R/W	DB7	DB6	DB5	DB4	DB3	DB2	DB1	DB0
0	0	1	0	1	1	1		X: 0-7	

所谓页地址，就是 DDRAM 的行地址，8 行为一页，模块共 64 行（即 8 页）。读写数据对地址没有影响，页地址由本指令或 RST 信号改变，复位后页地址为 0。页地址与 DDRAM 的对应关系如表 9-4 所示。

表 9-4　页地址与 DDRAM 的对应关系

	CS2=1					CS1=1					
Y=	0	1	…	62	63	0	1	…	62	63	行号
	DB0	DB0	DB0	DB0	DB0	DB0	DB0	DB0	DB0	DB0	0
	↓	↓	↓	↓	↓	↓	↓	↓	↓	↓	↓
	DB7	DB7	DB7	DB7	DB7	DB7	DB7	DB7	DB7	DB7	7
X=0	DB0	DB0	DB0	DB0	DB0	DB0	DB0	DB0	DB0	DB0	8
↓	↓	↓	↓	↓	↓	↓	↓	↓	↓	↓	↓
	DB7	DB7	DB7	DB7	DB7	DB7	DB7	DB7	DB7	DB7	55
X=7	DB0	DB0	DB0	DB0	DB0	DB0	DB0	DB0	DB0	DB0	56
	↓	↓	↓	↓	↓	↓	↓	↓	↓	↓	↓
	DB7	DB7	DB7	DB7	DB7	DB7	DB7	DB7	DB7	DB7	63

```
void Set_Line(uchar line)
{
    line=line & 0x07;        // 0<=line<=7
    line=line|0xb8;          //1011 1xxx
    Writ_Comd(line);
}
```

4. 设置 Y 地址（SET Y ADDRESS）

设置 Y 地址命令字格式如下：

RS	R/W	DB7	DB6	DB5	DB4	DB3	DB2	DB1	DB0
0	0	0	1			Y 地址（0……63）			

此指令的作用是将 Y 地址送入 Y 地址计数器，作为 DDRAM 的 Y 地址指针。在对 DDRAM 进行读写操作后，Y 地址指针自动加 1，指向下一个 DDRAM 单元。

```
void Set_Column(uchar column)
{
    column=column & 0x3f;    // 0=<column<=63
    column=column | 0x40;    // 01xx xxxx
    Writ_Comd(column);
}
```

5. 读状态（STATUS READ）

液晶显示模块只有在不忙的时候才可以进行下一步操作，读状态命令字格式如下：

RS	R/W	DB7	DB6	DB5	DB4	DB3	DB2	DB1	DB0
0	1	BUSY	0	ON/OFF	RST	0	0	0	0

当 R/W=1 和 D/I=0 时，在 E 信号为"H"的作用下，状态分别输出到数据总线（DB7~DB0）的相应位。各位状态如下所述。

（1）BUSY：1 为忙，0 为空闲。

（2）RST：1 为复位，0 为正常。

（3）ON/OFF：1 为显示开，0 为显示关。

```c
void Check_Busy(void)
{
    uchar dat;
    DI=0;
    RW=1;
    Do
    {
        DataPort=0x00;
        EN=1;                   //在 E 为高电平时读操作有效
        dat=DataPort;           //读 LCD 状态
        EN=0;
        dat=0x80 & dat;         //仅当第 7 位为 0 时才可操作 (判别 busy 信号)
    }
    while(!(dat==0x00));         //直到不忙结束循环
}
```

6. 写显示数据（WRITE DISPLAY DATA）

写显示数据就是写入要显示的内容，其命令字格式如下：

RS	R/W	DB7	DB6	DB5	DB4	DB3	DB2	DB1	DB0
1	0	显示数据（dat）							

此指令把要显示的数据写入相应的 DDRAM 单元，Y 地址指针自动加 1。

```c
void Write_Dat(uchar dat)
{
    Check_Busy();               //要确认其不忙时才可写数据
    RW=0;DI=1;
    DataPort=dat;
    EN=1; EN=0;                 //写数据
}
```

7. 向 LCD 发送命令

要想让液晶显示模块完成某一操作，就必须先向其写入一个命令字，告诉它应该做什么。向 LCD 发送命令的命令字格式如下：

RS	R/W	DB7	DB6	DB5	DB4	DB3	DB2	DB1	DB0
0	0	命令字（command）							

```c
void Writ_Comd(uchar command)
{
```

```
    Check_Busy();                //要确认其不忙时才可写命令
    RW=0;DI=0;
    DataPort=command;
    EN=1; EN=0;                  //写命令
}
```

9.2 任务 24　液晶电子钟电路设计

工作任务

利用 STC89C52 单片机及 RT12864 液晶显示模块，设计一个可以通过按键设置的液晶电子钟。液晶电子钟电路包括能显示年、月、日、时、分、秒的液晶显示电路和可以通过按键对时间进行设置的按键电路等部分。

9.2.1　按键设置电路设计

按照任务要求，按键设置液晶电子钟电路由 STC89C52 单片机最小系统、液晶显示控制电路和 4 个独立按键键盘构成。其中，4 个独立按键键盘接 P3 口，液晶显示屏的并行数据口接 P0口，液晶显示屏相关控制接口接 P2 口。

按键设置液晶电子钟可以通过按键对年、月、日、时、分、秒进行设置。4 个独立按键键盘的按键分别接 STC89C52 的 P3 口的 P3.0、P3.1、P3.2 和 P3.3 引脚，并经上拉电阻接电源，按键另一端接地，如图 9-3 所示。

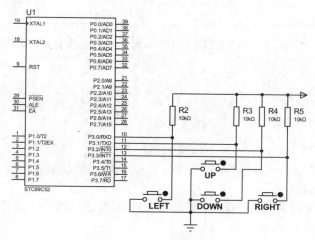

图9-3　按键电路

9.2.2　液晶显示控制电路设计

根据 RT12864 液晶显示模块引脚功能，RT12864 液晶显示模块并行数据口 DB0~DB7 接STC89C52 的 P0 口，并在 P0 口上外加上拉电阻以确保输出的高电平能够达到液晶显示的要求；

RT12864 液晶显示模块控制接口引脚接 P2 口。液晶显示控制电路设计如图 9-4 所示。

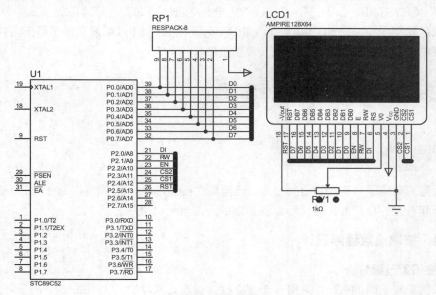

图9-4 液晶显示控制电路

9.2.3 按键设置液晶电子钟电路设计

前面已经分别完成了按键设置电路及液晶显示控制电路的设计。下面采用 Proteus 软件来实现按键设置液晶电子钟电路的设计，如图 9-5 所示。

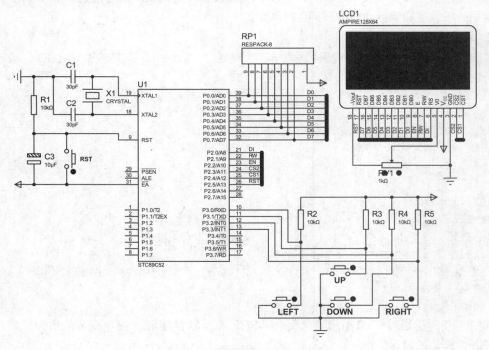

图9-5 按键设置液晶电子钟电路

运行 Proteus 软件，新建"按键设置液晶电子钟"设计文件。按图 9-5 所示放置并编辑 STC89C52、CRYSTAL、CAP、CAP-ELEC（电解电容）、RES、BUTTON、RESPACK-8（内有 8 只电阻的排阻）、POT-HG（电位器）和 AMPIRE128X64（液晶显示屏）等元器件。完成按键设置液晶电子钟电路设计后，进行电气规则检测。

9.3 任务 25 液晶电子钟程序设计

 **工作任务**

按键设置液晶电子钟电路设计好之后，还需要进行程序设计，才能完成一个可用按键设置时间、能显示年、月、日、时、分、秒以及星期的液晶电子钟程序。

9.3.1 按键设置程序设计

1. 按键设置过程分析

根据按键设置电路的设计，采用 4 个独立按键键盘，可对年、月、日、时、分、秒进行设置，4 个按键设置时间的过程如下。

（1）按 SET 键，进入设置模式，首先以反白形式选中年份。

（2）用 UP 键对选中项加"1"，用 DOWN 键对选中项减"1"。

（3）修改某一项之后，用 MOVE 键在"年、月、日、时、分、秒"中选择其他需要修改的项。

（4）当所有选择项都设置好以后，再按一次 SET 键，进入正常运行模式。

说明一下，星期能自动根据日期自行调整。

2. 键盘接口定义

如图 9-5 所示，键盘接口变量名称要和电路对应，在 main.h 头文件里对接在 P3 口上的按键进行宏定义。宏定义如下：

```
#ifndef __MAIN_H__
#define __MAIN_H__
/*进入设置模式，时钟停止走动，当前设置项反白显示*/
sbit P3_0=P3^0;
sbit P3_1=P3^1;
sbit P3_2=P3^2;
sbit P3_3=P3^3;
#define SET_KEY        (!(P3_0))
#define UP_KEY         (!(P3_1))        //对反白设置项加1
#define DOWN_KEY       (!(P3_2))        //对反白设置项减1
/*更改设置项（能对年、月、日、时、分、秒进行设置，星期可自动根据日期值实时计算得到）*/
#define MOVE_KEY       (!(P3_3))
#endif
```

其中，!(P3_0)是对 P3.0 引脚值取反，即 SET_KEY 按键按下，SET_KEY 的值为"1"，未按下为"0"，其他的以此类推。

3. 键盘按键程序设计

（1）SET_KEY 键处理程序。SET_KEY 键处理程序是进行模式选择处理的。第 1 次按 SET_KEY 键进入设置模式，第二次按 SET_KEY 键进入正常运行模式。

```
if(SET_KEY)                        //这部分按键处理程序省略了按键延时去抖代码
{
    mode_set = ~mode_set;    //模式取反
    if(mode_set == 1)        //进入设置模式
    {
        EA = 0;              //关中断(时钟停止走动)
        sign[0]=0;           //设置反白显示标志位
    }
    else
    {
        EA = 1; i = 0;
        week_day=CalculateWeekDay(year, month,day);
        switch(week_day)
        {
            case  0 :  Out_Char(72,2,1,"日");    break;
            case  1 :  Out_Char(72,2,1,"一");    break;
            case  2 :  Out_Char(72,2,1,"二");    break;
            case  3 :  Out_Char(72,2,1,"三");    break;
            case  4 :  Out_Char(72,2,1,"四");    break;
            case  5 :  Out_Char(72,2,1,"五");    break;
            case  6 :  Out_Char(72,2,1,"六");    break;
            default  :  break;
        }
        /* 清所有反白显示标志位 */
        sign[0]=sign[1]=sign[2]=sign[3]=sign[4]=sign[5]=1;
    }
    while(SET_KEY);   //等待按键松开
}
```

（2）UP_KEY 键处理程序。UP_KEY 键处理程序是对年、月、日、时、分、秒进行加1处理。

```
/*在 mode_set == 1 且 UP_KEY 键按下的情况下进行加1处理，否则不处理*/
if(UP_KEY && mode_set == 1)
{
    switch(i)          //i 表示设置的是第几项
    {
        case  0 :    //年加1
            year=year+1;    run_nian(year);
            dsp_data_year[0]=year/1000+'0';
            dsp_data_year[1]=year/100%10+'0';
            dsp_data_year[2]=year%100/10+'0';
            dsp_data_year[3]=year%100%10+'0';
```

```
                break;
        case  1  :   //月加 1
            month=month+1; if (month > 12) month=1;
            dsp_data_month[0]=month/10+'0';
            dsp_data_month[1]=month%10+'0';
            break;
        case  2  :   //日加 1
            day=day+1;  if (day > month_day[month-1]) day=1;
            dsp_data_day[0]=day/10+'0';
            dsp_data_day[1]=day%10+'0';
            break;
        case  3  :   //时加 1
            hour=hour+1;  if (hour > 23) hour=0;
            dsp_time_hh[0]=hour/10+'0';
            dsp_time_hh[1]=hour%10+'0';
            break;
        case  4  :   //分加 1
            minute=minute+1;  if (minute > 59) minute=0;
            dsp_time_mm[0]=minute/10+'0';
            dsp_time_mm[1]=minute%10+'0';
            break;
        case  5  :   //秒加 1
            second=second+1;  if (second > 59) second=0;
            dsp_time_ss[0]=second/10+'0';
            dsp_time_ss[1]=second%10+'0';
            break;
        default : break;
    } //end switch(i)
    while(UP_KEY); //等待 UP_KEY 键松开
}
```

（3）DOWN_KEY 键处理程序。DOWN_KEY 键处理程序是对年、月、日、时、分、秒进行减 1 处理。

```
/*在 mode_set == 1 且 DOWN_KEY 键按下的情况下进行加 1 处理，否则不处理*/
if(DOWN_KEY && mode_set == 1)
{
switch(i)
{
        case  0  :       //年减 1
            year=year-1;    run_nian(year);
            dsp_data_year[0]=year/1000+'0';
            dsp_data_year[1]=year/100%10+'0';
            dsp_data_year[2]=year%100/10+'0';
            dsp_data_year[3]=year%100%10+'0';
            break;
```

```
        case 1 :           //月减1
        ……
        ……
        case 5 :           //秒减1
            if (second == 0)
                second=59;
            else
                second=second-1;
            dsp_time_ss[0]=second/10+'0';
            dsp_time_ss[1]=second%10+'0';
            break;
            default : break;
    }                      //end switch(i)
    while(DOWN_KEY);       //等待按键松开
}
```

（4）MOVE_KEY 键处理程序。MOVE_KEY 键处理程序是对年、月、日、时、分、秒进行选择处理。

```
/* mode_set == 1 且 MOVE_KEY 键按下时更改设置项*/
if(MOVE_KEY && mode_set == 1)
{
    sign[i]=1;             //选中下一项作为更改项
    if(i==5)
        i=0;
    else
        i=i+1;
    sign[i]=0;
    while(MOVE_KEY);       //等待按键松开
}
```

9.3.2　时间程序设计

根据任务要求，时间程序主要完成××××年××月××日、星期×以及××时××分××秒的计算，为液晶电子钟提供显示的时间。时间程序设计主要包括以下部分。

1. 判断是否为闰年

每逢闰年，2 月份为 29 天，反之 2 月份为 28 天。闰年计算的依据：四年一闰；百年不闰，四百年再闰。

```
void run_nian(uint year)
{
    if((year%4==0 && year%100 != 0 ) || year%400==0)
        month_day[1]=29;
    else
        month_day[1]=28;
    return ;
}
```

2. 由日期计算星期

```
uchar CalculateWeekDay(uint Year,uchar Month,uchar Date)
{
    uchar week;
    if((Month<3) && (!(Year&0x03) && (Year%100) || (!(Year%400))))
        Date--;
    week = (Date + Year + Year/4 + Year/400 - Year/100 + week_tab[Month]-2)%7;
    return week;
}
```

3. 时间、日期自动更新程序

时间基准由定时中断产生，每50ms中断一次。

```
void timer0(void)  interrupt 1 using 1     // 50ms 中断一次
{
    TH0=0x4C;            // 晶振：11.0592MHz
    //  TH0=0x3C;        // 晶振：12MHz
    TL0=0x00;            // 晶振：11.0592MHz
    //  TH0=0xB0;        // 晶振：12MHz
    irq_count++;
    if(irq_count>=20)    // 1s
    {
        irq_count = 0;
        second++;
        if(second >= 60)
        {
            second = 0;
            minute++;
            if(minute >= 60)
            {
                minute = 0;
                hour++ ;
                if(hour >= 24)
                {
                    hour = 0 ;
                    day++;
                    if(day > month_day[month-1])
                    {
                        day=1;
                        month++;
                        if(month > 12)
                        {
                            month=1;
                            year++;
                            run_nian(year);
                            dsp_data_year[0]=year/1000+'0';
```

```
                                    dsp_data_year[1]=year/100%10+'0';
                                    dsp_data_year[2]=year%100/10+'0';
                                    dsp_data_year[3]=year%100%10+'0';
                        }   //end if(month > 12)
                            dsp_data_month[0]=month/10+'0';
                            dsp_data_month[1]=month%10+'0';
                    }    // end  if(day > month_day[month-1])
                        dsp_data_day[0]=day/10+'0';
                        dsp_data_day[1]=day%10+'0';
                }    // end if (hour >= 24)
                    dsp_time_hh[0]=hour/10+'0';
                    dsp_time_hh[1]=hour%10+'0';
            }    // end if(minute >= 60)
                dsp_time_mm[0]=minute/10+'0';
                dsp_time_mm[1]=minute%10+'0';
        }    // end if (second >= 60)
            dsp_time_ss[0]=second/10+'0';
            dsp_time_ss[1]=second%10+'0';
    }    // end if (irq_count>=20)
}
```

9.3.3　液晶显示程序设计

1. LCD 接口定义

如图 9-5 所示，液晶控制接口变量名称要和电路对应，目的是方便编程和提高程序的可阅读性。在 lcd.h 头文件里对液晶接口进行宏定义，宏定义如下：

```
#define DataPort P0      //LCD 数据线 D0-D7
sbit DI=P2^0;            //数据/指令选择 RS
sbit RW=P2^1;            //读/写选择
sbit EN=P2^2;            //读/写使能
sbit cs1=P2^3;           //片选 1
sbit cs2=P2^4;           //片选 2
sbit RST=P2^5;
```

2. LCD 驱动程序

lcd.c 是 LCD 的驱动程序，这里只给出部分代码，其他代码见教学资源。

（1）定义 0~9 字符字模显示数据结构

```
typedef struct typFNT_Char
{
    char Index_Char[1];
    char Msk_Char[16];
};


struct typFNT_Char code ASC_16[] =
{
```

```
    //显示为8*16，MingLiu体
    "0",
    0x00,0xF0,0x08,0x04,0xC4,0x28,0xF0,0x00,     //前8个字节是"0"的上半字
    0x00,0x0F,0x14,0x23,0x20,0x10,0x0F,0x00,     //后8个字节是"0"的下半字
    "1",
    0x00,0x00,0x00,0x08,0xFC,0x00,0x00,0x00,
    0x00,0x00,0x00,0x20,0x3F,0x20,0x00,0x00,
    ……
};
```

（2）定义汉字字符字模显示数据结构

```
typedef struct typFNT_GB16
{
    char Index_GB16[2];
    char Msk_GB16[32];
};
struct typFNT_GB16 code GB_16[] =
{
    //显示16*16，楷体_GB2312
    "电",
    0x00,0x00,0xF8,0x88,0x88,0x88,0x88,0xFF,     //前16个字节是"电"的上半字
    0x88,0x88,0x88,0x88,0xF8,0x00,0x00,0x00,
    0x00,0x00,0x1F,0x08,0x08,0x08,0x08,0x7F,     //后16个字节是"电"的下半字
    0x88,0x88,0x88,0x88,0x9F,0x80,0xF0,0x00,
    "子",
    0x80,0x82,0x82,0x82,0x82,0x82,0x82,0xE2,
    0xA2,0x92,0x8A,0x86,0x82,0x80,0x80,0x00,
    0x00,0x00,0x00,0x00,0x00,0x40,0x80,0x7F,
    0x00,0x00,0x00,0x00,0x00,0x00,0x00,0x00,
    ……
};
```

说明：0~9字符字模和汉字字符字模可以用取模软件PCtoLCD2002获得。字模为阴码、逆向、列行式、C51格式。汉字字体为楷体_GB2312（或宋体），字符字体为MingLiu。

（3）LCD驱动函数

① 选择屏幕函数 Select_Screen(uchar screen)

选择屏幕函数功能：screen=0，为选择全屏；screen=1，为选择左屏；screen=2，为选择右屏。

```
void Select_Screen(uchar screen)
{
    switch(screen)
    {
        case 0: cs1=1;
                cs2=1;
                break;
```

```
        case 1: cs1=1;
             cs2=0;
             break;
        case 2: cs1=0;
             cs2=1;
             break;
    }
}
```

② 清屏函数 void LCD_Clr(uchar screen)

清屏函数功能：screen=0，为清除全屏；screen=1，为清除左屏；screen=2，为清除右屏。

```
void LCD_Clr(uchar screen)
{
    unsigned char i,j;
    Select_Screen(screen);
    for(i=0;i<8;i++)
    {
        Set_Line(i);
        for(j=0;j<128;j++)
        {
            Write_Dat(0x00);
        }
    }
}
```

③ 初始化函数 void LCD_Init(void)

初始化函数功能：对 LCD 进行初始化。

```
void LCD_Init(void)
{
    uchar i=250;              //延时
    while(i--);
    Select_Screen(0);
    Set_OnOff(0);            //关显示
    LCD_Clr(0);             //清屏
    Select_Screen(0);
    Set_OnOff(1);           //开显示
    Select_Screen(0);
    Set_StartLine(0);       //开始行:0
}
```

④ 显示字符函数 void Out_Char(uchar x, uchar y, bit mode, char *fmt)

在介绍显示字符函数之前，先介绍一下 LCD 汉字显示的原理。

每一个汉字由 16 行 16 列的点阵显示。由于单片机的总线为 8 位，一个字需要拆分为上部和下部两个部分。上部由 8×16 点阵组成，下部也由 8×16 点阵组成。LCD 汉字显示过程如下所述。

首先显示的是左上角的第一列的上半部分；上半部第一列完成后,继续扫描下半部的第一列；然后转向上半部第二列；这一列完成后继续进行下半部的扫描；依照这个方法，继续进行下面的扫描，一共扫描 32 个 8 位。

显示字符函数功能：在指定位置显示字母或数字字符，x=0~120；在指定位置显示汉字字符，x=0~112（汉字）；y=0~6。

```c
/*mode: 1 正常显示，0 反白显示*/
void Out_Char(uchar x, uchar y, bit mode, char *fmt)
{
    int c1,c2,cData;
    uchar i=0,j,uLen;
    uchar k;
    uLen=strlen(fmt);
    while(i<uLen)
    {
        c1 = fmt[i];
        c2 = fmt[i+1];
        if(c1>=0 && c1<128 )                // ASCII
        {
            if(c1 < 0x20)
            {
                switch(c1)
                {
                    case 13:
                    case 10:                // 回车或换行
                        i++;
                        if (y<7)
                        {
                            x=0;   y+=2;
                        }
                        continue;
                    case 8:                 // 退格
                        i++;
                        if(y>ASC_CHR_WIDTH)
                            y-=ASC_CHR_WIDTH;
                        cData = 0x00;
                        break;
                }
            }
            for(j=0;j<sizeof(ASC_16)/sizeof(ASC_16[0]);j++)
            {
                if(fmt[i] == ASC_16[j].Index_Char[0])
                    break;
            }
            for(k=0;k<2*ASC_CHR_WIDTH;k++)
            {
                if(j < sizeof(ASC_16)/sizeof(ASC_16[0]))
```

```
    {
        if(mode == 1)
            cData=ASC_16[j].Msk_Char[k];      //正常
        else
            cData=~ASC_16[j].Msk_Char[k];     //反白
    }
    else
        cData=0;
    if(k<ASC_CHR_WIDTH)                        //字符上半部
    {
        if((x+k)<64)
        {
            Select_Screen(1);                 //选择左半屏
            Set_Column(x+k);
        }
        else
        {
            Select_Screen(2);                 //选择右半屏
            Set_Column(x+k-64);
        }
        Set_Line(y);
    }
    else                                       //字符下半部
    {
        if((x+k-ASC_CHR_WIDTH)<64)
        {
            Select_Screen(1);                 //选择左半屏
            Set_Column(x+k-8);
        }
        else
        {
            Select_Screen(2);                 //选择右半屏
            Set_Column((x+k-8)-64);
        }
        Set_Line(y+1);
    }   //end  if(k<ASC_CHR_WIDTH)
    Write_Dat(cData);
}   // end for(k=0;k<2*ASC_CHR_WIDTH;k++)
if(c1 != 8)   // 非退格
    x+=ASC_CHR_WIDTH;
}   // end if(c1>=0 && c1<128 )  // ASCII
else     //汉字
{
    for(j=0;j<sizeof(GB_16)/sizeof(GB_16[0]);j++)
```

```
    {
        if(fmt[i] == GB_16[j].Index_GB16[0] && fmt[i+1] ==
                                GB_16[j].Index_GB16[1])
            break;
    }
    for(k=0;k<2*HZ_CHR_WIDTH;k++)
    {
        if(j < sizeof(GB_16)/sizeof(GB_16[0]))
        {
            if(mode == 1)
                cData=GB_16[j].Msk_GB16[k];
            else
                cData=~GB_16[j].Msk_GB16[k];
        }
        else
            cData=0;
        if(k<HZ_CHR_WIDTH)                    //汉字上半部
        {
            if((x+k)<64)
            {
                Select_Screen(1);        //选择左半屏
                Set_Column(x+k);
            }
            else
            {
                Select_Screen(2);        //选择右半屏
                Set_Column(x+k-64);
            }
            Set_Line(y);
        }
        else                                //汉字下半部
        {
            if ((x+k-HZ_CHR_WIDTH)<64)
            {
                Select_Screen(1);        //选择左半屏
                Set_Column(x+k-HZ_CHR_WIDTH);
            }
            else
            {
                Select_Screen(2);        //选择右半屏
                Set_Column((x+k-HZ_CHR_WIDTH)-64);
            }
            Set_Line(y+1);
        } //end if (k<HZ_CHR_WIDTH) //汉字上半部
```

```
                Write_Dat(cData);
            }    //end  for(k=0;k<2*HZ_CHR_WIDTH;k++)
            x+=HZ_CHR_WIDTH;
            i++;
        }    //end  else    //汉字
        i++;
    }    //end while(i<uLen)
}    //end void Out_Char()
```

3. 主程序

main.c 是液晶电子钟的主程序，代码如下：

```
uchar month_day[12]={31,28,31,30,31,30,31,31,30,31,30,31};  // 每个月的天数
uchar code week_tab[] = {0,1,4,4,0,2,5,0,3,6,1,4,6};
……  //判断是否为闰年，并设置 2 月份的天数
……  //由日期计算星期
void main(void)
{
    bit mode_set=0;            // 模式控制：1 设置模式，0 正常模式
    /*放置日期和时间反白显示标志位:1 正常显示，0 反白显示*/
    uchar sign[6]={1,1,1,1,1,1};
    char i=0;
    RST=1;                     // LCD reset signal ,when RST=0 LCD reset
    LCD_Init();                // LCD initialization
    P0=0xff;
    EA=1; ET0=1;
    TMOD=0x01;                 // T0 方式 1 计时
    TH0=0x4C;                  // 晶振：11.0592MHz
    TL0=0x00;                  // 晶振：11.0592MHz
    TR0=1;
    Out_Char(40,0,1,"年");
    Out_Char(72,0,1,"月");
    Out_Char(104,0,1,"日");
    Out_Char(48,4,1,":");
    Out_Char(72,4,1,":");
    Out_Char(40,2,1,"星期");
    Out_Char(0,6,1,"安徽电子信息学院");
    while(1)
    {
        ……  //键盘按键程序
        Out_Char(8,0,sign[0],dsp_data_year);       // 年
        Out_Char(56,0,sign[1],dsp_data_month);     // 月
        Out_Char(88,0,sign[2],dsp_data_day);       // 日
        Out_Char(32,4,sign[3],dsp_time_hh);        // 时
        Out_Char(56,4,sign[4],dsp_time_mm);        // 分
        Out_Char(80,4,sign[5],dsp_time_ss);        // 秒
```

```
     }   // end while
 }   // end main
```

【技能训练】使用 DS1302 芯片实现液晶电子钟电路设计

设计一个基于时钟芯片 DS1302 的液晶显示电子钟电路，其中时钟芯片 DS1302 提供年、月、日及时、分、秒和星期，RT12864 液晶显示模块用来显示年、月、日、时、分、秒和星期。

1. 认识时钟芯片 DS1302

DS1302 是美国 DALLAS 公司推出的一种高性能、低功耗的实时时钟芯片，附加 31B 静态RAM，采用 SPI 三线接口与 CPU 进行同步通信，并可采用突发方式一次传送多个字节的时钟信号和 RAM 数据。

实时时钟可提供秒、分、时、日、星期、月和年，一个月小于 31 天时可以自动调整且具有闰年补偿功能。工作电压宽达 2.5V～5.5V。采用双电源供电（主电源和备用电源），可设置备用电源充电方式，提供了对后背电源进行涓细电流充电的能力。

DS1302 用于数据记录，特别是对某些具有特殊意义的数据点的记录，能实现数据与出现该数据的时间同时记录，因此广泛应用于测量系统中。

2. DS1302 引脚的功能

DS1302 的外部引脚如图 9-6 所示。

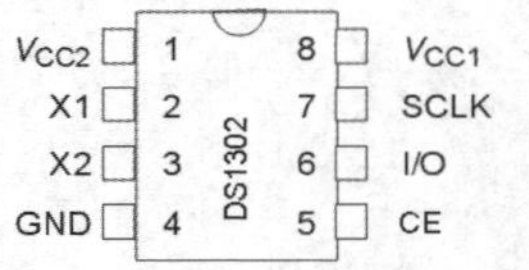

（1）V_{CC1}、V_{CC2}：V_{CC1} 为主电源、V_{CC2} 为备份电源。当 $V_{CC2} > V_{CC1}+0.2$ 时，由 V_{CC2} 向 DS1302 供电，当 $V_{CC2} < V_{CC1}$ 时，由 V_{CC1} 向 DS1302 供电。

图9-6 DS1302的外部引脚

（2）SCLK：串行时钟，输入，控制数据的输入与输出。

（3）I/O：三线接口时的双向数据线。

（4）CE：输入信号，在读、写数据期间，必须为高。该引脚有两个功能：第一，CE 开启控制字访问移位寄存器的控制逻辑；其次，CE 提供结束单字节或多字节数据传输的方法。

3. DS1302 寄存器

DS1302 有与日历、时钟相关的 7 个寄存器，存放的数据形式为 BCD 码。另外，还有写保护寄存器、慢充电寄存器以及时钟突发寄存器等。DS1302 寄存器如图 9-7 所示。读操作时，寄存器地址为 81H～8DH；写操作时，寄存器地址为 80H～8CH。

寄存器名	命令字		取值范围	各位内容				
	写操作	读操作		7	6	5	4	3..0
秒寄存器	80H	81H	00-59	CH	秒的十位			秒的个位
分寄存器	82H	83H	00-59	0	分钟的十位			分钟的个位
时寄存器	84H	85H	01-12或00-23	12/24	0	10 A/P	二十四进制时刻	十二进制时刻
日寄存器	86H	87H	01-28、29、30、31	0	0	日期的十位		日期的个位
月寄存器	88H	89H	01-12	0	0	0	月份的十位	月份的个位
周寄存器	8AH	8BH	01-07	0	0	0	0	星期
年寄存器	8CH	8DH	01-99	年份的十位				年份的个位
写保护寄存器	8EH	8FH		WP	0	0	0	0
慢充电寄存器	90H	91H		TCS	TCS	TCS	TCS	DS DS DS DS
时钟突发寄存器	BEH	BFH						

图9-7 DS1302寄存器

（1）秒寄存器

CH 为时钟暂停标志，当该位置 1 时，时钟振荡器停止，DS1302 处于低功耗状态；当该位置 0 时，时钟开始运行。

（2）小时寄存器

12/24 为模式选择位，当该位为 1 时，选择 12 小时模式，该模式下，位 5 为 1，表示 PM，否则表示 AM。在 24 小时模式下，位 4 是第二个 10 小时位。

（3）写保护寄存器

WP 为写保护位，其他 7 位均置 0。在对时钟和 RAM 进行任何写操作之前，WP 位必须为 0。当 WP 位为 1 时，写保护位用于防止对任一寄存器的写操作。

4. DS1302 有关 RAM 的地址

DS1302 中附加有 31B 静态 RAM 的地址，命令控制字为 C0H~FDH，其中，奇数为读操作，偶数为写操作，如图 9-8 所示。

读地址	写地址		数据范围
C1h	C0h		00-FFh
C3h	C2h		00-FFh
C5h	C4h		00-FFh
⋮	⋮		⋮
FDh	FCh		00-FFh

图9-8　静态RAM地址

5. 基于 DS1302 的液晶电子钟电路设计

采用 DS1302 串行时钟芯片提供年、月、日及时、分、秒和星期，利用 RT12864 液晶显示模块来显示年、月、日、时、分、秒和星期，构成一个液晶电子钟。电路如图 9-9 所示。

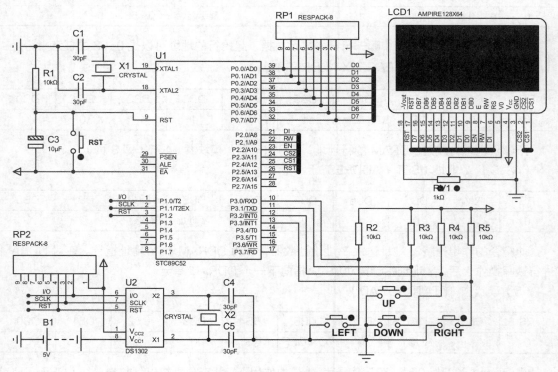

图9-9　DS1302液晶电子钟电路

 关键知识点小结

1. RT12864

LCD 是常用的显示器件，它是一种将液晶显示器件、连接件、集成电路、PCB 线路板、背光源、结构件装配在一起的组件。

（1）RT12864 系列是一种点阵型液晶显示模块。

（2）可显示 128 列 64 行点阵。

（3）可显示 32 个（16×16 点阵）汉字。

（4）与 CPU 的接口采用 8 位数据总线并口输入/输出方式。

2. RT12864 控制指令格式

（1）显示开关控制（DISPLAY ON/OFF）

RS	R/W	DB7	DB6	DB5	DB4	DB3	DB2	DB1	DB0
0	0	0	0	1	1	1	1	1	D

D=1：开显示（DISPLAY ON），即显示器可以进行各种显示操作；

D=0：关显示（DISPLAY OFF），即不能对显示器进行各种显示操作。

（2）设置显示起始行（DISPLAY START LINE）

RS	R/W	DB7	DB6	DB5	DB4	DB3	DB2	DB1	DB0
0	0	1	1	显示起始行（0…63）					

指定显示屏从 DDRAM 中哪一行开始显示数据，起始行的地址可以是 0~63 的任意一行。

（3）设置页地址（SET PAGE "X ADDRESS"）

RS	R/W	DB7	DB6	DB5	DB4	DB3	DB2	DB1	DB0
0	0	1	0	1	1	1	X: 0~7		

所谓页地址，就是 DDRAM 的行地址，8 行为一页，模块共 64 行（即 8 页）。

（4）设置 Y 地址（SET Y ADDRESS）

RS	R/W	DB7	DB6	DB5	DB4	DB3	DB2	DB1	DB0
0	0	0	1	Y 地址（0…63）					

此指令的作用是将 Y 地址送入 Y 地址计数器，作为 DDRAM 的 Y 地址指针。在对 DDRAM 进行读写操作之后，Y 地址指针自动加 1，指向下一个 DDRAM 单元。

（5）读状态（STATUS READ）

RS	R/W	DB7	DB6	DB5	DB4	DB3	DB2	DB1	DB0
0	1	BUSY	0	ON/OFF	RST	0	0	0	0

当 R/W=1 和 D/I=0 时，在 E 信号为"H"的作用下，状态分别输出到数据总线（DB7~DB0）

的相应位。各位状态如下所述。

① BUSY：1 为忙，0 为空闲。

② RST：1 为复位，0 为正常。

③ ON/OFF：1 为显示开，0 为显示关。

（6）写显示数据（WRITE DISPLAY DATE）

RS	R/W	DB7	DB6	DB5	DB4	DB3	DB2	DB1	DB0
1	0	显示数据（data）							

此指令是把要显示的数据写入相应的 DDRAM 单元，Y 地址指针自动加 1。

（7）向 LCD 发送命令

RS	R/W	DB7	DB6	DB5	DB4	DB3	DB2	DB1	DB0
0	0	命令字（command）							

3. 液晶电子钟按键

（1）SET_KEY 键：第 1 次按此键进入设置模式，第 2 次按该键进入正常运行模式。

（2）UP_KEY 键：在设置模式下，该键负责对年、月、日、时、分、秒进行加 1 处理。

（3）DOWN_KEY 键：在设置模式下，该键负责对年、月、日、时、分、秒进行减 1 处理。

（4）MOVE_KEY 键：在设置模式下，该键负责对年、月、日、时、分、秒进行选择。

4. 闰年计算方法

四年一闰，百年不闰，四百年再闰。

 问题与讨论

9-1 液晶显示模块进行读写之前，为何要检查液晶显示模块是否处于忙状态？

9-2 如何使一些字符显示在 RT12864 液晶面板的特定位置？

Chapter 10

项目十

8 路温度采集监控系统

项目导读

温度测量与控制技术在工业、农业、国防等行业有着广泛的应用，DS18B20 单线数字温度传感器因测量精度高、电路简单、价格低廉而被广泛使用。通过 C 语言程序实现 8 路温度采集监控，读者将进一步了解 DS18B20 单线数字温度传感器的应用。

知识目标	1. 了解 DS18B20 内部结构、引脚功能以及通信协议； 2. 掌握 ROM 操作命令和存储器操作命令； 3. 掌握 8 路温度循环采集监控电路和程序设计
技能目标	能利用单片机完成 8 路温度循环采集监控的相关电路设计，能应用 C 语言程序完成单片机对 8 路温度循环采集监控的相关程序设计，实现 8 路温度循环采集监控的设计、运行及调试
素养目标	引导读者注重学思结合、知行合一，培养读者自主学习、举一反三及团队协作的能力
教学重点	1. ROM 操作命令和存储器操作命令； 2. DS18B20 的电路和程序设计方法
教学难点	DS18B20 的初始化、温度转换程序设计
建议学时	6 学时
推荐教学方法	从任务入手，通过单片机以手动控制和自动控制方式，对 8 路温度采集监控进行设计，让学生了解 8 路温度采集监控的电路和程序的设计方法，熟悉单片机对 8 路温度采集监控的关键技术
推荐学习方法	勤学勤练、动手操作是学好 8 路温度采集监控设计的关键，完成单片机对 8 路温度循环采集监控，通过"边做边学"达到学习的目的

10.1 DS18B20 温度传感器

DS18B20 具有微型化、低功耗、高性能、抗干扰能力强等优点，特别适用于多点温度测控系统，可直接将温度转化成串行数字信号进行处理。而且每片 DS18B20 都有唯一的产品序列号并存储在内部 ROM 中，以便在构成大型温度测控系统时在单线上挂接任意多个 DS18B20 芯片，为测量系统的构建引入全新概念。

10.1.1 认识 DS18B20

DS18B20 是美国 DALLAS 半导体公司生产的单线数字温度传感器，是继 DS1820 之后推出的一种改进型智能温度传感器。它可以直接读出被测温度值，采用"一线总线"与单片机相连，减少了外部的硬件电路，具有低成本和易使用的特点。

1. DS18B20 引脚功能

DS18B20 通过一个单线接口发送或接收信息，因此在单片机和 DS18B20 之间仅需一条连接线（加上地线）。DS18B20 的引脚如图 10-1 所示。

图10-1　DS18B20引脚

DS18B20 引脚说明如表 10-1 所示。

表 10-1 DS18B20 引脚说明

引脚	符号	说明
1	GND	接地
2	DQ	数据输入/输出脚
3	V_{CC}	可选的 V_{CC} 引脚

2. DS18B20 供电方式

用于读写和进行温度转换的电源可以从数据线本身获得，无需外部电源。DS18B20 可以设置成两种供电方式，即寄生电源方式（数据总线供电方式）和外部供电方式。

（1）寄生电源方式

寄生电源方式是在信号线处于高电平期间把能量储存到内部寄生电容里，在信号线处于低电平期间消耗电容上的电能工作，直到高电平到来再给寄生电源（电容）充电。要想使 DS18B20 能够进行精确的温度转换，I/O 线必须在转换期间保证供电，用 MOSFET 把 I/O 线直接拉到电源上就可以实现，如图 10-2 所示。

寄生电源有两个好处：进行远距离测温时，无需本地电源；在没有常规电源的条件下可以读 ROM。

 注 意

温度高于100℃时，不要使用寄生电源，因为DS18B20在这种温度下表现出的漏电流比较大，通信可能无法进行；使用寄生电源方式时，V_{CC}引脚必须接地。

（2）外部供电方式

外部供电方式是从 V_{CC} 引脚接入一个外部电源，如图 10-3 所示。

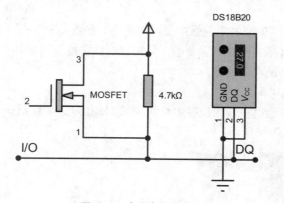

图10-2 寄生电源方式

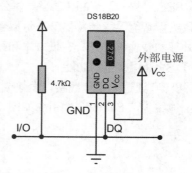

图10-3 外部供电方式

DS18B20 采用寄生电源方式可以节省一根导线，但完成温度测量的时间较长。若采用外部供电方式虽多用一根导线，但测量速度较快。注意：当采用外部供电方式时，GND 引脚不能悬空。

3. DS18B20 应用特性

（1）采用单总线技术，与单片机通信只需要一根 I/O 线，无需外部器件，在一根线上可以挂接多个 DS18B20 芯片。

（2）每只 DS18B20 具有一个独有的、不可修改的 64 位序列号，根据序列号可以访问对应的器件。

（3）低压供电，电源范围为 3V~5V，可以本地供电，也可以通过数据线供电（寄生电源方式）。

（4）待机零功耗。

（5）测温范围为–55℃~+125℃，在–10℃~85℃范围内误差为±0.5℃。

（6）DS18B20 的分辨率由用户通过 EEPROM 设置为 9~12 位。

（7）可编辑数据为 9~12 位，转换 12 位温度时间为 750ms（最大）。

（8）用户可自设定报警上下限温度。

（9）报警搜索命令可识别和寻址哪个器件的温度超出预定值。

（10）应用于温度控制、工业系统、消费品、温度计或任何热感测系统。

10.1.2 DS18B20 内部结构及功能

DS18B20 内部结构框图如图 10-4 所示，主要包括寄生电源、温度传感器、64 位 ROM 和单总线接口、存放中间数据的高速暂存器 RAM、存储用户设定温度上下限值的 TH 和 TL 触发器、存储与控制逻辑、8 位循环冗余校验码（CRC）产生器、配置寄存器等部分。

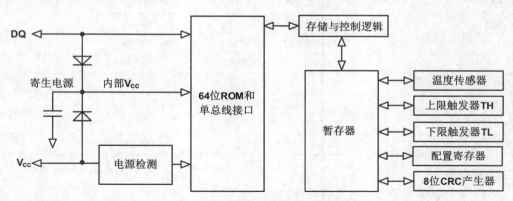

图10-4 DS18B20内部结构框图

1. 64 位 ROM

64 位 ROM 中的 64 位序列号是出厂前设定好的，可以看作是该 DS18B20 的地址序列码。64 位 ROM 的排列是：开始 8 位（28H）是产品类型标号，接着的 48 位是该 DS18B20 自身的序列号，最后 8 位是前面 56 位的循环冗余校验码（CRC=X8+X5+X4+1）。64 位 ROM 的作用是使每一个 DS18B20 都各不相同，这样就可以实现一根总线上挂接多个 DS18B20 的目的。

2. 温度传感器

DS18B20 中的温度传感器可完成对温度的测量。以 12 位转化为例，用 16 位符号扩展的二进制补码读数形式提供，以 0.0625℃/LSB 形式表达，其中 S 为符号位。

第 1 个字节是温度的低 8 位 LSB：

Bit7	Bit6	Bit5	Bit4	Bit3	Bit2	Bit1	Bit0
2^3	2^2	2^1	2^0	2^{-1}	2^{-2}	2^{-3}	2^{-4}

第 2 个字节是温度的高 8 位 MSB：

Bit15	Bit14	Bit13	Bit12	Bit11	Bit10	Bit9	Bit8
S	S	S	S	S	2^6	2^5	2^4

这是 12 位转化后得到的 12 位数据，存储在 DS18B20 的两个 8 位的 RAM 中，前面 5 位是符号位，如果测得的温度大于 0，这 5 位全为 0，将测得的数值乘以 0.0625 即可得到实际温度；如果测得的温度小于 0，这 5 位全为 1，测得的数值需要取反加 1 再乘以 0.0625 即可得到实际温度。

例如，+125℃的数字输出为 07D0H，+25.0625℃的数字输出为 0191H，−25.0625℃的数字输出为 FF6FH，−55℃的数字输出为 FC90H。温度值和输出数据之间的转换关系如表 10-2 所示。

表 10-2　温度/数据转换关系

温度	数据输出（二进制）	数据输出（十六进制）
+125℃	0000 0111 1101 0000	07D0h
+85℃	0000 0101 0101 0000	0550h
+25.0625℃	0000 0001 1001 0001	0191h
+10.125℃	0000 0000 1010 0010	00A2h
+0.5℃	0000 0000 0000 1000	0008h
0℃	0000 0000 0000 0000	0000h
−0.5℃	1111 1111 1111 1000	FFF8h
−10.125℃	1111 1111 0101 1110	FF5Eh
−25.0625℃	1111 1110 0110 1111	FE6Fh
−55℃	1111 1100 1001 0000	FC90h

3. 存储器

DS18B20 温度传感器的内部存储器包括一个高速暂存 RAM 和一个非易失性的可电擦除的 EEPROM，后者存放高温度和低温度触发器 TH、TL 和配置寄存器，如图 10-5 所示。

暂存 RAM 包含 8 个连续字节，前两个字节是测得的温度信息，第 1 个字节是温度的低 8 位，第 2 个字节是温度的高 8 位。第 3 个和第 4 个字节是 TH、TL 的易失性副本，第 5 个字节是配置寄存器的易失性副本，这 3 个字节的内容在每一次上电复位时被刷新。第 6、7、8 个字节用于内部计算。第 9 个字节是循环冗余校验字节。

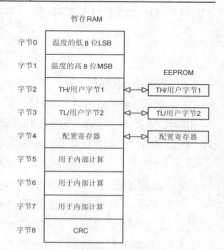

图10-5　存储器

4. 配置寄存器

配置寄存器各位的意义如下：

TM	R1	R0	1	1	1	1	1

低 5 位一直都是 1。TM 是测试模式位，用于设置 DS18B20 在工作模式还是在测试模式。在 DS18B20 出厂时该位被设置为 0，用户不要去改动。R1 和 R0 用来设置分辨率，DS18B20 出厂时被设置为 12 位，如表 10-3 所示。

表 10-3　分辨率设置

R1	R0	分辨率	温度最大转换时间
0	0	9 位	93.75ms
0	1	10 位	187.5ms
1	0	11 位	375ms
1	1	12 位	750ms

10.1.3　DS18B20 通信协议

DS18B20 单线通信功能是分时完成的，有着严格的时序概念。如果出现时序混乱，DS18B20 将不能响应主机，因此读写时序很重要。对 DS18B20 的各种操作必须按照 DS18B20 通信协议进行。DS18B20 通信协议主要包括初始化、ROM 操作命令、存储器操作命令。

1. 初始化

通过单总线进行的所有处理，都要从初始化开始，即和 DS18B20 之间的任何通信都要从初始化开始。初始化包括一个由主机发出的复位脉冲和跟随其后由从机发出的存在脉冲，存在脉冲是让主机知道 DS18B20 在总线上已做好操作的准备。初始化过程如下所述。

（1）主机首先发出一个 480μs~960μs 的低电平脉冲，然后释放总线，变为高电平，并在随后的 480μs 时间内对总线进行检测。

总线若有低电平出现，说明总线上有从机已做出应答；若无低电平出现，一直都是高电平，说明总线上无从机应答。

（2）作为从机的 DS18B20，一上电就开始检测总线上是否有 480μs~960μs 的低电平出现。

若有检测到，就在总线转为高电平后，等待 15μs~60μs，将总线电平拉低 60μs~240μs，发出响应的存在脉冲，通知主机本从机已做好准备；若没有检测到，就一直检测等待。

DS18B20 初始化代码如下：

```
void Init_DS18B20(void)
{
    DQ = 1;              //DQ 复位
    Delay(8);            //稍做延时
    DQ = 0;              //单片机将 DQ 拉低
    Delay(80);           //低电平保持要大于 480us
    DQ = 1;              //拉高总线，释放总线
    Delay(14);
    Delay(20);
}
```

2. ROM 操作命令

一旦主机检测到一个存在脉冲，它就可以发出 5 个 ROM 操作命令中的任一个，所有 ROM 操作命令都是 8 位的。

（1）读 ROM 命令，代码是 33H

这个命令允许主机读取 DS18B20 在 16 位 ROM 中的 64 位序列号（即读 DS18B20 的 64 位地址）。只有在总线上存在单只 DS18B20 的时候，才能使用这个命令。否则，当有多个 DS18B20 试图同时传送信号时，就会发生数据冲突。

（2）匹配 ROM 命令，代码是 55H

发出匹配 ROM 命令之后，紧接着发出要访问 DS18B20 的 64 位 ROM 序列号（即 64 位地址），在单总线上，只有与此序列号完全匹配的 DS18B20 才能响应随后的存储器操作命令，其他所有与此序列号不匹配的 DS18B20 都将等待复位脉冲。这个命令在单总线上有单个或多个 DS18B20 时，都可以使用。

（3）跳过 ROM 命令，代码是 0CCH

这个命令允许跳过读取 DS18B20 的 64 位 ROM 序列号的操作，直接向 DS18B20 发出温度转换命令。在单总线上有单个 DS18B20 的情况下，可以省时间。

例如：向 DS18B20 写一个 dat=0x0CC 字节，实现跳过读取序列号的操作，代码如下：

```
void WriteOneChar(unsigned char dat)
{
    unsigned char i=0;
    for (i=8; i>0; i--)
    {
        DQ = 0;
        DQ = dat&0x01;
        Delay(5);
        DQ = 1;
        dat>>=1;
    }
}
```

（4）搜索 ROM 命令，代码是 0F0H

当一个系统初次启动时，主机并不知道单总线上有多少个 DS18B20 以及它们的 64 位 ROM 序列号。这个命令用于确定挂接在同一总线上的 DS18B20 的个数和识别 64 位 ROM 序列号，为操作各个 DS18B20 做好准备。

（5）报警搜索命令，代码是 0ECH

这个命令执行后，只有温度高于设定值上限 TH 或低于设定值下限 TL 的 DS18B20 才会做出响应。只要 DS18B20 不掉电，报警状态将一直保持，直到再一次测得的温度值达不到报警条件为止。

3. 存储器操作命令

（1）写入暂存器命令，代码是 4EH

这个命令是向 DS18B20 的内部 RAM 暂存器中的第 3 字节和第 4 字节写入温度上限和温度下限的数据。紧跟该命令之后，是写入这两个字节的数据。可以在任何时刻发出复位命令来中止写入。

（2）读取暂存器命令，代码是 0BEH

这个命令是读取暂存器的内容。读取将从第 1 字节（即字节 0 位置）开始，一直进行下去，直到第9字节（字节8，CRC）读完。若不想读完所有字节，主机可以在任何时间发出复位命令来中止读取。

例如：读取温度转换结果的步骤如下。

① 发出读取暂存器命令，代码与实现跳过读取序列号的代码一样。

```
WriteOneChar(0x0BE);
```

② 读取温度转换结果的低8位。

```
a=ReadOneChar();
```

③ 读取温度转换结果的高8位。

```
b=ReadOneChar();
```

其中，ReadOneChar()函数的代码如下：

```
unsigned char ReadOneChar(void)          //读一个字节
{
    unsigned char i=0;
    unsigned char dat = 0;
    for (i=8;i>0;i--)
    {
        DQ = 0;                          //给脉冲信号
        dat>>=1;
        DQ = 1;                          //给脉冲信号
        if(DQ_7)                         //DQ_7是单总线上第7个DS18B20
        dat|=0x80;
        Delay(4);
    }
    return(dat);
}
```

（3）复制暂存器命令，代码是48H

这个命令把暂存器中的第3和第4字节内容复制到DS18B20的EEPROM中，即把温度报警触发字节存入非易失性存储器里。

（4）温度转换命令，代码是44H

这个命令是启动DS18B20进行一次温度转换，温度转换结果存入暂存器的第1字节和第2字节。

例如：向DS18B20写一个字节0x44，就可以启动DS18B20进行温度转换，代码与实现跳过读取序列号的代码一样。

（5）重调EEPROM命令，代码是0B8H

这个命令是把报警触发器里的值重新复制到暂存器的第3字节和第4字节。这种重调操作在DS18B20上电时会自动执行，这样在DS18B20一上电时，暂存器中就会存在有效的数据了。

（6）读供电方式命令，代码是0B4H

这个命令是读DS18B20的供电方式。寄生供电方式时，DS18B20发送"0"；外部供电方式时，DS18B20发送"1"。

10.2 任务 26　8 路温度采集监控电路设计

利用 STC89C52 单片机及 DS18B20 单线数字传感器，设计一个 8 路温度采集监控电路。此电路由 STC89C52 单片机最小系统、8 路 DS18B20 温度采集电路、3 个独立按键电路以及 6 个数码管动态扫描显示电路构成。

10.2.1　温度采集电路设计

8 路温度采集监控电路的 I/O 口分配：8 路 DS18B20 温度采集电路接 P2 口，3 个独立按键电路接 P3 口，6 个数码管动态扫描显示电路接 P0 口和 P1 口。

1. DQ 引脚电路

DS18B20 是支持"一线总线"接口的温度传感器，能通过一个单线接口发送或接收信息。在电路设计上，我们可以把 8 个 DS18B20 的 DQ 引脚分别接到 P2 口的 8 个引脚。另外，每个 DQ 引脚还需要接上拉电阻 4.7kΩ和电源，如图 10-6 所示。

2. 供电方式选择

任务要求测量温度范围在–55℃~+125℃。如果选择寄生电源方式，当温度高于 100℃时，DS18B20 的漏电流比较大，通信可能无法进行。为了提高温度测量速度，选择外部供电方式。在 V_{CC} 引脚接入一个外部电源，GND 引脚接地，不能悬空，如图 10-6 所示。

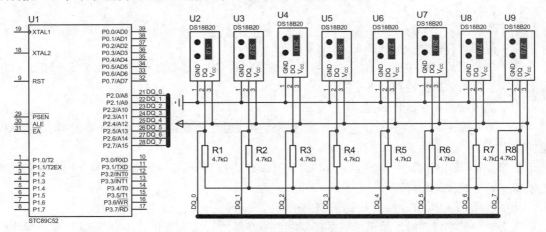

图10-6　8路DS18B20温度采集电路

10.2.2　温度监控电路设计

1. 按键电路设计

8 路温度采集监控系统有两种工作模式，由 MODE 按键进行工作模式切换。在手动模式下，按下 UP 键通道加 1，按下 DOWN 键通道减 1。3 个按键分别接到 P3 口的 P3.0、P3.1 和 P3.2

引脚，如图 10-7 所示。

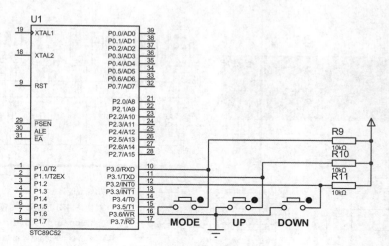

图10-7　键盘电路

2. 温度显示电路设计

本任务采用数码管动态扫描显示方式。温度显示电路由 6 个共阴极数码管以及 74 LS245 等组成。P0 口经 74LS245 输出显示段码给数码管，P1 口输出位码（片选），如图 10-8 所示。

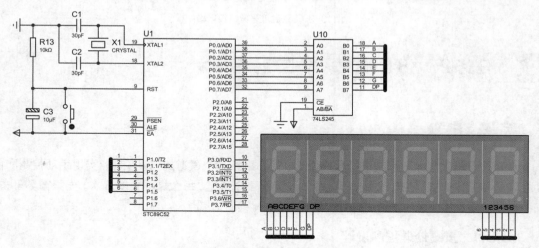

图10-8　数码管动态扫描显示电路

10.2.3　8 路温度采集监控电路设计

前面已经完成了温度采集电路和温度监控电路的设计，下面利用 Proteus 软件来实现 8 路温度采集监控电路设计，如图 10-9 所示。

运行 Proteus 软件，新建"8 路温度采集监控系统"设计文件。按图 10-9 所示放置并编辑 STC89C52、CRYSTAL、CAP、CAP-ELEC、RES、74LS245、DS18B20(温度传感器)、BUTTON、7SEG-MPX6-CC (6 位数码管动态扫描显示器件) 等元器件。完成 8 路温度采集监控系统电路设计后，进行电气规则检测，直至检测成功。

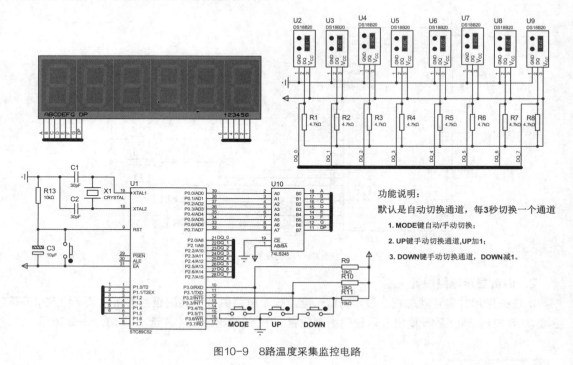

图10-9　8路温度采集监控电路

任务 27　8 路温度采集监控程序设计

对 8 路温度采集监控系统进行程序设计，循环采集 8 个通道的温度值，能实现手动控制和自动控制两种工作模式。在自动模式下，每 3 秒更换 1 个通道，每个循环更换 8 次，一直循环下去。在手动模式下，按下 UP 键通道加 1，按下 DOWN 键通道减 1。

10.3.1　按键处理程序设计

按键处理程序主要包括手动控制模式和自动控制模式切换，以及在手动模式下按 UP 键通道加 1、按 DOWN 键通道减 1 等功能模块。

1. 按键接口以及相关变量定义

按键接口变量名称要和电路对应，其定义主要在头文件中完成。i 是全局变量，mode 是局部变量。定义如下：

```
sbit P3_0=P3^0;
sbit P3_1=P3^1;
sbit P3_2=P3^2;
#define MODE_KEY    (!(P3_0))          //工作模式切换键
```

```
#define UP_KEY        (!(P3_1))          //通道加 1 键
#define DOWN_KEY      (!(P3_2))          //通道减 1 键
unsigned char i;                         //通道号 0~7，全局变量
bit mode=1;                              //工作模式标志：1 为自动模式，0 为手动模式
```

2. 工作模式切换

8 路温度采集监控系统有两种工作模式，通过 MODE_KEY 按键来实现手动模式和自动模式切换。

```
if(MODE_KEY)
{
    mode = ~mode;                        //工作模式标志切换
    if (mode==1) EA=1;                   //在自动模式下，开中断
    else EA=0;                           //在手动模式下，关中断
}
```

3. 手动模式

在手动模式下，通过对 UP_KEY 和 DOWN_KEY 按键操作来实现通道加 1 和通道减 1 的功能。

（1）按下 UP_KEY 键通道加 1

```
if(UP_KEY)
{
    i++;
    if (i==8) i=0;
    display[0]=i+1+'0';                  //显示通道
}
```

（2）按下 DOWN_KEY 键通道减 1

```
if(DOWN_KEY)
{
    if (i==0) i=7;
    else i=i-1;
    display[0]=i+1+'0';
}
```

4. 自动模式

在自动模式下，通过定时器 T0 中断函数来实现每 3 秒更换一个通道，每个循环更换 8 次，一直循环下去。

```
void timer0(void) interrupt 1 using 1
{
    /* T0 方式 1 计时 50 ms */
    TH0=0x3C;                            //定时器 T0 的高 8 位赋值
    TL0=0xB0;                            //定时器 T0 的低 8 位赋值
    irq_count++;
    if (irq_count>=60)                   //自动模式下 3 秒换一个通道
    {
        irq_count = 0;
```

```
        i++;
        if (i==8)  i=0;
        display[0]=i+1+'0';
    }   //end if (irq_count>=20)
}
```

10.3.2　8 路温度采集程序设计

1. 温度采集接口定义

如图 10-9 所示，温度采集接口变量名称要和电路对应，其目的是方便编程和阅读程序，定义如下：

```
sbit DQ_0 = P2^0;                       //定义 DS18B20 总线 IO
sbit DQ_1 = P2^1;
sbit DQ_2 = P2^2;
sbit DQ_3 = P2^3;
sbit DQ_4 = P2^4;
sbit DQ_5 = P2^5;
sbit DQ_6 = P2^6;
sbit DQ_7 = P2^7;
```

2. 读取温度

根据 DS18B20 的通信协议，主机要控制 DS18B20 完成温度转换，必须经过 3 个步骤。

（1）每一次读写之前，都要对 DS18B20 进行复位（初始化）。

（2）复位成功后，发送一条 ROM 指令。

（3）最后发送 RAM 指令，才能对 DS18B20 进行预定的操作。

复位要求主机将数据线下拉大于 480μs，然后释放；DS18B20 收到信号后等待 16μs~60μs，发出 60μs~240μs 的存在脉冲，主 CPU 收到此信号表示复位成功。

```
unsigned int ReadTemperature(void)
{
    unsigned char a=0;
    unsigned char b=0;
    unsigned int t=0;
    float tt=0;
    switch(i)
    {
        case 0 :                        //读取第 1 个通道的温度
            Init_DS18B20_1();
            WriteOneChar_1(0xCC);       //跳过读序列号的操作
            WriteOneChar_1(0x44);       //启动温度转换
            Init_DS18B20_1();
            WriteOneChar_1(0xCC);       //跳过读序列号的操作
            WriteOneChar_1(0xBE);       //读取温度寄存器
            a=ReadOneChar_1();          //读低 8 位
            b=ReadOneChar_1();          //读高 8 位
```

```
            break;
        case 1 :                        //读取第 2 个通道的温度
            ……
            ……
        case 7 :                        //读取第 8 个通道的温度
            ……
        default:break;
    }  //end switch(i)
    /*温度的低 8 位和高 8 位合并，乘以 0.0625 即可得到实际温度*/
    t=b;
    t<<=8;                              //把高 8 位左移 8 位
    t=t|a;                              //低 8 位和高 8 位合并
    tt=t*0.0625;                        //合并后乘以分辨率
    t= tt*10+0.5;                       //放大 10 倍输出并四舍五入
    return(t);
}
```

10.3.3　8 路温度显示程序设计

显示说明：正常状态下，每通道均以 XXX.X 的格式显示温度（环境温度），如图 10-10 所示。

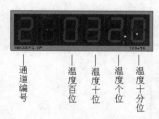

图10-10　显示温度格式

🎯 **注 意**

　　若某一通道显示为 "6.95.9"，则表示该通道没有 DS18B20 器件或器件已损坏；若某一通道显示为 "085.0"，则表示该通道 DS18B20 的电源没有连接。

1. 获取各显示位

　　得到实际温度以后，还要按照显示温度格式获取通道编号、温度百位、温度十位、温度个位及温度十分位。通道编号存放在 display[0] 中，在前面已经介绍。其他位可根据实际温度进行计算获得，代码如下：

```
/* temp 里存放的是实际温度 */
void Disp_Result(unsigned int temp)
{
display[2]=temp/1000+'0';               //获得温度百位
    display[3]=temp/100%10+'0';         //获得温度十位
    display[4]=temp%100/10+'0';         //获得温度个位
```

```
    display[5]=temp%10+'0';                      //获得温度十分位
    return;
}
```

2. 数码管接口以及相关变量定义

（1）数码管接口定义。数码管接口定义在头文件里完成，数码管的个数应根据硬件实际连接的个数修改，最多8个，最少3个。

```
#define led_data  P0                             //数码管数据端口
#define led_bit   P1                             //数码管位选端口
#define led_number  6                            //数码管的个数
```

（2）数码管显示相关变量定义。

```
uchar dis_buf[led_number];                       //定义显示数据寄存器
/*------字符显示数据结构------*/
typedef struct typNumber
{
    uchar Index[1];
    uchar Msk[1];
};
struct typNumber code duanma[] =
{
    "0",0x3f,"1",0x06,"2",0x5b,"3",0x4f,"4",0x66,   //段码数据
    "5",0x6d,"6",0x7d,"7",0x07,"8",0x7f,"9",0x6F,
    "A",0x77,"B",0x7c,"C",0x39,"D",0x5e,"E",0x79,
    "F",0x71,"-",0x40,"r",0x50,"o",0x63," ",0x00,
};
Uchar code Bit_Led[8] =
{
    0xfe,0xfd,0xfb,0xf7,0xef,0xdf,0xbf,0x7f          //位码数据
};
```

3. 数码管显示

6个共阴极数码管采用动态扫描显示方式，P0口输出 duanma[].Msk[]显示段码，P1口输出 Bit_Led[]位码。代码如下：

```
void Led_Disp(uchar *num)
{
    uchar i,j,uLen;                              //变量定义
    uLen=strlen(num);                            //得到要显示的数字的个数
    if(uLen > led_number)
    {
        //显示 "Err"
        dis_buf[0]=0x50;dis_buf[1]=0x50;dis_buf[2]=0x79;
        for ( i=3;i<led_number;i++ )
        {
            dis_buf[i]=0x00;
        }
```

```
        }
        else
        {
            for ( i=0;i<uLen;i++ )
            {
                for(j=0;j<sizeof(duanma)/sizeof(duanma[0]);j++)
                {
                    //查找字符显示段码数据
                    if(num[(uLen-1)-i] == duanma[j].Index[0]) break;
                }
                dis_buf[i] = duanma[j].Msk[0];
            }
            for ( i=uLen;i<led_number;i++ )
            {
                dis_buf[i]=0x00;
            }
        }
        for (j=0;j<50;j++)                          //刷新 100 次
        {
            for (i=0;i<led_number;i++)              //逐个显示数字
            {
                if (i==1)
                    led_data = dis_buf[i]|0x80;     //显示的第 2 位加小数点
                else
                    led_data = dis_buf[i];          //发送段码
                led_bit = Bit_Led[i];               //发送位码
                delay_1(1);
                led_bit = 0xff;
            }
        }
    }
```

8 路温度采集监控系统程序设计好之后，打开"8 路温度采集监控系统"Proteus 电路，加载"8 路温度采集监控系统.hex"文件，进行仿真运行，观察 8 路温度采集监控系统是否与设计要求相符。

【技能训练】基于 LCD1602 的 8 路温度采集监控设计

使用 LCD1602 液晶显示替换数码管动态扫描显示来完成 8 路温度采集监控电路的设计，温度显示格式如图 10-11 所示。

1. 基于 LCD1602 的 8 路温度采集监控电路设计

本电路与任务 26 的 8 路温度采集监控电路的差别，是使用 LCD1602 液晶显示电路替换了数码管动态扫描显示电路，其他电路都一样，如图 10-12 所示。

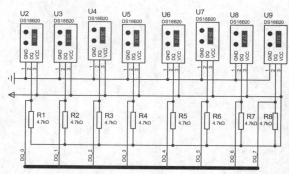

图10-11 温度显示格式

功能说明：

默认是自动切换通道，每 3s 切换一个通道

1. MODE键自动/手动切换；

2. UP键手动切换通道，UP加1；

3. DOWN键手动切换通道，DOWN减1。

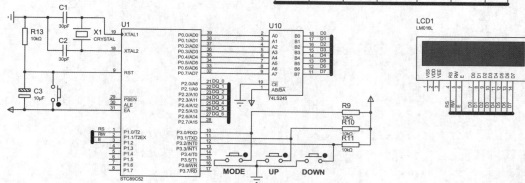

图10-12 基于LCD1602的8路温度采集监控电路

2. 基于 LCD1602 的 8 路温度采集监控程序设计

本程序与任务 27 的 8 路温度采集监控程序的差别，是用 LCD1602 液晶显示程序替换了数码管动态扫描显示程序，其他程序都一样。下面给出需要修改和替换的程序，详细程序见本书的教学资源。

（1）替换显示文件

先将任务 23 的 LCD1602.c 和 LCD1602.h 文件复制过来，替换任务 27 的 led.c 和 led.h 这两个文件。

（2）修改延时函数

在任务 23 中，delay()用于控制直流电机速度、按键延时去抖和 LCD1602 液晶显示。而在任务 27 中，Delay()和 ShortDelay()分别用于 DS18B20 操作和按键延时去抖。

为此，我们可以继续保留 delay()，用于按键延时去抖和 LCD1602 液晶显示。然后把 Delay() 复制到主文件中，并修改为 Delay_DS()。在对 DS18B20 进行相关操作时，涉及调用 Delay()延时函数的，也要修改为调用 Delay_DS()延时函数。

（3）修改主文件的 LCD1602 显示程序

先按照图 10-11 的温度显示格式要求，在主文件开始部分修改和增加如下代码：

```
unsigned char display[]="1000.0";
……
unsigned char txt1[]={"channel:"};
unsigned char txt2[]={"temp:   000.0C"};
```

然后修改温度显示缓冲区的 Disp_Result()函数，修改代码如下：

```
void Disp_Result(unsigned int temp)
{
    display[1]=temp/1000+'0';
    display[2]=temp/100%10+'0';
    display[3]=temp%100/10+'0';
    display[5]=temp%10+'0';
    return;
}
```

还要根据温度显示格式和温度显示缓冲区 display[]，在 LCD1602 中指定的位置显示通道号和温度值，代码如下：

```
void read_display_temp(void)
{
    temp=ReadTemperature();
    Disp_Result(temp);
    WrOp(0x89);
    WrDat(display[0]);          //在第1行第9列显示通道号
    WrOp(0xc9);
    WrDat(display[1]);          //在第2行第9列显示温度的百位
    WrOp(0xca);
    WrDat(display[2]);          //在第2行第10列显示温度的十位
    WrOp(0xcb);
    WrDat(display[3]);          //在第2行第11列显示温度的个位
    WrOp(0xcc);
    WrDat(display[4]);          //在第2行第12列显示温度的小数点
    WrOp(0xcd);
    WrDat(display[5]);          //在第2行第13列显示温度的十分位
}
```

最后，在主函数中增加有关 LCD1602 的初始化语句，代码如下：

```
void main(void)
{
    ……
    LCD_Init();
    DisText(0x81,txt1);
    DisText(0xC1,txt2);

    ……
}
```

技能训练完成后，进行仿真运行，观察基于 LCD1602 的 8 路温度采集监控系统是否与设计要求相符。

 **关键知识点小结**

1. DS18B20 组成与特性

DS18B20 是美国 DALLAS 半导体公司生产的单线数字温度传感器，采用单总线技术，与单片机通信只需要一根 I/O 线，无须外部器件，在一根线上可以挂接多个 DS18B20 芯片。

DS18B20 由寄生电源、温度传感器、64 位 ROM 和单总线接口、存放中间数据的高速暂存器 RAM、存储用户设定温度上下限值的 TH 和 TL 触发器、存储与控制逻辑、8 位循环冗余校验码（CRC）产生器和配置寄存器等部分组成。

（1）每只 DS18B20 具有一个独有的、不可修改的 64 位序列号，可以根据序列号访问对应的器件。

（2）两种供电方式，即寄生电源方式（数据总线供电方式）和外部供电方式。

（3）测温范围为−55℃~+125℃，在−10℃~85℃范围内误差为 ± 0.5℃。

（4）DS18B20 的分辨率由用户通过 EEPROM 设置为 9~12 位。

（5）可编辑数据为 9~12 位，转换 12 位温度时间为 750ms（最大）。

（6）用户可自设定报警上下限温度。

（7）报警搜索命令可识别和寻址哪个器件的温度超出预定值。

2. DS18B20 通信协议

主机控制 DS18B20 完成温度转换必须经过 3 个步骤：每一次读写之前都要对 DS18B20 进行复位（初始化），复位成功后发送一条 ROM 指令，最后发送 RAM 指令，这样才能对 DS18B20 进行预定的操作。

复位要求主 CPU 将数据线下拉 480μs，然后释放；DS18B20 收到信号后等待 16μs ~ 60μs 左右，发出 60μs ~ 240μs 的存在低脉冲，主 CPU 收到此信号表示复位成功。

3. 5 个 ROM 操作命令

（1）读 ROM 命令，代码是 33H。命令允许总线控制器读取 DS18B20 的 8 位系列编码、唯一的序列号和 8 位 CRC 码。

（2）匹配 ROM 命令，代码是 55H。命令后跟 64 位 ROM 序列，让总线控制器在多点总线上定位一只特定的 DS18B20。

（3）跳过 ROM 命令，代码是 0CCH。命令允许总线控制器不用提供 64 位 ROM 编码就能使用存储器操作命令，在单点总线情况下可以节省时间。

（4）搜索 ROM 命令，代码是 0F0H。命令允许总线控制器用排除法识别总线上的所有从机的 64 位编码。

（5）报警搜索命令，代码是 0ECH。命令和搜索 ROM 命令相同，只有在最近一次测温后遇到符合报警条件的情况，DS18B20 才会响应这条命令。报警条件定义为温度高于 TH 或低于 TL。

4. 6 个 ROM 操作命令

（1）写暂存器命令，代码是 4EH。向 DS18B20 暂存器中的地址位 2 和 3 写入数据。

（2）读暂存器命令，代码是 0BEH。读取暂存器的内容。

（3）复制暂存器命令，代码是 48H。把暂存器的内容复制到 DS18B20 的 EEPROM 里。

（4）温度转换命令，代码是 44H。启动一次温度转换而无须其他数据。

（5）重调 EEPROM 命令，代码是 0B8H。把报警触发器里的值复制回暂存器。

（6）读供电方式命令，代码是 0B4H。读电源模式："0"=寄生电源，"1"=外部电源。

5．8 路温度采集监控系统

8 路温度采集监控系统由 STC89C52 单片机最小系统、接在 P2 口的 8 路 DS18B20、接在 P3 口的 3 个独立按键键盘、接在 P0 口（输出显示段码）和 P1 口（输出位码）的 6 个数码管等构成。实现功能如下：

（1）在自动模式下，每 3s 更换一个通道，每个循环更换 8 次，一直循环下去。

（2）在手动模式下，按 UP 键通道加 1，按 DOWN 键通道减 1。

问题与讨论

10-1　使用 DS18B20 温度传感器设计一个数字式温度计。要求测温范围为–50℃～110℃，精度误差在 0.1℃以内，采用 4 位共阴极 LED 数码管动态扫描显示。

10-2　在完成 10-1 题的基础上，试一试如何实现把下位机（STC89C52）采集到的温度数据传输到上位机（STC89C52 单片机）并显示。

Chapter **11**

项目十一
点阵显示设计与实现

项目导读

　　随着信息产业的高速发展，LED 点阵显示作为信息传播的一种重要手段已成为现代信息化社会的一个闪亮标志。通过 C 语言程序实现 16×32 LED 点阵显示汉字，读者将进一步了解 LED 点阵显示的应用。

知识目标	1. 掌握 8×8 点阵显示模块的结构和工作原理； 2. 会利用 8×8 点阵显示模块构建 16×32 点阵显示模块； 3. 会利用 74LS138、74LS154 和 74LS595 芯片设计行列驱动电路； 4. 掌握 16×32 LED 点阵逐列扫描显示和逐行扫描显示方法，以及 16×32 点阵显示程序的设计方法
技能目标	能完成 16×32 点阵显示的相关电路设计，能应用 C 语言程序完成 16×32 点阵分屏显示和移动显示汉字的相关程序设计，实现 16×32 点阵显示的设计、运行及调试
素养目标	激励读者履行时代赋予的使命责任担当，激发读者学习报国的理想情怀，培养读者的爱国精神
教学重点	1. LED 点阵与单片机连接电路的设计方法； 2. LED 点阵显示程序的设计方法
教学难点	16×32 LED 点阵的逐列扫描显示和逐行扫描显示电路和程序设计方法
建议学时	6 学时
推荐教学方法	从任务入手，通过 16×32 点阵分屏显示汉字和移动显示汉字的设计，让读者了解 16×32 点阵显示电路和程序的设计方法，熟悉 16×32 点阵显示的技术
推荐学习方法	勤学勤练、动手操作是学好 16×32 点阵显示设计的关键，动手完成 16×32 点阵显示，通过"边做边学"达到学习的目的

11.1 任务 28 8×8 LED 点阵显示设计

工作任务

利用 STC89C52 单片机及 8×8 点阵显示模块，完成 8×8 点阵显示电路设计，采用逐列扫描方法，用 C 语言程序实现 8×8 LED 点阵循环显示 0~9。

11.1.1 认识 LED 点阵显示屏

LED 点阵显示屏经历了从单色、双色图文显示屏到图像显示屏的发展过程。LED 点阵显示屏制作简单、安装方便，可以用来显示温度、日期和文字信息等，主要应用场合有排队叫号、公交车报站、广告屏等。

1. LED 点阵显示屏

LED 点阵显示屏是由高亮发光二极管点阵组成的矩阵模块，通过控制这个二极管矩阵达到在显示屏上显示符号、文字等信息的目的。目前，市场上常见 LED 点阵显示屏主要有 5×7、8×8、16×16 等几种规格。若要显示阿拉伯数字、英文字母、特殊符号等，采用 5×7、8×8 的点阵即可；若要显示汉字，则需要 4 片 8×8 的点阵组成 16×16 LED 点阵显示屏。

（1）8×8 LED 点阵显示屏的示意图，如图 11-1 所示。

由图 11-1 可以看出，8×8 LED 显示模块的内部，实际上是由 64 个发光二极管以矩阵形式排列而成的发光二极管组，每个发光二极管放置在行线和列线的交叉点上。当对应二极管一端置"1"，另一端置"0"时，相应的二极管就点亮了。

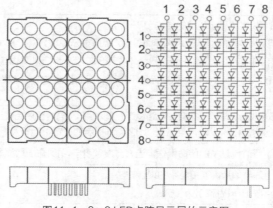

图11-1 8×8 LED点阵显示屏的示意图

（2）8×8 LED 显示模块的内部结构，有列阴极行阳极和列阳极行阴极两种结构，如图 11-2 所示。

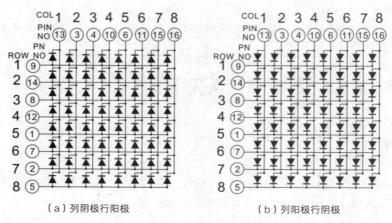

（a）列阴极行阳极　　　　　　　　　　　（b）列阳极行阴极

图11-2 8×8 LED点阵内部结构图

列阴极行阳极结构是把所有同一行 LED 的阳极连在一起，把所有同一列 LED 的阴极连在一起，如图 11-2（a）所示。

列阳极行阴极结构是把所有同一行 LED 的阴极连在一起，把所有同一列 LED 的阳极连在一起，如图 11-2（b）所示。

2. LED 点阵显示方式

LED 显示模块通过驱动行线和列线来点亮 LED 屏上相应的点。LED 点阵显示方式可分为静态显示和动态显示两种。

（1）静态显示方式

同时控制各个 LED 亮灭的方式称为静态显示方式。8×8 点阵共有 64 个 LED，显然单片机没有这么多端口可用。这还仅仅是 8×8 点阵，实际的显示屏往往要大得多。所以在实际应用中，LED 点阵显示屏几乎都不采用这种设计，而是采用动态显示方式。

（2）动态显示方式

动态显示方式采用动态扫描方法，有逐列扫描方式和逐行扫描方式两种。逐列扫描方式就是逐列轮流点亮，逐行扫描方式就是逐行轮流点亮。

以 8×8 点阵逐列扫描为例，先送出第 1 列的列数据（相当于段码，决定列上哪些 LED 亮），即第 1 列 LED 亮灭的数据。然后送出第 1 列的列码（相当于位码，决定哪一列能亮），选通第 1 列，使其点亮一定的时间，然后熄灭；再送出第 2 列的数据，然后选通第 2 列，使其点亮相同的时间，然后熄灭……第 8 列之后，又重新点亮第 1 列，反复循环。当循环的速度足够快时（每秒 24 次以上），由于人眼的视觉暂留现象，就能看到显示屏上呈现出稳定的图形。

11.1.2 8×8 LED 点阵显示电路设计

按照任务要求，8×8 LED 点阵显示电路由 STC89C52 单片机最小系统、8×8 LED 点阵模块、行驱动电路和列驱动电路等构成。

1. 8×8 LED 点阵模块

把 MATRIX-8×8-RED 元器件放入 Proteus 文档编辑窗口中，MATRIX-8×8-RED 是 8×8 LED 点阵模块，为列阴极行阳极结构。该元器件的初始位置如图 11-3（a）所示。将其左转 90°，使其水平放置，此时它的左面 8 个引脚是其行线，右面 8 个引脚是其列线，如图 11-3（b）所示。

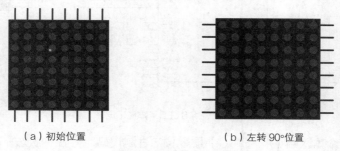

（a）初始位置 （b）左转 90°位置

图11-3 8×8 LED点阵

8×8 LED 点阵行列检测的方法：在点阵的左面引脚接 V~cc~，右面引脚接 GND，运行仿真，看看点阵是不是能亮，如果不亮就调换 V~cc~ 和 GND，这样就能检测出点阵的行和列、共阴或共阳等引脚信息，如图 11-4 所示。

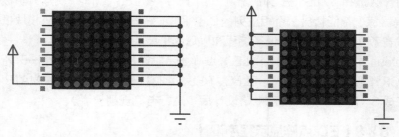

图11-4 行列检测

注意

在图 11-4 的 8×8 LED 点阵模块中，左边最上面的引脚对应的是第 1 行，右边最下面的引脚对应的是第 1 列。

2. 行、列驱动电路设计

行驱动电路由 74LS245 芯片构成，74LS245 的输入端接 P2 口、输出端接 8×8 LED 点阵的 8 行，如图 11-5 所示。

列驱动电路由 74LS138 译码器构成，74LS138 的 3 个输入端（A、B、C）接 P1 口的 P1.0、P1.1、P1.2 引脚，74LS138 的 8 个输出端（Y0、Y1、Y2、Y3、Y4、Y5、Y6、Y7）分别接 8×8 LED 点阵的 8 列，如图 11-5 所示。

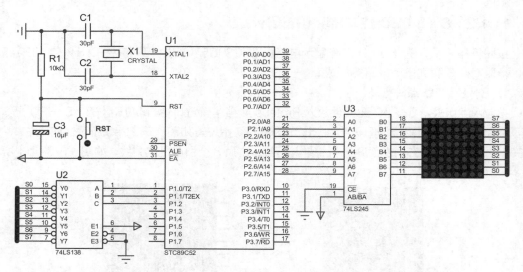

图11-5　8×8 LED点阵显示电路

74LS138 的 3 个输入端（A、B、C）是 3 位二进制代码、有 8 种状态，8 个输出端（Y0、Y1、Y2、Y3、Y4、Y5、Y6、Y7）分别对应其中一种状态，输出端以低电平译出。因此，又把 74LS138 称为 3 线－8 线译码器。另外，74LS138 的 E1、E2 和 E3 为 3 个控制输入端（又称使能端）。当 E1 为高电平，E2、E3 为低电平时，译码器处于工作状态。否则，译码器被禁止，所有的输出端被封锁在高电平上。

在这里为什么选择 74LS138 译码器呢？由于 8×8 LED 点阵模块是列阴极行阳极结构，74LS138 译码器每次都能输出一个相应列的低电平，正好与 8×8 LED 点阵模块低电平选中列相对应，并且节省了 I/O 口，大大方便了编程和以后的扩展。

运行 Proteus 软件，新建"8×8 LED 点阵显示"设计文件，按图 11-5 所示放置并编辑 STC89C52、CRYSTAL、CAP、CAP-ELEC、RES、74LS138、74LS245 和 MATRIX-8×8-RED 等元器件，完成 8×8 LED 点阵显示电路设计后，进行电气规则检测。

11.1.3　8×8 LED 点阵显示程序设计

按照任务要求，P1 口送列码，P2 口送列数据，通过逐列扫描实现 8×8 LED 点阵循环显示 0~9。实现 8×8 LED 点阵循环显示 0~9 的 C 语言程序如下：

```
#include <reg52.h>
#define uchar unsigned char
#define uint unsigned int
```

```
/*声明一个二维数组，存放 0~9 十个数字的字模显示数据，数字显示为 8×8*/
uint code tab[10][8]=
{
    {0x00,0x00,0x1C,0x22,0x22,0x22,0x1C,0x00},      //"0"
    {0x00,0x22,0x22,0x3E,0x20,0x20,0x00,0x00},      //"1"
    {0x00,0x22,0x32,0x32,0x2A,0x26,0x00,0x00},      //"2"
    {0x00,0x00,0x2A,0x2A,0x36,0x00,0x00,0x00},      //"3"
    {0x00,0x18,0x14,0x16,0x3E,0x10,0x00,0x00},      //"4"
    {0x00,0x00,0x2E,0x2A,0x2A,0x1A,0x00,0x00},      //"5"
    {0x00,0x00,0x1C,0x2E,0x2A,0x3A,0x00,0x00},      //"6"
    {0x00,0x02,0x22,0x1A,0x06,0x02,0x00,0x00},      //"7"
    {0x00,0x36,0x2A,0x2A,0x2A,0x36,0x00,0x00},      //"8"
    {0x00,0x24,0x2A,0x2A,0x3A,0x1C,0x00,0x00}       //"9"
};
void delay(uint t)
{
    while(t--);
}
void main(void)
{
    uchar  i,j,n;
    P2=0;
    while(1)
    {
        for(j=0;j<10;j++)   //显示 0~9
        {
            //显示屏显示刷新 150 次，保持每个数字显示一定时间
            for(n=0;n<150;n++)
            {
                for(i=0;i<8;i++)
                {
                    P2=tab[j][i];   //通过 P2 口送 i 列的列数据，即第 i 列亮灭的数据
                    P1=i;           //通过 P1 口选通第 i 列
                    delay(40);      //保持 i 列显示一段时间
                    P2=0;           //i 列熄灭
                    delay(2);       //保持 i 列熄灭一段时间
                }
            }
        }
    }   //End while
}   //End main()
```

8×8 LED 点阵循环显示 0~9 程序的实现过程如下：首先通过 P2 口送数字"0"的第 0 列的
列数据，即第 0 列亮灭的数据，通过 P1 口选通第 0 列，其他列都处于熄灭状态，并保持第 0 列
显示一段时间，然后熄灭一段时间；再送出下一列的列数据，然后选通下一列，使其点亮相同的

时间，然后熄灭……到最后一列之后，就可以看到数字"0"了。反复循环，就可以循环显示 0~9 数字。在这里，8×8 LED 点阵是逐列轮流依次点亮的，由于人的视觉驻留效应，因此当每列点亮的时间小到一定程度时，就感觉不出数字的闪烁，觉得 8×8 LED 点阵一直都在显示，达到一种稳定的视觉效果。

8×8 LED 点阵循环显示 0~9 程序设计好以后，打开"8×8 LED 点阵显示"Proteus 电路，加载"8×8 LED 点阵显示.hex"文件，进行仿真运行，观察 8×8 LED 点阵的显示规律是否与设计要求相符。

11.2 任务 29   16×32 LED 点阵显示电路设计

工作任务

利用 STC89C52 单片机及 8×8 点阵显示模块，采用逐列扫描方法完成能显示两个汉字的 16×32 点阵显示电路。

11.2.1   构建 16×32 LED 点阵显示模块

1. 16×32 LED 点阵显示结构

16×32 LED 点阵显示电路由 STC89C52 单片机最小系统、LED 显示屏、行驱动电路和列驱动电路等模块构成，如图 11-6 所示。

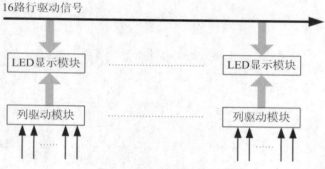

图11-6   LED显示系统结构

按照任务要求，16×32 LED 点阵显示模块的列数据由 P0 口和 P2 口发送，P1 口送列码，通过逐列扫描实现 16×32 LED 点阵汉字显示。

2. 16×32 LED 点阵显示模块电路设计

构建一个 16×32 LED 点阵模块，需要 8 个 8×8 LED 点阵模块，具体步骤如下所示。

（1）先把 8 个 MATRIX-8×8-RED 元器件对应的行线和列线分别连接，每一条行线引脚接一行 32 个 LED，每一条列线引脚接一列 16 个 LED。

（2）然后标注行列引脚连线标号，相同行标注同一个连线标号，相同列标注同一个连线标号。1~8 行引脚连线标号分别为 P00~P07，9~16 行引脚连线标号分别为 P20~P27；1~32 列引脚连线标号分别为 S00~S31，如图 11-7 所示。

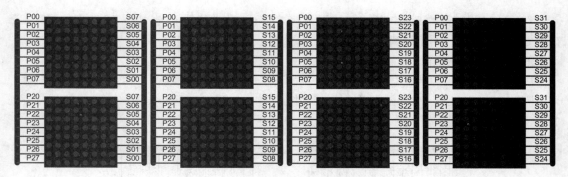

图11-7　16×32 LED点阵行列引脚连线标号

（3）分开的 8×8 LED 点阵模块并不能达到好的显示效果，需要把 8 个 8×8 LED 点阵模块并拢成 16×32 LED 点阵模块。先选中一块 8×8 LED 点阵模块，然后拖动并使其与另一块并拢，原来的连线已经自动隐藏了。做成的 LED 点阵的行线有 16 个引脚（在左侧），列线有 32 个引脚（在右侧只能看到 16 个引脚，其他 16 个引脚隐藏了），行线高电平有效，列线低电平有效，如图 11-8 所示。

图11-8　16×32 LED点阵显示模块

3. 16×32 LED 点阵显示模块仿真设置

16×32 LED 点阵显示模块构建完成以后，在仿真运行时，你会发现在模块中有红绿小点闪烁，那是在 Proteus 中实时显示的电平信号。解决这个问题的方法是先在"System"菜单下单击"Set Animation Options⋯"子菜单，打开"Animated Circuits Configuration"对话框，把"Animation Options"选项下面的"Show Logic State of Pins?"复选框中的选中标志去掉。设置好以后，重新仿真运行就不会有红绿小点闪烁了。

11.2.2　16×32 LED 点阵显示的列驱动电路设计

16×32 LED 点阵显示模块的列驱动电路由两个 74LS154 译码器和一个 74LS04 反相器构成。

1. 认识 74LS154 译码器

74LS154 译码器与 74LS138 译码器功能基本一样，为 4 线 - 16 线译码器。74LS154 的 4 个输入端（A、B、C、D）是 4 位二进制代码、有 16 种状态，16 个输出端（0~15）分别对应其中一种状态，输出端以低电平译出。74LS154 译码器每次可输出一个 I/O 口的低电平，正好与 16×32 LED 点阵显示模块的低电平选中列相对应。

74LS154 译码器的 E1 和 E2 为两个控制输入端（又称使能端）。当 E1、E2 为低电平时，译码器处于工作状态，否则译码器被禁止，所有的输出端被封锁在高电平上。

2. 列驱动电路设计

由于 16×32 LED 点阵显示模块有 32 列，而 74LS154 译码器是一个 4 线－16 线译码器，可以驱动 16×32 LED 点阵显示模块的 16 列。在这里，我们选择两个 74LS154 译码器来驱动 16×32 LED 点阵显示模块的 32 列，如图 11-9 所示。

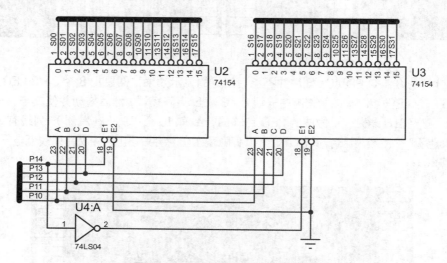

图11-9 16×32 LED点阵列驱动电路

图 11-9 所示的 16×32 LED 点阵列驱动电路的设计方法如下。

（1）U2 芯片 74LS154 的 4 个输入端（A、B、C、D）接 P1 口的 P1.0、P1.1、P1.2 和 P1.3 引脚，E1 端接 P1 口的 P1.4 引脚（作为片选信号），16 个输出端（0~15）分别接 16×32 LED 点阵的前 16 列（S00~S15 列）。

（2）U3 芯片 74LS154 的 4 个输入端（A、B、C、D）接 P1 口的 P1.0、P1.1、P1.2 和 P1.3 引脚，E1 端经过 U4 芯片 74LS04 接 P1 口的 P1.4 引脚，16 个输出端（0~15）分别接 16×32 LED 点阵的后 16 列（S16~S31 列）。

3. 列驱动电路工作过程分析

图 11-9 中是把两个 74LS154 的 E2 端接地，P1 口的 P1.4 引脚直接接 U2 芯片 74LS154 的 E1 端，并通过 74LS04 反相器接 U3 芯片 74LS154 的 E1 端。

（1）当 P1.4 引脚输出低电平时，选中 U2 芯片 74LS154，驱动 16×32 LED 点阵的前 16 列。

（2）当 P1.4 引脚输出高电平时，经过 74LS04 反相为低电平，选中 U3 芯片 74LS154，驱动 16×32 LED 点阵的后 16 列。

这样，我们就可以通过 P1.0、P1.1、P1.2、P1.3 和 P1.4 引脚，完成对 16×32 LED 点阵的 32 列逐列扫描控制了。

11.2.3 16×32 LED 点阵显示的行驱动电路设计

行驱动电路是由两个 74LS245 芯片和一个排阻构成，如图 11-10 所示。

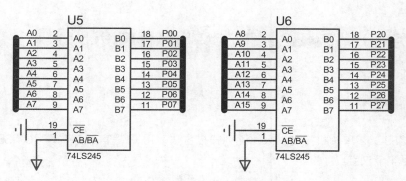

图11-10 16×32 LED点阵行驱动电路

图 11-10 中的 U5 芯片 74LS245 的 8 个输入端接 P0 口，8 个输出端接 16×32 LED 点阵的前 8 行（P00~P07 行），排阻是 P0 口的上拉电阻；U6 芯片 74LS245 的 8 个输入端接 P2 口，8 个输出端接 16×32 LED 点阵的后 8 行（P20~P27 行）。

前面已经完成 16×32 LED 点阵汉字显示模块、列控制电路和行控制电路设计，下面利用 Proteus 软件实现 16×32 LED 点阵显示电路设计，如图 11-11 所示。

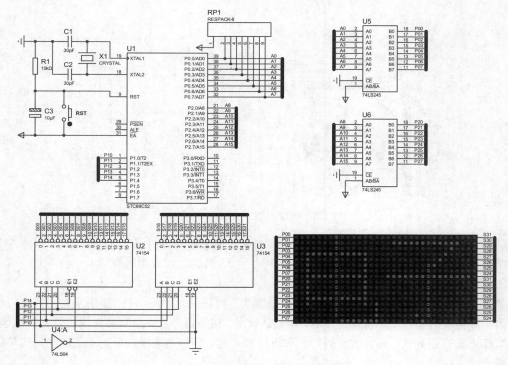

图11-11 16×32 LED点阵行驱动电路

运行 Proteus 软件，新建"16×32 LED 点阵显示"设计文件。按图 11-11 所示放置并编辑 STC89C52、CRYSTAL、CAP、CAP-ELEC、RES、RESPACK-8、74LS245、74LS154、74LS04、BUTTON 和 MATRIX-8×8-RED 等元器件。完成 16×32 LED 点阵显示电路设计后，进行电气规则检测，直至检测成功。

11.3 任务 30 16×32 LED 点阵显示程序设计

 工作任务

利用 STC89C52 单片机控制，采用逐列扫描方法，用 C 语言程序实现 16×32 点阵分屏显示和移动显示 4 个汉字。

11.3.1 使用 PCtoLCD2002 获取汉字字模

16×32 LED 点阵要显示的内容是"电子学院"，这 4 个汉字的字模是如何获取的呢？下面介绍 PCtoLCD2002 的使用方法。

1. 认识汉字字模

什么是汉字字模呢？可以将汉字字模理解为一组数字，但与普通数字的意义有根本的不同，它是用数字的各位信息来记载字符或汉字的形状。如汉字的 16×16 点阵"你"的字模，如图 11-12 所示。

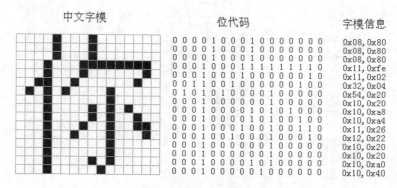

图11-12 "你"汉字字模

从图 11-12 可以看出，一个 16×16 点阵的汉字字模需要占用 32 个字节。如果显示 4 个汉字，就需要 128 个字节，也就是需要声明一个 4 行 32 列的二维数组来存放 4 个汉字的字模。

2. PCtoLCD2002 字模选项设置

单击工具栏的"选项"按钮，打开"字模选项"对话框，如图 11-13 所示。用户可以根据自己的实际需要进行设置，设置完成后，单击"确定"按钮保存。下面简单介绍主要的字模选项。

取模方式有逐列式、逐行式、列行式和行列式 4 种。逐行式是横向逐行取点，逐列式是纵向逐列取点。

列行式首先是从第 1 列开始向下取前 8 个点作为第 1 个字节、第 2 列开始向下取前 8 个点作为第 2 个字节、……、第 16 列开始向下取前 8 个点作为第 16 个字节，然后再从第 1 列开始向下取后 8 个点作为第 17 个字节、第 2 列开始向下取后 8 个点作为第 18 个字节、……、第 16 列开始向下取后 8 个点作为第 32 个字节。由此可以看出，列行式的取模方式是先取上半字的 16 个字节，后取下半字的 16 个字节。

行列式首先是从第 1 行开始向右取前 8 个点作为第 1 个字节、第 2 行开始向右取前 8 个点作为第 2 个字节、……、第 16 行开始向右取前 8 个点作为第 16 个字节，然后再从第 1 行开始向右取后 8 个点作为第 17 个字节、第 2 行开始向右取后 8 个点作为第 18 个字节、……、第 16 行开始向右取后 8 个点作为第 32 个字节。同样可以看出，行列式的取模方式是先取左半字的 16 个字节，后取右半字的 16 个字节。

取模走向有逆向和顺向，逆向是低位在前、高位在后，顺向是高位在前、低位在后。

点阵格式有阴码和阳码，阴码是"1"，为点亮，阳码是"0"，为点亮。

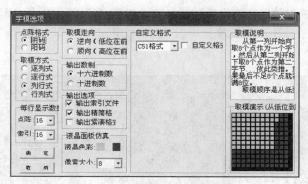

图11-13　"字模选项"对话框

3. 获取汉字字模

16×32 LED 点阵汉字显示采用 16×16 点阵、宋体、列行式、阴码、逆向、十六进制数等方式，来获取"电子学院"4 个汉字的字模，如图 11-14 所示。

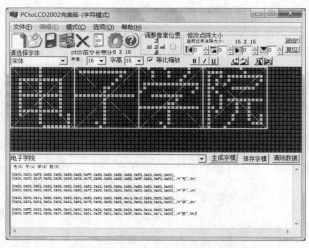

图11-14　"电子学院"字模获取

"电"的字模：

{0x00,0x00,0xF8,0x88,0x88,0x88,0x88,0xFF,0x88,0x88,0x88,0x88,0xF8,0x00,0x00,0x00,
0x00,0x00,0x1F,0x08,0x08,0x08,0x08,0x7F,0x88,0x88,0x88,0x88,0x9F,0x80,0xF0,0x00},

"子"的字模：

{0x80,0x82,0x82,0x82,0x82,0x82,0x82,0xE2,0xA2,0x92,0x8A,0x86,0x82,0x80,0x80,0x00,

0x00,0x00,0x00,0x00,0x00,0x40,0x80,0x7F,0x00,0x00,0x00,0x00,0x00,0x00,0x00,0x00},

"学"的字模：

{0x40,0x30,0x11,0x96,0x90,0x90,0x91,0x96,0x90,0x90,0x98,0x14,0x13,0x50,0x30,0x00,
0x04,0x04,0x04,0x04,0x04,0x44,0x84,0x7E,0x06,0x05,0x04,0x04,0x04,0x04,0x04,0x00},

"院"的字模：

{0x00,0xFE,0x22,0x5A,0x86,0x10,0x0C,0x24,0x24,0x25,0x26,0x24,0x24,0x14,0x0C,0x00,
0x00,0xFF,0x04,0x08,0x07,0x80,0x41,0x31,0x0F,0x01,0x01,0x3F,0x41,0x41,0x71,0x00},

把字模中的十六进制数据转化为二进制，二进制的"1"表示点亮 16×32 LED 点阵上相应的点，"0"表示相应的点不亮。这样就可以在 16×32 LED 点阵上显示出需要显示的信息了，如图 11-15 所示。

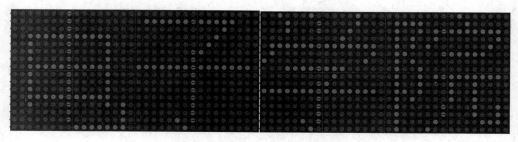

图11-15　16×32 LED点阵上的显示效果

11.3.2　16×32 LED 点阵汉字显示程序设计

按照任务要求和电路设计，P0 口和 P2 口送列数据，P1 口送列码，C 语言程序通过逐列扫描实现 16×32 LED 点阵分屏显示和移动显示 4 个汉字"电子学院"。

1. 16×32 LED 点阵汉字显示相关变量定义

（1）16×32 LED 点阵接口相关变量定义

```
#define  LED_L16  P0      //16×32 LED 点阵低 16 行接口
#define  LED_H16  P2      //16×32 LED 点阵高 16 行接口
#define  LED_COL  P1      //16×32 LED 点阵列选接口
```

（2）16×32 LED 点阵显示相关变量定义

```
uchar i,j;               //定义二维数组 aFont[j][i]的下标
uchar s;                 //定义逐列扫描变量，从 0 列到 31 列
uchar time;              //定义刷新显示次数变量，保持内容显示一定时间
uchar start;             //定义显示的起始列变量
/*声明一个 4 行 32 列的二维数组，用来存放"电子学院"4 个汉字的字模*/
uint code aFont[4][32]=
{
    /*"电"，0*/
    {0x00,0x00,0xF8,0x88,0x88,0x88,0x88,0xFF,
    0x88,0x88,0x88,0x88,0xF8,0x00,0x00,0x00,    //前 16 个字节是"电"的上半字
    0x00,0x00,0x1F,0x08,0x08,0x08,0x08,0x7F,
    0x88,0x88,0x88,0x88,0x9F,0x80,0xF0,0x00},   //后 16 个字节是"电"的下半字
```

```
/* "子", 1 */
{0x80,0x82,0x82,0x82,0x82,0x82,0x82,0xE2,
0xA2,0x92,0x8A,0x86,0x82,0x80,0x80,0x00,
0x00,0x00,0x00,0x00,0x00,0x40,0x80,0x7F,
0x00,0x00,0x00,0x00,0x00,0x00,0x00,0x00},
/* "学", 2 */
{0x40,0x30,0x11,0x96,0x90,0x90,0x91,0x96,
0x90,0x90,0x98,0x14,0x13,0x50,0x30,0x00,
0x04,0x04,0x04,0x04,0x04,0x44,0x84,0x7E,
0x06,0x05,0x04,0x04,0x04,0x04,0x04,0x00},
/* "院", 3 */
{0x00,0xFE,0x22,0x5A,0x86,0x10,0x0C,0x24,
0x24,0x25,0x26,0x24,0x24,0x14,0x0C,0x00,
0x00,0xFF,0x04,0x08,0x07,0x80,0x41,0x31,
0x0F,0x01,0x01,0x3F,0x41,0x41,0x71,0x00}
};
```

2. 延时程序

在逐列扫描显示时，主要是保持每列点亮一段时间和熄灭一段时间，延时时间是由形式参数 t 来决定的。延时代码如下：

```
void delay(uint t)
{
    while(t--);
}
```

3. 切换显示程序

显示一个汉字需要 16×16 点阵，16×32 点阵可以显示两个汉字，4 个汉字只能分成两屏显示，分屏显示代码如下：

```
/***************************************************/
/*功    能：切换显示                              */
/*入口参数：p 为切换显示的屏数                     */
/***************************************************/
void Leddis(uchar p)
{
    for(time=0;time<100;time++)   //刷新显示 100 次，每屏保持显示一定时间
    {
        s=0;
        for(j=(p-1)*2;j<(p-1)*2+2;j++)
        {
            for(i=0;i<16;i++)
            {
                LED_COL=s;                    //逐列扫描显示
                LED_L16=aFont[j][i];          //显示上半字
                LED_H16=aFont[j][i+16];       //显示下半字
                delay(40);
```

```
                LED_L16=0;                    //显示完一列，重新初始化防止重影
                LED_H16=0;
                delay(2);
                s++;
            }
        }
    }
}    //End Leddis()
```

4. 左移显示程序

左移显示分为右进显示和左出显示两个过程。这里的左移显示是每次左移 8 列，即左移半个字。

右进显示先从右边开始显示第 1 个字的前半个字，也就是从第 24 列开始显示，并保持显示一定时间。然后再右进 8 列显示，直至满屏显示前两个汉字，右进显示完成；左出显示先从第 1 个字的后半个字、第 2 个字和第 3 个字的前半个字开始显示，并保持显示一定时间。然后再左出 8 列显示，直至左出完成。

（1）右进显示代码如下：

```
/*******************************************************/
/*功      能：右进显示（只右进显示第一屏）              */
/*入口参数：num 为一屏显示的字数，movecol 为每次右进的列数    */
/*******************************************************/
void RightJ(uchar num,uchar movecol)
{
    start=16*num-movecol;                //计算右进显示的起始列
    while(1)
    {
        for(time=0;time<100;time++)
        {
            s=start;                     //把右进显示的起始列赋给逐列扫描变量
            for(j=0;j<4;j++)
            {
                for(i=0;i<16;i++)
                {
                    LED_COL=s;
                    LED_L16=aFont[j][i];
                    LED_H16=aFont[j][i+16];
                    delay(40);
                    LED_L16=0;
                    LED_H16=0;
                    delay(2);
                    s++;
                    if(s>31) break;
                }
                if(s>31) break;
            }
```

```
            }
        if(start>0)
        {
            start-=movecol;          //每次右进显示的起始列加 movecol 列
        }
        else
        {
            break;                   //如果右进显示的起始列到了第 0 列，右进显示结束
        }
    }
}
```

（2）左出显示代码如下：

```
/*****************************************************************/
/*功    能：左出显示                                             */
/*入口参数：num 为左出字数，movecol 为每次左出的列数             */
/*****************************************************************/
void LeftC(uchar num,uchar movecol)
{
    uchar col=movecol;                    //定义起始字的显示列，左出多少列
    uchar n=0;                            //定义显示的起始字是从第 1 个字开始
    uchar count=0;                        //统计左出次数从 0 开始
    while(count<16*num/movecol)           //判断左出显示是否完成，完成退出 while
    {
        for(time=0;time<100;time++)
        {
            s=0;
            start=col;
            for(j=n;j<4;j++)
            {
                for(i=start;i<16;i++)
                {
                    LED_COL=s;
                    LED_L16=aFont[j][i];
                    LED_H16=aFont[j][i+16];
                    delay(40);
                    LED_L16=0;
                    LED_H16=0;
                    delay(2);
                    s++;
                    if(s>31) break;
                }
                start=0;                 //第 1 个字后面的字都是从整个字开始显示
                if(s>31) break;
            }
```

```
            }
    count++;                    //每次左出显示完成 count 加 1
    col+=movecol;               //累加每次左出的列数，获得下一屏左出显示起始列
    if(col==16)                 //如果 col=16，下一屏是从整字的开始显示
    {
        n++;                    //移出一个字了，开始移出下一个字
        col=0;
    }
    }
}
```

5. 16×32 LED 点阵汉字显示主程序

到目前为止，我们就完成了 16×32 LED 点阵汉字显示所有子程序的设计，那么怎样将这些子程序组成一个完整的系统呢？

单片机的源程序一般由主程序（只能有一个主程序）、完成特定功能的子程序等部分组成。程序的运行是从主程序开始的，然后在主程序中调用相应的子程序，从而实现系统的功能。16×32 LED 点阵汉字显示的 main()函数代码如下：

```
void main(void)
{
    LED_L16=0;
    LED_H16=0;
    while(1)
    {
        Leddis(1);              //显示第一屏
        Leddis(2);              //显示第二屏
        RightJ(2,8);            //右进显示 2 个字，每次右进 8 列
        LeftC(4,8);             //左出显示 4 个字，每次左出 8 列
    }
}
```

16×32 LED 点阵汉字显示程序设计好之后，打开"16×32 LED 点阵显示"Proteus 电路，加载"16×32 LED 点阵显示.hex"文件，进行仿真运行，观察 16×32 LED 点阵的显示规律，是否与设计要求相符。

【技能训练】采用逐行扫描方式，完成 16×32 LED 点阵汉字显示设计

列驱动采用 74LS595 芯片，行驱动采用 74LS154 芯片，通过逐行扫描方式完成 16×32 LED 点阵汉字显示设计，显示的 4 个汉字是"逐行扫描"。

1. 电路设计

根据技能训练要求，32 列驱动采用 4 个 74LS595 芯片，16 行驱动采用 1 个 74LS154 芯片，16×32 LED 点阵采用 8 个列阳极行阴极的 8×8 LED 点阵模块，通过逐行扫描实现 16×32 LED 点阵汉字显示。

（1）16×32 LED 点阵设计

16×32 LED 点阵由 8 个列阳极行阴极的 8×8 LED 点阵模块构成。在 Proteus 文档编辑窗

口中放置 8 个 MATRIX-8×8-RED8×8 LED 点阵模块并保持其初始位置，上面引脚为列线，下面引脚为行线。然后标注行列引脚连线标号，16 行引脚连线标号分别为 R00~R15，32 列引脚连线标号分别为 S00~S31。做成的 16×32 LED 点阵行线低电平有效，列线高电平有效，如图 11-16 所示，其中前 8 行引脚连线标号 R00~R07 被隐藏了。

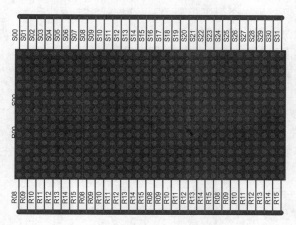

图 11-16　16×32 LED 点阵

（2）行列驱动电路设计

　　根据设计思路，16×32 LED 点阵汉字显示是通过逐行扫描实现的，并且行线是低电平有效、列线是高电平有效。在这里，行驱动电路由 1 个 74LS154 芯片构成，行码（行扫描信号）由 P0 口送出。列驱动电路由 4 个 74LS595 芯片构成，行数据由 P2 口送出。行列驱动电路如图 11-17 所示。

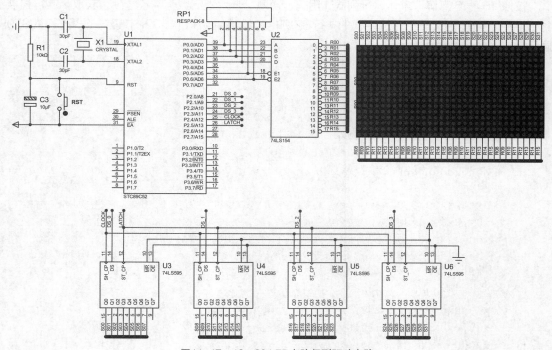

图 11-17　16×32 LED 点阵行列驱动电路

（3）认识 74LS595

74LS595 芯片与 74LS164 芯片功能相仿，都是 8 位串行输入转并行输出移位寄存器，74LS164 芯片使用介绍见项目七【技能训练 7-2】。74LS595 引脚如图 11-18 所示，它的使用方法很简单，在正常使用时 MR 引脚通常接 V_{cc}，OE 引脚通常接地。如果单片机引脚够用，可以用一个引脚控制 OE，这样就能方便地产生闪烁和熄灭效果，比通过数据端移位控制要省时省力。

从串行数据输入端 DS 引脚每输入一位数据，移位时钟 SH_CP 上升沿有效一次，数据寄存器的数据移位，直到 8 位数据输入完毕。然后输出锁存时钟 ST_CP 上升沿有效一次，输入的数据会被送到输出端 Q0~Q7，并锁存输出数据。

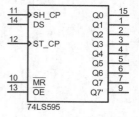

图11-18　74LS595引脚

74LS595 芯片的主要优点是具有锁存功能，在移位的过程中，输出端的数据可以保持不变。这在串行速度慢的场合应用很有用处，让 LED 点阵没有闪烁感。

2. 程序设计

（1）16×32 LED 点阵接口相关变量定义

```
sbit DS_0=P2^0;          //定义 P2.0 为第 1 个 74LS595 芯片 1~8 列的行数据输入
sbit DS_1=P2^1;          //定义 P2.1 为第 2 个 74LS595 芯片 9~16 列的行数据输入
sbit DS_2=P2^2;          //定义 P2.2 为第 3 个 74LS595 芯片 17~24 列的行数据输入
sbit DS_3=P2^3;          //定义 P2.3 为第 4 个 74LS595 芯片 25~32 列的行数据输入
sbit CLOCK=P2^4;         //74LS595 的移位时钟控制
sbit LATCH=P2^5;         //74LS595 的输出锁存时钟控制
```

（2）16×32 LED 点阵显示相关变量定义

按照 16×16 点阵、宋体、行列式、阴码、逆向、十六进制数等字模选项，获取"逐行扫描" 4 个汉字的字模。定义一个存放字模的 4 行 32 列的二维数组 word[4][32]，以及一个用于 74LS595 显示缓冲区的一维数组 temp[4]。

```
uchar code word[4][32]=
{
    /*"逐",0*/
    {0x00,0xC4,0x08,0x08,0x80,0x60,0x0F,0x88,
    0x68,0x08,0x88,0x68,0x08,0x14,0xE2,0x00,
    0x00,0x3F,0x02,0x01,0x22,0x16,0x0D,0x14,
    0x16,0x25,0x24,0x04,0x05,0x02,0x7F,0x00},
    /*"行",1*/
    {0x10,0x90,0x08,0x04,0x12,0x10,0xC8,0x0C,
    0x0A,0x09,0x08,0x08,0x08,0x08,0x08,0x08,
    0x00,0x3F,0x00,0x00,0x00,0x00,0x7F,0x04,
    0x04,0x04,0x04,0x04,0x04,0x04,0x05,0x02},
    /*"扫",2*/
    {0x08,0x08,0xC8,0x08,0x3F,0x08,0x08,0xA8,
    0x18,0x0C,0x0B,0x08,0x08,0xC8,0x0A,0x04,
    0x00,0x00,0x3F,0x20,0x20,0x20,0x20,0x3F,
    0x20,0x20,0x20,0x20,0x20,0x3F,0x20,0x00},
```

```
    /*"描",3*/
    {0x08,0x08,0xC8,0x08,0x3F,0x08,0x88,0xA8,
     0x98,0x8C,0x8B,0x88,0x88,0x88,0x8A,0x84,
     0x11,0x11,0x7F,0x11,0x11,0x00,0x3F,0x24,
     0x24,0x24,0x3F,0x24,0x24,0x24,0x3F,0x20}
};
uchar temp[4]={0,0,0,0};              //用到的 74LS595 显示缓冲区一维数组
```

（3）74LS595 左移子程序

74LS595 左移子程序可以实现 74LS595 的移位输入，代码如下：

```
void shift()
{
    uchar j;
    for(j=0;j<8;j++)
    {
        temp[0]=temp[0]<<1;           //将 temp[0]左移 1 位，把最高位送入 CY
        DS_0=CY;                      //把进位 CY 输出到 74LS595 移位寄存器
        temp[1]=temp[1]<<1;
        DS_1=CY;
        temp[2]=temp[2]<<1;
        DS_2=CY;
        temp[3]=temp[3]<<1;
        DS_3=CY;
        CLOCK=1;                      //发移位时钟 P 上升沿，74LS595 的数据移位
        CLOCK=0;
    }
}
```

（4）汉字显示子程序

汉字显示子程序可以实现汉字显示，代码如下：

```
void display_word(uchar p)
{
    uchar time,m;
    for(time=0;time<=100;time++)
    {
        for(m=0;m<16;m++)                      //从 0 行逐行扫描到 15 行
        {
            temp[0]=word[p][m];                //将第 1 个汉字左半字的显示数据放入缓冲区 0
            temp[1]=word[p][m+16];             //将第 1 个汉字右半字的显示数据放入缓冲区 1
            temp[2]=word[p+1][m];              //将第 2 个汉字左半字的显示数据放入缓冲区 2
            temp[3]=word[p+1][m+16];           //将第 2 个汉字右半字的显示数据放入缓冲区 3
            shift();                           //74LS595 左移子程序
            LATCH=0;                           //锁存输出数据
            LATCH=1;
            P0=m;                              //显示当前行
```

```
                delay(100);
                P0=0xff;                    //显示完一行重新初始化防止重影
                delay(2);
            }
        }
    }
```

（5）16×32 LED 点阵汉字显示主程序

16×32 LED 点阵汉字显示的 main()函数代码如下：

```
void main(void)
{
    P0=0xff;
    while(1)
    {
        display_word(0);           //显示第一屏的 2 个汉字
        display_word(2);           //显示第二屏的 2 个汉字
    }
}
```

 关键知识点小结

1．LED 点阵显示屏结构

（1）LED 点阵显示屏是由高亮发光二极管点阵组成的矩阵。

（2）8×8 LED 点阵显示模块是由 64 个发光二极管按矩阵排列而成的发光二极管组，每个发光二极管放置在行线和列线的交叉点上，当对应二极管一端置"1"，另一端置"0"时，点亮相应的二极管，也就是点亮 LED 显示屏上相应的点。

（3）LED 点阵显示屏通过分别驱动行列线来点亮 LED 屏上相应的点。

2．LED 点阵显示方式

LED 点阵显示方式分为静态显示和动态显示两种。

（1）静态显示方式

同时控制各个 LED 亮灭的方法称为静态显示方式。

（2）动态显示方式

动态显示方式采用动态扫描方法，动态扫描方法分为逐列扫描方式和逐行扫描方式。逐列扫描方式就是逐列轮流点亮，逐行扫描方式就是逐行轮流点亮。

3．LED 点阵显示屏使用的芯片

（1）74LS138 是 3 线－8 线译码器，74LS138 的 3 个输入端是 3 位二进制代码、有 8 种状态，8 个输出端分别对应其中一种状态，输出端以低电平译出，在驱动电路作为逐列（逐行）扫描控制。

（2）74LS154 是 4 线－16 线译码器，74LS154 的 4 个输入端是 4 位二进制代码、有 16 种状态，16 个输出端分别对应其中一种状态，输出端以低电平译出。在驱动电路作为逐列（逐行）扫描控制。

（3）74LS245 是 8 路同相三态双向数据总线驱动器，在驱动电路中作为列数据（行数据）输出。

（4）74LS595 是 8 位串行输入转并行输出移位寄存器，在驱动电路中，通过 8 位串行输入转并行输出作为列数据（行数据）。

 问题与讨论

11-1 简述 8×8 点阵型 LED 内部结构以及工作原理。

11-2 点阵显示控制电路由哪几部分组成？简述其工作原理。

11-3 设计一个 16×16 LED 点阵显示屏，能分屏显示和移动显示 4 个汉字。

11-4 设计一个 LED 点阵显示屏，分屏显示和移动显示"振兴中华"4 个汉字。

课程设计范例一　双向四车道交通灯控制

一、课程设计目的、功能

1. 课程设计目的

培养读者独立思考、勇于创新的精神。掌握单片机与数码管和键盘的接口技术，能够利用数码管静态显示、定时器以及独立键盘等关键技术，完成交通灯控制设计及实现。进一步掌握STC89C52 单片机的应用系统设计方法，以及 C 语言程序的设计方法。通过本课程设计的学习，增强读者自主学习意识，提升自主学习能力与创新能力，培养团队协作精神。

2. 实现功能

通过 STC89C52 单片机控制交通灯模块，在适当的时候控制点亮绿色、黄色或者红色的 LED 灯，示意行人或者车辆可以通行或者不可以通行。另外通过数码管倒计时，示意行人或者车辆不可以通行时还需要等待的时间，或者通行时还有多少剩余时间。

（1）系统有 3 种工作状态：正常状态、设置状态、紧急状态（交通管制）。

（2）正常状态下，通行次序依次为南北直行、南北左转、东西直行、东西左转。

（3）设置状态下，可对南北直行、南北左转、东西直行、东西左转和右转的通行时间进行设置。

（4）紧急状态（交通管制）下，所有发光二极管全显示红色，数码管显示"--"。

二、设计分析

1. 十字路口车道

十字路口示意图如图 A-1 所示，1、3 为南北方向，2、4 为东西方向，每个路口均有红、黄、绿三个灯。L、S、R、P 分别表示各个车道的左转车道、直行车道、右转车道及行人步道。

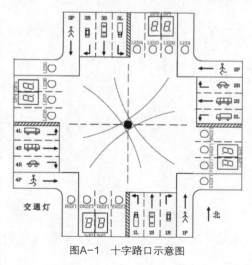

图A-1　十字路口示意图

2．十字路口交通灯

分别用 1、2、3、4 表示四个流向的车道，用 L、S、R、P 表示各个车道的左转车道、直行车道、右转车道及行人步道。除了 4 个右转车道，在同一时间不能出现车流交叉的现象。所以在设计绿灯时可以分组设计，共 4 组，通行顺序如下：

$$\rightarrow 1S,1P,3S,3P \rightarrow 1L,3L \rightarrow 2S,2P,4S,4P \rightarrow 2L,4L -$$

十字路口交通灯的初始状态都是红灯亮，而从绿灯灭到绿灯亮的过程需要黄灯亮几秒。交通灯亮灭过程如下。

（1）1、3 路口的 1S、1P、3S、3P 绿灯亮，2、4 路口的红灯亮。1、3 路口直行通车和行人步道通行。

（2）1、3 路口的 1L、1R、3L、3R 绿灯亮，2、4 路口的 2R、4R 绿灯亮，其他红灯亮。1、3 路口左转、右转通车，2、4 路口右转通车。

（3）2、4 路口的 2S、2P、4S、4P 绿灯亮，1、3 路口的红灯亮。2、4 路口直行通车和行人步道通行。

（4）2、4 路口的 2L、2R、4L、4R 绿灯亮，1、3 路口的 1R、3R 绿灯亮，其他红灯亮。2、4 路口左转、右转通车，1、3 路口右转通车。

（5）重复上面的过程。

三、交通灯电路设计

1．键盘模块设计

交通灯控制的键盘模块设计采用独立键盘，有 MODE（设置按键）、UP（设置值加 1 按键）、DOWN（设置值减 1 按键）和 JTGZ（交通管制按键）4 个按键，分别接到 P3 口的 P3.0、P3.1、P3.2 和 P3.3 引脚，如图 A-2 所示。

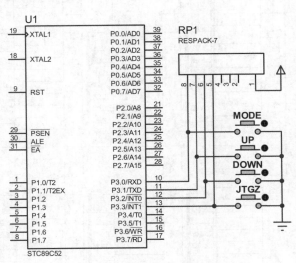

图A-2　键盘电路

2. 数码管驱动模块设计

在十字路口交通灯控制中，每个路口显示时间是 2 位，共需 8 个数码管。在这里，我们采用静态显示技术，使用 74LS164 芯片实现。

（1）74LS164 芯片扩展 I/O 口输出电路。74LS164 芯片用于扩展 I/O 口输出，它是一个 8 位并行输出、串行输入移位寄存器。STC89C52 单片机的 P2.1 引脚与 74LS164 芯片移位脉冲输入端相连，P2.0 引脚与串行输入端相连，如图 A-3 所示。

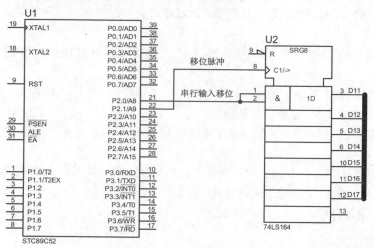

图A-3　74LS164芯片电路应用

（2）数码管驱动电路设计。数码管驱动电路使用 8 个 74LS164 芯片分别驱动 8 个数码管，实现每个路口的时间显示，如图 A-4 所示。

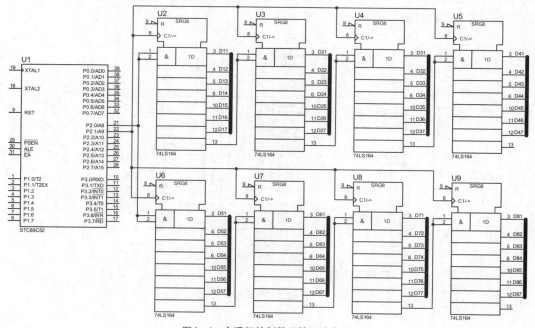

图A-4　交通灯控制数码管驱动电路

3. 交通灯及数码管显示电路设计

交通灯有红、绿、黄 3 种，在这里使用 LED 实现，采用共阳极接法，数码管为共阴极。每个车道有红、绿、黄 3 种信号灯，每个路口有 4 个车道和 2 位时间显示。交通灯及数码管显示电路是按照十字路口交通灯示意图设计的，如图 A-5 所示。

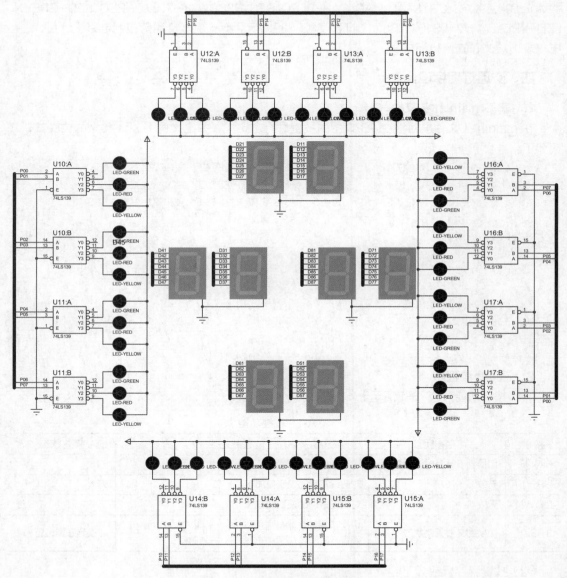

图A-5 交通灯及数码管显示电路

交通灯使用 STC89C52 单片机的 P0 和 P1 口，每个车道的红、绿、黄 3 个灯使用两个引脚，通过 74LS139 译码器来控制它们的亮和灭。I/O 口的两个引脚通过 74LS139 译码器控制红、绿、黄 3 个灯的对应关系："01"绿灯亮、"10"红灯亮、"11"黄灯亮。

4．交通灯控制电路设计

在完成交通灯控制的键盘电路、数码管驱动电路、交通灯及数码管显示电路设计之后，用 Proteus 仿真软件完成交通灯控制电路设计。

运行 Proteus 软件，新建"交通灯控制"设计文件。按照图 A-2、图 A-4 和图 A-5，放置并编辑 STC89C52、CRYSTAL、CAP、CAP-ELEC、RES、RESPACK-7、LED-RED、LED-GREEN、LED-YELLOW、74LS164、BUTTON 和 74LS139 等元器件。完成交通灯控制电路设计后，进行电气规则检测，直至检测成功。

四、交通灯程序设计

1．编写 main.h 头文件

在 main.h 头文件里对接在 P3 口上的按键进行宏定义，并定义两个 sbit 类型的位变量，代码如下：

```
#define w_e_port  P0          //控制东西方向的红、黄、绿交通灯
#define s_n_port  P1          //控制南北方向的红、黄、绿交通灯
sbit dat_pin = P2^0;          //串行数据（数码管显示的交通灯时间）
sbit clk_pin = P2^1;          //移位脉冲
sbit P3_0=P3^0;
sbit P3_1=P3^1;
sbit P3_2=P3^2;
sbit P3_3=P3^3;
#define MODE_KEY    (!(P3_0))   //设置模式切换
#define UP_KEY      (!(P3_1))   //设置值加 1
#define DOWN_KEY    (!(P3_2))   //设置值减 1
#define JTGZ_KEY    (!(P3_3))   //交通管制切换
```

2．键盘模块程序

（1）按键功能如表 A-1 所示。

表 A-1　按键功能

按键	正常状态	设置状态	紧急状态
MODE	切换到设置模式	切换到正常运行模式	无效
UP	无效	对应设置项的设置值加 1	无效
DOWN	无效	对应设置项的设置值减 1	无效
JTGZ	切换到交通管制状态	切换设置项：南/北直行时间、南/北左转时间、东/西直行时间、东/西左转时间、右转时间	切换到正常运行

（2）按键程序代码如下：

```
if(MODE_KEY && mode_exigence == 0)
{
    ShortDelay();
    if(MODE_KEY)
    {
        mode_set = ~mode_set;
```

```
        if(mode_set == 1)                       //进入设置模式
        {
            EA = 0;                             //关中断
            i=0;
            dis_buffer=time_set[0];display_led(dis_buffer);
            s_n_port = 0x11; w_e_port = 0x00;  //Set S-N-Go to Green
        }
        else
        {
            time_buffer=time_set[0];display_led(time_buffer);
            s_n_port = 0x99; w_e_port = 0xAA; y=0;
            TH0=0x3C; TL0=0xB0; EA = 1; i=0;    //返回运行模式
        }
    }   //end if(LEFT_KEY)
    while(MODE_KEY);
}   //end if(MODE_KEY && mode_exigence == 0)
if(JTGZ_KEY)
{
    ShortDelay();
    if(JTGZ_KEY)
    {
        if(mode_set == 1)
        {
            f(i==4)  i=0;
            else     i=i+1;
            dis_buffer = time_set[i];
            display_led(dis_buffer);
            switch(i)
            {
                case 0 :
                    s_n_port = 0x11;
                    w_e_port = 0x00;
                    break;                  //Set S-N-Go to Green
                case 1 :
                    s_n_port = 0x40;
                    w_e_port = 0x00;
                    break;                  //Set S-N-TurnLeft to Green
                case 2 :
                    s_n_port = 0x00;
                    w_e_port = 0x11;
                    break;                  //Set W-E-Go to Green
                case 3 :
                    s_n_port = 0x00;
                    w_e_port = 0x40;
```

```
                    break;                  //Set W-E-TurnLeft to Green
                case  4 :
                    s_n_port = 0x04;
                    w_e_port = 0x04;
                    break;                  //Set TurnRight to green
                default : break;
            }   //end switch(i)
        }
        else
        {
            mode_exigence = ~mode_exigence;
            if(mode_exigence == 1)        //进入紧急模式
            {
                EA = 0;                   //关中断
                s_n_port = 0xaa; w_e_port = 0xaa;  // Set all LED to red
                display_led(101);        //显示 "-"
            }
            else                          //返回运行模式
            {
                dis_buffer=time_buffer=time_set[0];
                display_led(dis_buffer);
                s_n_port = 0x99; w_e_port = 0xAA; y=0;
                TH0=0x3C; TL0=0xB0; EA = 1; i=0;
            }
        }
    }   //end if(RIGHT_KEY)
    while(JTGZ_KEY);
}   //end if(JTGZ_KEY)
if(UP_KEY && mode_set == 1)
{
    ShortDelay();
    if(UP_KEY)
    {
        if(i<4)
        {
            if(time_set[i] >= time_max) time_set[i] = time_min;
            else time_set[i] = time_set[i] + 1;
            little_set = little_time(time_set[0],
                        time_set[1], time_set[2], time_set[3]);
            dis_buffer = time_set[i];
            display_led(dis_buffer);
        }
        else
        {
```

```
            if(time_set[i] >= little_set/2) time_set[i] = time_yellow;
            else time_set[i] = time_set[i] + 1;
            dis_buffer = time_set[i];
            display_led(dis_buffer);
        }
    }   //end if(UP_KEY)
    while(UP_KEY);
}   //end if(UP_KEY && mode_set == 1)
if(DOWN_KEY && mode_set == 1)
{
    ShortDelay();
    if(DOWN_KEY)
    {
        if(i<4)
        {
            if(time_set[i] <= time_min) time_set[i] = time_max;
            else time_set[i] = time_set[i] - 1;
            little_set = little_time(time_set[0],
                        time_set[1], time_set[2], time_set[3]);
            dis_buffer = time_set[i];
            display_led(dis_buffer);
        }
        else
        {
            if(time_set[i] <= time_yellow) time_set[i] = little_set/2;
            else time_set[i] = time_set[i] - 1;
            dis_buffer = time_set[i];
            display_led(dis_buffer);
        }
    }
    while(DOWN_KEY);
}   //end if(DOWN_KEY && mode_set == 1)
```

3. 数码管显示程序

```
void display_led(uchar number)
{
    uchar buffer[4]={0,0,0,0};
    uchar x,y,dat;
    if(number<100)
    {
        buffer[0]=buffer[2]=number/10;
        buffer[1]=buffer[3]=number%10;
    }
    else
    {
```

```
        if(number==100)
            buffer[0]=buffer[1]=buffer[2]=buffer[3]=0x0B;
        else
            buffer[0]=buffer[1]=buffer[2]=buffer[3]=0x0A;
    }
    for(x=0;x<4;x++)
    {
        dat=led_dat[buffer[x]];
        for(y=0;y<8;y++)
        {
            clk_pin = 0;
            if (dat & 0x01)  dat_pin=1;
            else dat_pin=0;
            clk_pin = 1;
            _Nop();_Nop();
            clk_pin = 0;
            dat>>=1;
        }
    }
}
```

4. 取最小设置时间程序

```
uchar little_time(uchar a, uchar b, uchar c, uchar d)
{
    uchar little;
    if(a <= b)  little = a;
    else little = b;
    if(c < little)  little = c;
    if(d < little)  little = d;
    return little;
}
```

5. 定时器中断服务程序

```
void timer1(void)  interrupt 1 using 1       //50ms 中断一次
{
    TH0=0x3C;
    TL0=0xB0;
    irq_count++;
    if(irq_count>=20)                         //1s
    {
        irq_count=0;
        switch(y)
        {
            case 0 :                          //南北直行
                if(time_buffer == 0 )
                {
```

```
        y=1;
        time_buffer = time_set[1];
        s_n_port = 0x6A;              //南北左转
        w_e_port = 0xA6;
    }
    else
    {
        time_buffer = time_buffer - 1;
        if(time_buffer == time_set[4])
        {
            s_n_port = 0x95;
            w_e_port = 0xA6;
        }
        if(time_buffer == time_yellow)
        {
            s_n_port = 0xBF;
            w_e_port = 0xA6;
        }
    }
    break;
case 1 :                            //南北左转
    if(time_buffer == 0 )
    {
        y=2;
        time_buffer = time_set[2];
        s_n_port = 0xAA;            //东西直行
        w_e_port = 0x99;
    }
    else
    {
        time_buffer = time_buffer - 1;
        if(time_buffer == time_set[4])
        {
            s_n_port = 0x66;
            w_e_port = 0xA6;
        }
        if(time_buffer == time_yellow)
        {
            s_n_port = 0xEE;
            w_e_port = 0xAE;
        }
    }
    break;
case 2 :                            //东西直行
```

```
           if(time_buffer == 0 )
           {
               y=3;
               time_buffer = time_set[3];
               s_n_port = 0xA6;          //东西左转
               w_e_port = 0x6A;
           }
           else
           {
               time_buffer = time_buffer - 1;
               if(time_buffer == time_set[4])
               {
                   s_n_port = 0xA6;
                   w_e_port = 0x95;
               }
               if(time_buffer == time_yellow)
               {
                   s_n_port = 0xA6;
                   w_e_port = 0xBF;
               }
           }
           break;
       case 3 :                          //东西直行
           if(time_buffer == 0 )
           {
               y=0;
               time_buffer = time_set[0];
               s_n_port = 0x99;          //南北直行
               w_e_port = 0xAA;
           }
           else
           {
               time_buffer = time_buffer - 1;
               if(time_buffer == time_set[4])
               {
                   s_n_port = 0xA6;
                   w_e_port = 0x66;
               }
               if(time_buffer == time_yellow)
               {
                   s_n_port = 0xAE;
                   w_e_port = 0xEE;
               }
           }
```

```
                    break;
            default :
                y=0;
                time_buffer = time_set[0];
                s_n_port = 0x99;                //南北直行
                w_e_port = 0xAA;
                break;
        }   //END switch(i)
        display_led(time_buffer);
    }   // end if(irq_count>=20)              //1s
}   //end interrupt
```

6. 交通灯控制主文件

```
uchar time_max = 99;
uchar time_min = 20;
uchar time_yellow = 5;              //绿灯转红灯时，黄灯的时间
uchar irq_count=0;                  //中断计数
//time_set[]数组是存放交通灯显示时间:
//time_set[0]: S-N-Go Time, time_set[1]: S-N-TurnLeft Time;
//time_set[2]: W-E-Go Time, time_set[3]: W-E-TurnLeft Time;
//time_set[4]: Turn-Right Time
uchar time_set[5]={30,30,30,30,20};
//led_dat[]数组存放共阴极数码管显示"0~9"和"-"的段码
uchar led_dat[12]={0xFC, 0x60, 0xDA, 0xF2, 0x66, 0xB6, 0xBE, 0xE0, 0xFE, 0xF6,
0x02, 0x00};
……
void main(void)
{
    bit mode_set=0;                 //模式控制: 1 设置模式，0 正常模式
    bit mode_exigence;              //模式控制: 1 紧急模式，0 正常模式
    y=3; s_n_port=0x00; w_e_port=0x00;
    display_led(100);               //灭数码管显示
    little_set=little_time(time_set[0],time_set[1],
            time_set[2],time_set[3]);
    time_set[4] = little_set>>1;
    ……                            //定时器初始化的代码
    while(1)
    {
    ……                            //按键部分的代码
    }
}
```

在这里，对存放共阴极数码管显示"0~9"和"-"段码的数组 led_dat[]进行简单说明。在项目三中，共阴极数码管显示"0~9"的段码是:

```
{0x3f,0x06,0x5b,0x4f,0x66,0x6d,0x7d,0x07,0x7f,0x6f}
```

而在这里，共阴极数码管显示"0~9"的段码是：

{0xFC,0x60,0xDA,0xF2,0x66,0xB6,0xBE,0xE0,0xFE,0xF6}

同样是共阴极数码管显示"0~9"，为什么段码不一样呢？

这是由于使用了 74LS164 来扩展 I/O 口输出。74LS164 是一个 8 位并行输出、串行输入移位寄存器。单片机串行输出到 74LS164 的数据，是低位在前高位在后的，74LS164 在串行输入和并行输出后，把单片机输出数据的低位变为高位了。结合交通灯控制的数码管驱动电路（图 A-4），这里的共阴极数码管显示"0~9"的段码（a 段是高位）与项目三的段码（a 段是低位）顺序是相反的。

交通灯控制程序设计好以后，打开"交通灯控制"Proteus 电路，加载 "交通灯控制.hex"文件，进行仿真运行，观察交通灯控制运行是否与设计要求相符。

课程设计范例二　温湿度监控系统

一、课程设计目的、功能

1. 课程设计目的

培养读者自主学习和举一反三的能力，掌握单片机与液晶显示器和键盘的接口技术，能够利用二线数字串行接口的数字温湿度传感器 SHT11，完成温湿度监控系统的设计及实现。进一步掌握单片机输入输出控制系统的设计、运行及调试。通过本课程设计的学习，提升读者自主学习的积极性，增强工作实践中的创新能力及团队合作意识。

2. 实现功能

本系统使用 STC89C52 单片机，通过数字温湿度传感器 SHT11 实时采集环境温湿度，在 LCD12864 上进行温湿度显示。若温湿度超过了其上限值或下限值，就会通过 LED 指示灯进行报警。温湿度监控系统具有的功能如下所述。

（1）完成温湿度监控显示

在 LCD12864 上，能显示温度、湿度、温度上限与下限、湿度上限与下限，每 3 秒对温度、湿度进行一次数据更新。

（2）使用 4 个按键完成温湿度监控参数设置

① 按键一：完成温湿度监控显示界面和温湿度监控参数设置界面的切换。

系统启动时的界面为温湿度监控显示界面，按下按键后切换为温湿度监控参数设置界面，方便对温湿度监控参数进行调节；

再按一次按键界面又切换为温湿度监控显示界面。

② 按键二：完成温度上限、温度下限、湿度上限和湿度下限选择。

③ 按键三：在按键二选中的基础上，完成温湿度上下限增大。例如：通过按键二选中温度上限，此时按下按键三，温度上限增大。

④ 按键四：在按键二选中的基础上，完成温湿度上下限减小。例如：通过按键二选中温度上限，此时按下按键四，温度上限减小。

（3）对温湿度进行实时监控

① 当温湿度正常时，绿色 LED 亮；

② 当温度高于上限时，点亮温度上限指示灯（红色 LED）报警；

③ 当温度低于下限时，点亮温度下限指示灯（黄色 LED）报警；

④ 当温度高于上限时，点亮湿度上限指示灯（红色 LED）报警；

⑤ 当湿度低于下限时，点亮湿度下限指示灯（黄色 LED）报警。

二、设计分析

1. 温湿度传感器 SHT11

SHT11 是瑞士 Sensirion 公司推出的一款数字温湿度传感器芯片，具有品质卓越、超快响应、抗干扰能力强、性价比极高等优点。SHT11 广泛应用于暖通空调、汽车、消费电子、自动控制及医疗等领域。

（1）SHT11 内部结构

SHT11 是一款含有已校准数字信号输出的温湿度复合传感器，将温度传感器、湿度传感器、14 位的 A/D 转换器以及二线串行数字接口电路等集成到一个芯片上，实现了无缝连接。其中，温度传感器是一个能隙式测温元件，湿度传感器是一个电容式聚合体测湿元件。SHT11 内部结构如图 B-1 所示。

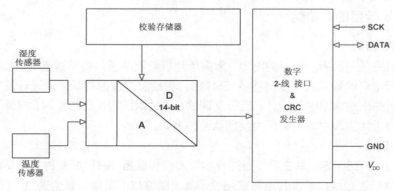

图B-1　SHT11内部结构

（2）SHT11 工作过程

数字温湿度传感器 SHT11 在出厂之前，都会在恒湿或恒温的环境中进行校准，校准系数存储在校准寄存器中。在测量过程中，校准系数会自动校准来自传感器的信号。SHT11 的工作过程如下。

① 湿度传感器和温度传感器分别将湿度和温度转换成模拟信号，然后由放大器对微弱的模拟信号进行放大；

② 通过 14 位的 A/D 转换器，把温湿度的模拟信号转换为数字信号；

③ 把得到的温湿度值经过二线串行数字接口输出。

此外，SHT11 内部还集成了一个加热元件，加热元件接通后可以将 SHT11 的温度升高 5℃左右，同时功耗也会有所增加。此功能主要是为了比较加热前后的温度和湿度值，可以综合验证两个传感器元件的性能。在湿度>95%RH 的高湿环境中，加热元件可预防传感器结露，同时可缩短响应时间和提高精度。加热后 SHT11 温度升高、相对湿度降低，较加热前的测量值会略有差异。

SHT11 默认的测量精度为 14bit（温度）和 12bit（湿度），通过状态寄存器可分别降至 12bit和 8bit。

（3）SHT11 典型应用电路

SHT11 温湿度传感器采用 SMD（LCC）表面贴片封装形式，接口非常简单。SHT11 封装和SHT11 仿真，如图 B-2 所示。

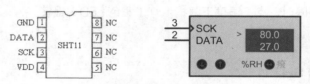

图B-2　SHT11封装和SHT11仿真

SHT11 的引脚功能如下。

① 引脚 1 和引脚 4 为信号地和电源，其工作电压范围是 2.4V ~ 5.5 V；

② 引脚 2 和引脚 3 为二线串行数字接口，其中 DATA 为双向串行数据线，SCK 为串行时钟输入线；

③ 引脚 5~8 未使用。

单片机是通过二线串行数字接口与 SHT11 进行通信的，其通信协议与通用的 I²C 总线协议是不兼容的，因此需要用单片机的 I/O 口来模拟该通信时序。SHT11 典型的应用电路，如图 B-3 所示。

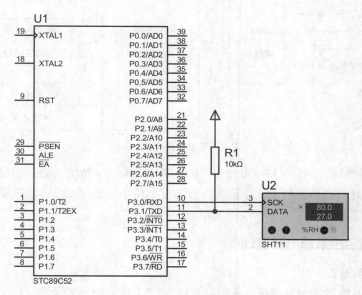

图B-3　SHT11典型应用电路

在图 B-3 中，需要一个外部的上拉电阻（如 10kΩ），把 DATA 信号从低电平上拉为高电平。DATA 在 SCK 时钟下降沿之后改变状态，并仅在 SCK 时钟上升沿有效。数据传输期间，在 SCK 时钟高电平时，DATA 必须保持稳定。

（4）SHT11 控制命令

单片机对 SHT11 的控制是通过 5 个 5 位的命令代码来实现的，命令代码的功能如表 B-1 所示。

表 B-1　SHT11 控制命令

命令代码	功能
0000x	保留
00011	测量温度
00101	测量湿度
00111	读内部状态寄存器
00110	写内部状态寄存器
0101x~1110x	保留
11110	复位命令，使内部状态寄存器恢复默认值。下一次命令前至少等待 11ms

2. 温湿度监控系统设计实现

温湿度监控系统是采用 STC89C52 单片机，通过温度传感器、湿度传感器和 A/D 转换器对温湿度进行实时采集，并在 LCD12864 上进行温湿度显示。按键设置温湿度的上限值和下限值，若温湿度超过了其上限值或下限值，就会通过 LED 进行报警。温湿度监控系统框图，如图 B-4 所示。

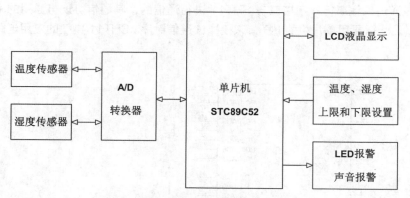

图B-4 温湿度监控系统框图

数字温湿度传感器 SHT11 将温度传感器、湿度传感器、14 位的 A/D 转换器以及二线串行数字接口电路等集成到一个芯片上。在这里，温湿度监控系统使用 SHT11 来实现温度和湿度的采集。

三、温湿度监控系统电路设计

1. 按键电路设计

温湿度监控系统的键盘电路设计采用独立键盘，SET 按键是显示界面和设置界面切换键，UP 按键是温湿度上下限增大键，DOWN 按键是温湿度上下限减小键，MOVE 按键是温湿度上下限设置选择键。这 4 个按键分别接到 P3 口的 P3.0、P3.1、P3.2 和 P3.3 引脚。按键电路设计参考项目九的工作任务 24。

2. 液晶显示电路设计

液晶显示采用 RT12864 液晶显示模块，其并行数据口 DB0~DB7 接 STC89C52 的 P0 口，并在 P0 口外加上拉电阻以确保输出的高电平能够达到液晶显示的要求。RT12864 液晶显示模块控制接口引脚接 P2 口。液晶显示电路设计参考项目九的任务 24。

3. 数字温湿度传感器 SHT11 电路设计

参考图 B-3 所示的 SHT11 典型应用电路，SCK 和 DATA 引脚分别接 P1 口的 P1.0 和 P1.1 引脚。

4. 温湿度超上/下限 LED 报警电路设计

温湿度监控系统的正常运行指示灯（绿色 LED1）接 P1.3、温度超过上限报警灯（红色 LED2）接 P1.4、温度超过下限报警灯（黄色 LED3）接 P1.5、湿度超过上限报警灯（红色 LED4）接 P1.6、湿度超过下限报警灯（黄色 LED5）接 P1.7。

温湿度监控系统的电路设计，如图 B-5 所示。

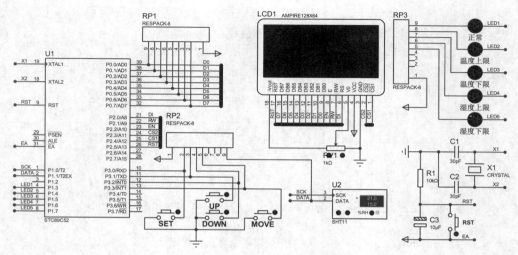

图B-5 温湿度监控系统电路

运行 Proteus 软件，新建"温湿度监控系统"设计文件。按照温湿度监控系统的按键电路、液晶显示电路和 SHT11 电路，放置并编辑 STC89C52、CRYSTAL、CAP、CAP-ELEC、RES、LED-GREEN、LED-RED、LED-YELLOW、SHT11、BUTTON 和 AMPIRE128X64 等元器件。完成温湿度监控系统的电路设计后，进行电气规则检测，直至检测成功。

四、温湿度监控系统程序设计

在温湿度监控系统的程序设计中，按键程序和 LCD 液晶显示程序可以参考项目九的任务 25 来完成。

1. 按键模块程序设计

按键设置电路由 4 个独立按键组成，可对温度上限、温度下限、湿度上限和湿度下限进行设置，4 个按键的设置过程如下。

按 SET 键，进入设置模式，首先以反白形式选中温度上限；

用 UP 键对选中项进行加"1"，用 DOWN 键对选中项减"1"；

当某一项修改好之后，用 MOVE 键在"温度上限、温度下限、湿度上限和湿度下限"中选择其他需要设置的项；

当所有项都设置好以后，再按一次 SET 键，进入正常运行模式。

（1）按键接口定义

如图 B-5 所示，对接在 P3 口上的按键进行宏定义。与项目九任务 25 的 main.h 头文件一样。

（2）按键处理程序

根据按键功能分析，编写按键处理程序代码如下：

```
void key_scan(void)
{
    if(SET_KEY)
    {
        mode_set = ~mode_set;
        if(mode_set == 1)   //进入设置模式
```

```
        {
            EA = 0;                 //关中断(时钟停止走动)
            sign[0]=0;              //设置温度上限的反白显示标志位
        }
        else
        {
            EA = 1; i = 0;
            sign[0]=sign[1]=sign[2]=sign[3]=1; //清 4 个反白显示标志位
        }
        while(SET_KEY);
    }
    if(MOVE_KEY && mode_set == 1)  //选择下一个设置项的反白显示标志位
    {
        sign[i]=1;              //当前设置项恢复正常显示
        if( i==3 ) i=0;
        else i=i+1;             //设置项的反白显示标志位序号+1，获得下一个设置项的序号
        sign[i]=0;             //设置选中的温湿度上/下限设置项的反白显示标志位
        while(MOVE_KEY);
    }
    if(UP_KEY && mode_set == 1)
    {
        switch(i)
        {
            case 0 :
                temp_max=temp_max+1;
                if(temp_max > 120) temp_max=120;    //SHT11 测量最大温度是 120
                if(temp_max<0)
                {
                    dsp_temp_max[0]='-';
                    //负数是用补码表示的，将其取反加 1 可获得原码（=~temp_max+1）
                    dsp_temp_max[1]=(~temp_max+1)/10%10+'0';
                    dsp_temp_max[2]=(~temp_max+1)%10+'0';
                }
                else
                {
                    dsp_temp_max[0]=temp_max/100+'0';
                    dsp_temp_max[1]=temp_max/10%10+'0';
                    dsp_temp_max[2]=temp_max%10+'0';
                }
                break;
            case 1 :
                humi_max=humi_max+1;
                if(humi_max > 100) humi_max=100;    //SHT11 测量最大湿度是 100
                dsp_humi_max[0]=humi_max/10+'0';
```

```
            dsp_humi_max[1]=humi_max%10+'0';
            break;
        case  2  :
            temp_min=temp_min+1;
            if(temp_min > temp_max) temp_min=temp_max;//下限不能超过上限
            if(temp_min<0)
            {
                dsp_temp_min[0]='-';
                dsp_temp_min[1]=(~temp_min+1)/10%10+'0';
                dsp_temp_min[2]=(~temp_min+1)%10+'0';
            }
            else
            {
                dsp_temp_min[0]=temp_min/100+'0';
                dsp_temp_min[1]=temp_min/10%10+'0';
                dsp_temp_min[2]=temp_min%10+'0';
            }
            break;
        case  3  :
            humi_min=humi_min+1;
            if (humi_min > humi_max) humi_min=humi_max;
            dsp_humi_min[0]=humi_min/10+'0';
            dsp_humi_min[1]=humi_min%10+'0';
            break;
        default  :  break;
    }   //end switch(i)
    while(UP_KEY);
}
if(DOWN_KEY && mode_set == 1)
{
    switch(i)
    {
        case  0  :
            temp_max=temp_max-1;
            if(temp_max < temp_min) temp_max=temp_min;//上限不能低于下限
            if(temp_max<0)
            {
                dsp_temp_max[0]='-';
                dsp_temp_max[1]=(~temp_max+1)/10%10+'0';
                dsp_temp_max[2]=(~temp_max+1)%10+'0';
            }
            else
            {
                dsp_temp_max[0]=temp_max/100+'0';
```

```
                    dsp_temp_max[1]=temp_max/10%10+'0';
                    dsp_temp_max[2]=temp_max%10+'0';
                }
                break;
        case 1 :
            humi_max=humi_max-1;
            if(humi_max < humi_min) humi_max=humi_min;
            dsp_humi_max[0]=humi_max/10+'0';
            dsp_humi_max[1]=humi_max%10+'0';
            break;
        case 2 :
            temp_min=temp_min-1;
            if(temp_min < -40) temp_min=-40;     //SHT11测量最小温度是-40
            if(temp_min<0)
            {
                dsp_temp_min[0]='-';
                dsp_temp_min[1]=(~temp_min+1)/10%10+'0';
                dsp_temp_min[2]=(~temp_min+1)%10+'0';
            }
            else
            {
                dsp_temp_min[0]=temp_min/100+'0';
                dsp_temp_min[1]=temp_min/10%10+'0';
                dsp_temp_min[2]=temp_min%10+'0';
            }
            break;
        case 3 :
            humi_min=humi_min-1;
            if (humi_min < 0) humi_min=0;          //SHT11测量最小湿度是0
            dsp_humi_min[0]=humi_min/10+'0';
            dsp_humi_min[1]=humi_min%10+'0';
            break;
        default : break;
    } //end switch(i)
    while(DOWN_KEY);
    }
}
```

2. SHT11 驱动程序设计

温湿度监控系统的温湿度测量是使用数字温湿度传感器 SHT11 实现的。SHT11 驱动程序主要包括 sht11.h 头文件和 sht11.c 文件。其中，sht11.c 文件由连接复位、启动传输、写字节、读字节、温湿度检测、温湿度值标度变换及温度补偿，以及温湿度测量等函数组成。

（1）sht11.h 头文件

sht11.h 头文件代码如下：

```
#ifndef __SHT11__H
#define __SHT11__H
sbit DATA=P1^1;                 //串行数据
sbit SCL=P1^0;                  //串行时钟
#define noACK 0                 //应答信号
#define ACK 1
#define STATUS_REG_W 0x06       //写状态寄存器命令
#define STATUS_REG_R 0x07       //读状态寄存器命令
#define MEASURE_TEMP 0x03       //温度测量命令
#define MEASURE_HUMI 0x05       //湿度测量命令
#define RESET 0x1e              //复位命令
enum {TEMP,HUMI};               //枚举类型：TEMP=0，HUMI=1
void conn_reset(void);          //SHT11连接复位
Char r_sth11(float *humi ,float *temp);    //温湿度测量
#endif
```

（2）启动传输

启动传输函数使用一组"启动传输"时序来表示数据传输的初始化。"启动传输"时序：当 SCK 时钟为高电平时，DATA 变为低电平，紧接着 SCK 变为低电平；延时 3μs 后，在 SCK 时钟为高电平时，DATA 变为高电平。SHT11 启动传输函数代码如下：

```
void tran_start(void)
{
    DATA=1; SCL=0;                  //启动传输准备
    _nop_(); SCL=1;
    _nop_(); DATA=0;
    _nop_(); SCL=0;
    _nop_(); _nop_(); _nop_(); SCL=1;
    _nop_(); DATA=1;
    _nop_(); SCL=0;
}
```

（3）连接复位

在使用 SHT11 时，需要对 SHT11 进行连接复位；若与 SHT11 通信中断（通信发生错误），也需要重新对 SHT11 进行连接复位。通过以下时序，可以完成 SHT11 连接复位。

先使 DATA 为高电平，然后触发 SCK 时钟 9 次或更多次，最后发送一个"传输启动"时序。SHT11 连接复位函数代码如下：

```
void conn_reset(void)
{
    unsigned char i;
    DATA=1; SCL=0;          //连接复位准备：DATA 保持高电平
    for(i=0;i<9;i++)        //SCL 时钟触发 9 次
    {
        SCL=1;
        SCL=0;
    }
```

```
    tran_start();          //发送启动传输
}
```

（4）写字节

写字节即写命令，命令包含 3 个地址位（目前只支持"000"）和 5 个命令位。SHT11 写字节函数代码如下：

```
char write_byte(unsigned char value)
{
    unsigned char i,error=0;
    for(i=0x80;i>0;i>>=1)              //高位为1，循环右移
    {
        if(i&value) DATA=1;           //和要发送的数相与，结果为发送的位
        else DATA=0;
        SCL=1;
        _nop_();_nop_();_nop_();       //延时 3us
        SCL=0;
    }
    DATA=1;                            //释放数据线，SHT11 通过 DATA 发送应答信号
    SCL=1;
    error=DATA;                        //读应答信号，若 DATA=0 表示通信正常
    _nop_();_nop_();_nop_();
    SCL=0;
    DATA=1;
    return error;                      //error=1：通信错误；error=0：通信正常
}
```

在写字节函数中，我们如何知道 SHT11 已经接收到命令呢？

在第 8 个 SCK 时钟的下降沿之后（即写完字节之后），SHT11 会将 DATA 下拉为低电平（即 ACK 应答信号），来表示已正确地接收到指令。若 DATA 没有下拉为低电平，还是高电平，则表示接收指令时发生错误。代码如下：

```
error=DATA;      //在第 8 个 SCK 时钟的下降沿之后，读取 DATA
```

另外，在第 9 个 SCK 时钟的下降沿之后，要释放 DATA（恢复高电平）。

（5）读字节

SHT11 读字节函数代码如下：

```
char read_byte(unsigned char ack)
{
    unsigned char i,val=0;
    DATA=1;                            //释放数据线
    for(i=0x80;i>0;i>>=1)              //高位为1，循环右移
    {
        SCL=1;
        if(DATA) val=(val|i);          //读一位数据线的值
        SCL=0;
    }
    DATA=!ack;                         //如果是校验，读取完后结束通信
```

```
        SCL=1;
        _nop_();_nop_();_nop_();                    //延时3us
        SCL=0;
        _nop_();_nop_();_nop_();
        DATA=1;                                     //释放数据线
        return val;
}
```

"DATA=!ack;"语句说明：DATA=0，继续通信，可继续读取下一个字节；DATA=1，中止通信。

（6）温湿度检测

在这里，数字温湿度传感器 SHT11 的湿度是 12 位、温度是 14 位。温湿度检测是通过启动传输、发送命令（检测温度命令或检测湿度命令）、等待检测结束和读取检测结果（3 个字节）等过程来完成的。SHT11 温湿度检测函数代码如下：

```
char measure(unsigned char *p_value, unsigned char *p_checksum, unsigned char
mode)
{
    unsigned char error=0;
    unsigned int i;
    tran_start();                       //启动传输
    switch(mode)                        //选择发送命令
    {
        case TEMP : error+=write_byte(MEASURE_TEMP); break; //检测温度命令
        case HUMI : error+=write_byte(MEASURE_HUMI); break; //检测湿度命令
        default : break;
    }
    for (i=0;i<65535;i++) if(DATA==0) break;    //等待检测结束
    if(DATA) error+=1;                  //如果长时间数据线没有拉低，说明检测错误
    *(p_value) =read_byte(ACK);         //读第一个字节，高字节（MSB）
    *(p_value+1)=read_byte(ACK);        //读第二个字节，低字节（LSB）
    *p_checksum =read_byte(noACK);      //读第三个字节（CRC 校验码）
    return error;                       //error=1 通信错误
}
```

温湿度检测程序说明如下：

① 每次执行 SHT11 温湿度检测函数，只能检测温度和湿度其中一个；

② 若不想使用 CRC 校验码，在读取低字节（LSB）时，可以使用实参 noACK 来中止通信。代码如下：

```
*(p_value+1)=read_byte(noACK); //使用实参noACK读取低字节（LSB），并中止通信
```

（7）温湿度值标度变换及温度补偿

为了获得温湿度的准确数据，需要对温湿度的值进行补偿计算。SHT11 温湿度值标度变换及温度补偿的代码如下：

```
void calc_sth11(float *p_humidity ,float *p_temperature)
{
```

```
    code float C1=-4.0;                    //定义12位湿度精度修正公式的参数
    code float C2=+0.0405;
    code float C3=-0.0000028;
    code float T1=+0.01;                   //定义5V条件下的14位温度精度修正公式的参数
    code float T2=+0.00008;
    float rh_lin;                          //rh_lin: 湿度 linear 值
    float rh_true;                         //rh_true: 湿度 ture 值
    /*相对湿度非线性补偿*/
    rh_lin=C3*(*p_humidity)*(*p_humidity) + C2*(*p_humidity) + C1;
    /*相对湿度对于温度依赖性补偿*/
    rh_true=(((*p_temperature)*0.01 - 40)-25)*(T1+T2*(*p_humidity))+rh_lin;
    if(rh_true>100)rh_true=100;            //湿度最大修正
    if(rh_true<0.1)rh_true=0.1;            //湿度最小修正
    *p_temperature=((*p_temperature)*0.01 - 40);//先温度补偿，再返回温度结果
    *p_humidity=rh_true;                   //返回湿度结果
}
```

（8）温湿度测量

SHT11 温湿度测量函数通过温湿度检测、温湿度值标度变换及温度补偿，可以获得真正的温湿度值。其函数代码如下：

```
char r_sth11(float *humi ,float *temp)
{
    unsigned int humi_val,temp_val;        //humi_val 用于湿度，temp_val 用于温度
    unsigned char error;                   //用于检验是否出现错误
    unsigned char checksum;                //CRC 校验
    error=0; //初始化 error=0，即没有错误
    error+=measure((unsigned char*)&temp_val,&checksum,TEMP);  //温度测量
    error+=measure((unsigned char*)&humi_val,&checksum,HUMI);  //湿度测量
    if(error!=0) conn_reset();             //如果发生错误，系统复位
    else
    {
        *humi=(float)humi_val;
        *temp=(float)temp_val;
        calc_sth11(humi,temp);             //修正相对湿度及温度
        return 1;                          //返回温湿度测量成功信息
    }
    return 0;                              //返回温湿度测量不成功信息
}
```

3. 温湿度监控系统主程序设计

温湿度监控系统的主程序主要包括 main.h 头文件和 main.c 文件。其中，main.c 文件由温湿度监控相关变量定义、按键处理函数（此函数在前面已介绍）、LED 显示函数、T0 中断服务函数以及主函数组成。

（1）main.h 头文件

main.h 头文件代码如下：

```
#ifndef __MAIN_H__
#define __MAIN_H__
sbit LED1=P1^3;            //绿色 LED 表示系统温湿度是否处于正常范围
sbit LED2=P1^4;            //红色 LED 表示系统温度是否高于温度上限值
sbit LED3=P1^5;            //黄色 LED 表示系统温度是否低于温度下限值
sbit LED4=P1^6;            //红色 LED 表示系统湿度是否高于湿度上限值
sbit LED5=P1^7;            //黄色 LED 表示系统湿度是否低于湿度下限值
sbit P3_0=P3^0             //设置模式/运行模式切换按键
sbit P3_1=P3^1;            //对选中项进行加"1"
sbit P3_2=P3^2;            //对选中项进行减"1"
sbit P3_3=P3^3;            //选择需要设置的项
#define SET_KEY    (!(P3_0))
#define UP_KEY     (!(P3_1))
#define DOWN_KEY   (!(P3_2))
#define MOVE_KEY   (!(P3_3))
#endif
```

（2）main.c 文件的初始化

温湿度监控系统 main.c 文件的初始化代码如下：

```
#include <reg52.h>
#include <stdio.h>
#include <string.h>
#include <lcd.h>
#include <main.h>
#include <sht11.h>
#include <intrins.h>
/*定义温湿度相关变量和显示缓冲区*/
int  temp,humi;
int  temp_max,humi_max,temp_min,humi_min;
float  temp_val_f,humi_val_f;
unsigned char dsp_temp[6]="110.0";
unsigned char dsp_humi[6]="099.0";
unsigned char dsp_temp_max[4]="030";
unsigned char dsp_humi_max[3]="50";
unsigned char dsp_temp_min[4]="-20";
unsigned char dsp_humi_min[3]="10";
/*定义 LCD12864 显示相关变量*/
bit mode_set=0;            //模式控制：=1 设置模式，=0 运行模式
unsigned char sign[4]={1,1,1,1};    //温度和湿度上下限反白显示标志位:1 正常显示，
                                    //0 反白显示
char i=0;                  //用于选择温度和湿度上下限反白显示标志位的序号
unsigned char  irq_count=0;        //中断计数，每次中断 50ms，中断 20 次是 1s
```

（3）LED 显示函数

在温湿度上限值和下限值的范围内，点亮绿色 LED；若温湿度超过了上限值或下限值的范围，

就点亮其相应的 LED，同时熄灭绿色 LED。LED 显示函数代码如下：

```
void led_show(void)
{
    if(temp>temp_max*10)              //temp 在主函数中乘了 10，所以 temp_max 也要乘 10
    {
        LED1=1;LED2=0;LED3=1;         //点亮红色 LED，表示温度高于温度上限值
    }
    else if(temp<temp_min*10)
    {
        LED1=1;LED2=1;LED3=0;         //点亮黄色 LED，表示温度低于温度下限值
    }
    else
    {
        LED2=1;LED3=1;                //若没有超过温度上/下限值，熄灭红色 LED 和黄色 LED
    }
    if(humi>humi_max*10)
    {
        LED1=1;LED4=0;LED5=1;         //点亮红色 LED，表示湿度高于湿度上限值
    }
    else if(humi<humi_min*10)
    {
        LED1=1;LED4=1;LED5=0;         //点亮黄色 LED，表示湿度低于湿度下限值
    }
    else
    {
        LED4=1;LED5=1;                //若没有超过湿度上/下限值，熄灭红色 LED 和黄色 LED
    }
    if(temp<=temp_max*10&&temp>=temp_min*10&&humi<=humi_max*10&&humi>=
    humi_min*10)
    {
        LED1=0;LED2=1;LED3=1;LED4=1;LED5=1;   //在温湿度正常范围内，点亮绿色 LED
    }
}
```

（4）中断服务函数

温湿度监控系统是每过 3s，就对温度、湿度进行一次数据更新。通过定时器/计数器 T0 的定时功能，可以获得温湿度数据更新的时间。T0 中断服务函数代码如下：

```
void timer0(void)  interrupt 1 using 1      // 50ms 中断一次
{
    TH0=0x4C;                    //晶振：11.0592MHz。晶振若为 12MHz：TH0=0x3C;
    TL0=0x00;                    //晶振：11.0592MHz。晶振若为 12MHz：TL0=0xB0;
    irq_count++;
    if(irq_count>=60)            //中断 60 是 3s。改变此参数，可以改变温湿度的更新时间
    {
```

```
            irq_count = 0;
    }
}
```

（5）主函数

主函数主要功能：完成温湿度监控显示，使用 4 个按键对温湿度监控参数进行设置，对温湿度进行实时监控。主函数代码如下：

```
void main(void)
{
    RST=1;
    LCD_Init();                 //LCD 初始化
    P0=0xff;
    EA=1; ET0=1;                //开中断
    TMOD=0x01;                  //T0：方式 1，定时功能
    TH0=0x4C;                   //晶振：11.0592MHz。晶振若为 12MHz：TH0=0x3C；
    TL0=0x00;                   //晶振：11.0592MHz。晶振若为 12MHz：TL0=0xB0；
    TR0=1;                      //启动定时器 T0
    Out_Char(0,0,1," 温湿度监控系统 ");    //LCD 初始显示界面
    Out_Char(0,2,1,"T:032.0  H:20.0");
    Out_Char(0,4,1,"Tmax:110 Hmax:99");
    Out_Char(0,6,1,"Tmin:-20 Hmin:10");
    conn_reset();               //启动连接复位
    while(1)
    {
        key_scan();                         //按键处理
        if(irq_count==0)                    //若温湿度数据更新时间到，进行数据更新
        {
            /*调用温湿度测量函数 r_sth11()，若该函数返回值为"1"，执行 if 语句*/
            if(r_sth11(&humi_val_f,&temp_val_f))
            {
                temp=temp_val_f*10;     //返回的温度值乘以 10
                humi=humi_val_f*10;     //返回的湿度值乘以 10
                if(temp<0)
                {
                    dsp_temp[0]='-';
                    //负数是用补码表示的，将其取反加 1 可获得原码
                    dsp_temp[1]=(~temp+1)/100%10+'0';
                    dsp_temp[2]=(~temp+1)/10%10+'0';
                    dsp_temp[3]='.';
                    dsp_temp[4]=(~temp+1)%10+'0';
                }
                else
                {
                    dsp_temp[0]=temp/1000+'0';
                    dsp_temp[1]=temp/100%10+'0';
```

```
                    dsp_temp[2]=temp/10%10+'0';
                    dsp_temp[3]='.';
                    dsp_temp[4]=temp%10+'0';
                }
                dsp_humi[0]=humi/1000+'0';
                dsp_humi[1]=humi/100%10+'0';
                dsp_humi[2]=humi/10%10+'0';
                dsp_humi[3]='.';
                dsp_humi[4]=humi%10+'0';
                Out_Char(16,2,1,dsp_temp);          //显示采集的温度
                Out_Char(88,2,1,dsp_humi);          //显示采集的湿度
            }
        }
        Out_Char(40,4,sign[0],dsp_temp_max);        //显示温度上限值
        Out_Char(112,4,sign[1],dsp_humi_max);       //显示湿度上限值
        Out_Char(40,6,sign[2],dsp_temp_min);        //显示温度下限值
        Out_Char(112,6,sign[3],dsp_humi_min);       //显示湿度下限值
        led_show();                                 //LED 显示
    }
}
```

　　温湿度监控系统的 main.h、lcd.h 以及 LCD 的驱动程序等程序，请参考项目九的任务 25。温湿度监控系统程序设计好以后，打开"温湿度监控系统"Proteus 电路，加载"温湿度监控系统.hex"文件，进行仿真运行，观察温湿度监控系统运行是否与设计要求相符。